高等院校 EDA 系列教材

MATLAB 基础与应用教程

张 涛 齐永奇 李恒灿 编著

机 械 工 业 出 版 社

本书面对 MATLAB 的初中级读者，以 MALTAB R2013a 版本为平台，系统介绍了 MATLAB 的主要特点、使用方法、经验技巧及其应用案例。

本书共 10 章，第 1~6 章为基础篇，介绍入门基础、矩阵计算、程序设计、Simulink 仿真、图形绘制、GUI 图形用户界面设计等基础知识；第 7~10 章为应用篇，介绍 MATLAB 在语音处理、导航控制、数据采集通信、自动控制等方面的应用。本书通过简明扼要的讲解，以及丰富的例题和案例分析，充分体现出 MATLAB 平台具有的数学计算、算法编程、函数绘图、数据处理、系统建模及仿真、应用软件开发等强大功能，让学习者轻松、自如地掌握 MATLAB 的操作和编程方法，为今后的课程学习、科学研究、行业开发等实践活动打下较好的基础。

本书既可作为高等学校理工科等相关专业本科生和研究生的教材，也可作为广大科研人员和工程技术人员的技术参考书。

图书在版编目(CIP)数据

MATLAB 基础与应用教程／张涛，齐永奇，李恒灿编著．—北京：机械工业出版社，2017.4(2025.1 重印)
高等院校 EDA 系列教材
ISBN 978-7-111-56550-5

Ⅰ.①M… Ⅱ.①张… ②齐… ③李… Ⅲ.①Matlab 软件-高等学校-教材 Ⅳ.①TP317

中国版本图书馆 CIP 数据核字(2017)第 072574 号

机械工业出版社(北京市百万庄大街 22 号 邮政编码 100037)
策划编辑：尚 晨 责任编辑：尚 晨
责任校对：张艳霞 责任印制：常天培

北京机工印刷厂有限公司印刷

2025 年 1 月第 1 版 · 第 5 次印刷
184mm×260mm · 19.75 印张 · 474 千字
标准书号：ISBN 978-7-111-56550-5
定价：49.80 元

前　　言

MATLAB 是美国 Mathworks 公司开发推出的一款集科学计算、可视化功能、帮助提示功能于一体的开放交互式大型软件。目前，MATLAB 已成为图像处理、信号处理、自动控制等专业的基础核心课程首选实验平台，而对于学生最有效的学习途径是结合相关专业课程的学习来掌握 MATLAB 软件的使用和编程。

相比于其他同类书籍，本书是在充分体现 MATLAB 高级语言编程的特点，提高用户分析问题及解决问题能力的基础上编写的，有以下特点：

1）基础知识与最新功能并重。全书在介绍 MATLAB 软件基本功能和应用的基础上，对其新增功能进行了介绍和讲解。

2）结合实例和详细注解。本书精选了一百多个例子，对实例附有详细的注释和解析，以及运行结果。

3）面向实际应用。本书列举了语音信号处理、温度数据采集和通信、导航信息解算和自动控制理论等实例。

全书共 10 章。第 1 ~6 章为基础篇，介绍入门基础、矩阵计算、程序设计、Simulink 仿真、图形绘制、GUI 图形用户界面设计等基础知识；第 7 ~ 10 章为应用篇，介绍 MATLAB 在语音处理、导航控制、数据采集通信、自动控制等方面的应用。各章内容简单介绍如下。

第 1 章介绍 MATLAB 软件的工作环境和帮助系统，尤其是与旧版本不同的地方。第 2 章介绍了 MATLAB 的数据类型、数组和矩阵运算和稀疏矩阵的处理。第 3 章介绍了程序设计，包括变量与语句、程序控制、M 文件编程和程序调试等。第 4 章介绍了 Simulink 仿真工具的使用，包括相关概念、工作环境、系统模型、子系统封装和 S 函数等内容。第 5 章介绍了二维绘图和三维绘图的基本方法和图形控制，以及特殊图形的绘制。第 6 章介绍了 GUI 图形用户界面的设计，包括创建 GUI 控件、菜单、工具栏和对话框，以及创建 GUI 组件的回调函数设计方法。第 7 章介绍了数据采集和串口通信应用，第 8 章介绍了导航控制应用，第 9 章介绍了语音信号处理应用，第 10 章介绍了自动控制应用。

本书的编写得到了华北水利水电大学和机械工业出版社的大力支持，得到了 2015 年度河南省高等学校教学团队“机械设计制造及其自动化专业机电类课程教学团队”及 2014 年华北水利水电大学卓越教学团队等教改项目的资助。本书由张涛、齐永奇和李恒灿共同完成，其中齐永奇负责第 3、4、5、6 章的编写，李恒灿负责第 10 章的编写，其余部分和全书的统稿由张涛和李恒灿完成。机械工业出版社编缉为本书的出版也付出了辛勤的劳动。对于书中引用的论文和资料的作者，在此表示深深的感谢。

由于时间仓促，书中难免存在不妥之处，请读者原谅，并提出宝贵意见。

作　者

目　　录

前言
第1章　MATLAB基础 …… 1
1.1　MATLAB概述 …… 1
1.1.1　MATLAB发展历程 …… 1
1.1.2　MATLAB系统构成 …… 2
1.1.3　MATLAB功能 …… 2
1.1.4　MATLAB常用工具箱 …… 4
1.2　MATLAB操作环境 …… 4
1.2.1　MATLAB启动和退出 …… 5
1.2.2　MATLAB主菜单和功能 …… 5
1.2.3　命令窗口 …… 8
1.2.4　命令历史窗口 …… 9
1.2.5　工作空间窗口 …… 9
1.2.6　当前工作目录窗口 …… 11
1.3　MATLAB帮助 …… 12
1.3.1　命令查询 …… 12
1.3.2　演示帮助 …… 14
1.3.3　联机帮助 …… 15
1.4　习题 …… 16
第2章　MATLAB矩阵计算 …… 17
2.1　数据类型 …… 17
2.1.1　基本数值类型 …… 17
2.1.2　字符串 …… 19
2.1.3　单元数组 …… 20
2.1.4　结构体 …… 21
2.2　矩阵基础 …… 22
2.2.1　矩阵创建 …… 22
2.2.2　矩阵操作 …… 25
2.3　矩阵运算 …… 28
2.3.1　基本运算 …… 28
2.3.2　其他运算 …… 33
2.4　矩阵分析 …… 35
2.4.1　矩阵信息量 …… 35

2.4.2 矩阵分解 …… 39
2.5 稀疏矩阵 …… 41
2.5.1 稀疏矩阵存储 …… 42
2.5.2 创建稀疏矩阵 …… 42
2.5.3 稀疏矩阵运算 …… 45
2.6 习题 …… 46
第3章 MATLAB程序设计 …… 47
3.1 M文件 …… 47
3.1.1 脚本文件 …… 47
3.1.2 函数文件 …… 48
3.1.3 函数类型 …… 52
3.2 变量和语句 …… 57
3.2.1 变量类型 …… 57
3.2.2 控制流 …… 58
3.3 程序调试 …… 66
3.3.1 直接调试法 …… 66
3.3.2 工具调试法 …… 66
3.4 函数设计和实现 …… 71
3.4.1 建立数学模型 …… 71
3.4.2 编写代码 …… 71
3.4.3 运行程序 …… 72
3.5 习题 …… 73
第4章 Simulink仿真设计 …… 74
4.1 Simulink概述 …… 74
4.1.1 Simulink工作环境 …… 74
4.1.2 Simulink模块库 …… 76
4.2 Simulink模型的创建和仿真 …… 89
4.2.1 模型建立 …… 89
4.2.2 设置模型参数 …… 90
4.2.3 运行仿真 …… 93
4.2.4 仿真示例 …… 93
4.3 仿真器参数配置 …… 97
4.3.1 Solver面板 …… 97
4.3.2 Data Import/Export面板 …… 98
4.3.3 Optimization面板 …… 99
4.3.4 Diagnostics面板 …… 100
4.3.5 Hardware Implementation面板 …… 100
4.3.6 Model Referencing面板 …… 100
4.4 子系统创建和封装 …… 101

4.4.1 创建子系统 …… 102
4.4.2 封装子系统 …… 102
4.5 S 函数设计 …… 105
4.5.1 S 函数使用方法 …… 105
4.5.2 S 函数工作原理 …… 106
4.5.3 S 函数设计模板 …… 107
4.5.4 S 函数示例 …… 110
4.6 习题 …… 114
第 5 章 MATLAB 绘图 …… 115
5.1 MATLAB 绘图基本流程 …… 115
5.2 二维绘图 …… 116
5.2.1 基本二维绘图 …… 116
5.2.2 函数绘图 …… 121
5.2.3 特殊二维绘图 …… 124
5.3 二维绘图显示设置 …… 130
5.3.1 曲线格式设置 …… 130
5.3.2 图形区域控制 …… 132
5.3.3 图形标注信息 …… 136
5.3.4 图形编辑器 …… 142
5.4 三维绘图 …… 144
5.4.1 三维曲线 …… 144
5.4.2 三维网格曲面 …… 145
5.4.3 三维阴影曲面 …… 148
5.5 三维图形显示控制 …… 151
5.5.1 视角设置 …… 151
5.5.2 光照设置 …… 152
5.5.3 颜色设置 …… 154
5.6 习题 …… 155
第 6 章 GUI 图形用户界面设计 …… 156
6.1 图形用户界面实现 …… 156
6.1.1 GUI 设计原则 …… 156
6.1.2 利用 GUIDE 工具实现图形界面设计 …… 156
6.2 创建用户控件 …… 158
6.3 编辑菜单 …… 159
6.3.1 设计下拉菜单 …… 159
6.3.2 设计右键弹出菜单 …… 162
6.4 设计工具栏 …… 162
6.5 生成对话框 …… 163
6.5.1 文件打开和保存对话框 …… 163

6.5.2 输入对话框 …… 164
6.5.3 问题对话框 …… 165
6.5.4 消息对话框 …… 165
6.5.5 错误对话框 …… 166
6.5.6 警告对话框 …… 166
6.5.7 进程条 …… 166
6.5.8 列表对话框 …… 167
6.5.9 帮助对话框 …… 168
6.6 其他设计工具 …… 168
6.6.1 控件位置编辑器 …… 168
6.6.2 Tab 顺序编辑器 …… 169
6.6.3 文件编辑器 …… 169
6.6.4 属性编辑器 …… 170
6.6.5 对象浏览器 …… 170
6.7 回调函数设计 …… 171
6.7.1 界面初始化设计 …… 171
6.7.2 对象回调函数设计 …… 173
6.7.3 回调函数的数据管理 …… 182
6.8 GUI 生成 MATLAB App …… 184
6.9 习题 …… 186
第 7 章 MATLAB 在数据采集中的应用 …… 187
7.1 数据采集概述 …… 187
7.1.1 数据采集系统 …… 187
7.1.2 数据采集工具箱 …… 188
7.2 数据采集过程 …… 188
7.2.1 声卡的硬件属性和特性 …… 189
7.2.2 声卡数据采集 …… 190
7.3 串口通信 …… 197
7.3.1 串口通信概念 …… 197
7.3.2 串口通信标准 …… 199
7.4 MATLAB 串口通信 …… 200
7.4.1 MATLAB 串口概述 …… 200
7.4.2 MATLAB 串口通信过程 …… 200
7.5 温度采集和通信系统的设计实现 …… 203
7.5.1 创建 GUI …… 203
7.5.2 系统界面设计 …… 203
7.5.3 代码实现 …… 205
7.6 习题 …… 209
第 8 章 MATLAB 在导航定位中的应用 …… 210

8.1 惯性导航系统 …… 210
8.1.1 算法初始化 …… 211
8.1.2 姿态算法 …… 212
8.1.3 速度算法 …… 214
8.1.4 位置算法 …… 215
8.1.5 误差模型 …… 215
8.1.6 惯性导航的 MATLAB 实现 …… 216
8.2 卫星导航系统 …… 222
8.2.1 GPS 系统组成 …… 222
8.2.2 GPS 定位原理 …… 222
8.2.3 GPS 导航特点 …… 223
8.3 其他导航系统 …… 224
8.3.1 视觉导航 …… 224
8.3.2 声学导航 …… 225
8.3.3 地球物理导航 …… 226
8.3.4 多普勒测速导航 …… 226
8.4 组合导航和信息融合 …… 227
8.4.1 组合导航信息融合构架 …… 228
8.4.2 卡尔曼滤波 …… 230
8.4.3 组合导航系统建模 …… 231
8.4.4 组合导航信息融合的 MATLAB 实现 …… 234
8.5 习题 …… 237
第 9 章 MATLAB 在语音信号处理中的应用 …… 238
9.1 语音信号概述 …… 238
9.2 语音信号的采集 …… 238
9.3 语音信号的加窗处理 …… 240
9.4 短时时域分析 …… 242
9.4.1 短时能量分析 …… 242
9.4.2 短时过零分析 …… 244
9.4.3 短时相关分析 …… 246
9.5 短时频域分析 …… 248
9.5.1 短时傅里叶变换 …… 248
9.5.2 短时频域特征 …… 249
9.5.3 频域分析的应用 …… 252
9.6 语音滤波处理 …… 253
9.6.1 语音的加噪合成 …… 253
9.6.2 语音的滤波处理 …… 255
9.7 MATLAB 语音处理综合实例 …… 261
9.8 习题 …… 270

第 10 章　MATLAB 在自动控制中的应用 …… 271
10.1　控制系统数学模型 …… 271
10.1.1　传递函数模型 …… 271
10.1.2　零极点模型 …… 273
10.1.3　状态空间模型 …… 273
10.1.4　控制模型的转换 …… 274
10.1.5　控制系统的连接 …… 277
10.2　控制系统时域分析 …… 279
10.2.1　时域信号产生 …… 280
10.2.2　控制系统的单位阶跃响应 …… 280
10.2.3　控制系统的单位脉冲响应 …… 281
10.2.4　控制系统的零输入响应 …… 282
10.2.5　控制系统的一般输入响应 …… 284
10.2.6　控制系统的时域指标 …… 285
10.2.7　控制系统稳定性的时域分析 …… 286
10.3　控制系统频域分析 …… 287
10.3.1　频率特性表示方法 …… 287
10.3.2　频域稳定性分析 …… 290
10.4　控制系统根轨迹分析 …… 292
10.5　现代控制系统分析 …… 296
10.5.1　状态空间描述 …… 296
10.5.2　系统能控性分析 …… 298
10.5.3　系统能观性分析 …… 300
10.5.4　状态反馈和极点配置 …… 301
10.6　习题 …… 302
参考文献 …… 304

第1章　MATLAB基础

MATLAB是目前世界上最流行的仿真计算软件之一。与其他高级语言相比，MATLAB程序编写简单、计算高效且提供了大量的专业工具箱，便于专业应用。

1.1　MATLAB概述

在科学研究和工程应用中，往往要进行大量的数学计算。这些运算一般来说难以用手工精确和快捷地进行，而要借助计算机编制相应的程序做近似计算。传统的非交互式程序设计语言（如C和Fortran）既需要对有关算法有深刻的了解，还要熟练地掌握语言的语法和编程技巧。对科学工作者而言，不仅消耗大量人力物力，而且影响工作进度。为克服上述困难，美国Mathworks公司推出了MATrix LABoratory（缩写为MATLAB）软件包，将数值分析、矩阵计算、数据可视化及非线性动态系统的建模和仿真等诸多强大功能集成在一个易于使用的视窗环境中，为科学研究、工程设计及必须进行有效数值计算的众多科学领域提供了一种全面的解决方案。

1.1.1　MATLAB发展历程

MATLAB的产生是与数学计算紧密联系在一起的。1980年，美国新墨西哥大学计算机系主任Clever Moler在给学生讲授线性代数课程时，发现学生在高级语言编程上花费时间太多，于是编写了Fortran子程序库接口程序，并将这个接口程序取名为MATLAB。这个程序获得了很大的成功，受到学生的广泛欢迎。

早期的MATLAB功能十分简单，但是作为免费软件，还是吸引了大批的使用者。1984年，Clever Moler等一批数学家和软件专家组建了Mathworks软件开发公司，正式推出了MATLAB第一个商业版本，其核心代码使用C语言编写。此后，MATLAB除了原有的数值计算功能外，又添加了丰富多彩的图形图像处理、多媒体、符号运算以及与其他流行软件的接口功能，功能越来越强大。

1992年，Mathworks公司推出了具有划时代意义的MATLAB 4.0；1997年，推出MATLAB 5.0；2000年，推出了MATLAB 6.0；2004年，正式推出了MATLAB 7.0；此后，几乎每年的3月和9月都会推出当年的a版和b版；2013年，推出了MATLAB R2013a和R2013b。本书是基于MATLAB R2013a版编写的，在后面的叙述中将省略MATLAB的版本号。

MATLAB经过几十年的不断研究和完善，现已成为国际上最为流行的科学计算与工程计算软件工具之一，现在的MATLAB已经不仅仅是一个最初的“矩阵实验室”了，它已发展为一种具有广泛应用前景、全新的计算机高级编程语言，可以说它是“第四代”计算机语言。

目前，美国和欧洲的各大学已将 MATLAB 正式列入本科生和研究生的教学计划，MATLAB 软件已成为数值计算、数理统计、信号处理、时间序列分析、动态系统仿真等课程的基本教学工具，成为学生必须掌握的基本软件之一。在研究单位和工程界，MATLAB 也成为了工程师们必须掌握的一种工具，它被认为是进行高效研究和开发的首选软件工具。

1.1.2 MATLAB 系统构成

MATLAB 系统由 MATLAB 开发环境、MATLAB 数学函数库、MATLAB 语言、MATLAB 图形处理系统和 MATLAB 应用程序接口（API）五大部分构成。

1. MATLAB 开发环境

MATLAB 开发环境是一套方便用户使用 MATLAB 函数和文件的工具集，其中许多工具是图形化用户接口。它是一个集成化的工作空间，可以让用户输入输出数据，并提供了 M 文件的集成编译和调试环境。它包括 MATLAB 桌面、命令窗口、M 文件编辑调试器、MATLAB 工作空间和在线帮助文档。

2. MATLAB 数学函数库

MATLAB 数学函数库包括了大量的计算算法，从基本运算（如四则运算和三角函数等）到复杂算法，如矩阵求逆、贝塞尔函数、快速傅里叶变换等。

3. MATLAB 语言

MATLAB 语言是一个基于矩阵/数组的高级语言，它具有程序流控制、函数、数据结构、输入/输出和面向对象编程等特色。用户既可以用它来快速编写简单的程序，也可以用来编写庞大复杂的应用程序。

4. MATLAB 图形处理系统

图形处理系统使得 MATLAB 能方便地图形化显示向量和矩阵，而且能对图形添加标注和打印。它包括大量二维、三维图形函数、图像处理和动画显示等函数。

5. MATLAB 应用程序接口（API）

API 是一个使 MATLAB 可以与 C 和 Fortran 等其他高级程序语言进行交互的函数库。该函数库的函数通过调用动态链接库（DLL）实现与 MATLAB 文件的数据交换，主要功能包括在 MATLAB 环境下直接调用已经编译过的 C 和 Fortran 程序，在 MATLAB 和其他应用程序之间建立客户机/服务器的关系。

1.1.3 MATLAB 功能

MATLAB 之所以成为世界流行的科学计算与数学应用软件，是因为具有下列强大的功能。

1. 数值计算功能

MATLAB 具有出色的数值计算能力，它的计算速度快、精度高、收敛性好，而且所采用的数值计算算法是国际公认的最先进、最可靠的算法之一，能使用户从繁杂的数学运算分析中解脱出来。

例 1.1 用 MATLAB 求解线性方程组 AX = B 的解，其中 A = magic(3)，B = [1;2;3]。

```
clear all;                %清除工作空间中所有变量
A = magic(3);             %矩阵系数
```

```
B = [1;2;3];
X = A\B                    %求解方程的解
```

运行结果如下：

```
X =
    0.0500
    0.3000
    0.0500
```

由以上程序和结果可以看出，MATLAB 程序极其简短，而且会根据矩阵的特性选择方程的求解方法。

2. 符号计算功能

在数学、应用科学和工程计算领域，用户往往要进行大量的符号计算和推导。MATLAB 以数学软件 Maple 的内核作为符号计算的引擎，依靠其已有的库函数，实现了 MATLAB 的符号计算功能。

3. 数据分析和可视化功能

在科学计算和研究工作中，技术人员经常会遇到大量的原始数据，对这些大量的原始数据的分析往往难于入手，MATLAB 能够将这些数据以图形方式显示出来，不仅使数据间的关系清晰明了，而且对于揭示其内在本质有着重要的作用。

例 1.2 利用 MATLAB 绘制正弦函数的曲线图形。

```
t = 1:0.1:10;
y = sin(t);
plot(y)
```

运行结果如图 1-1 所示。

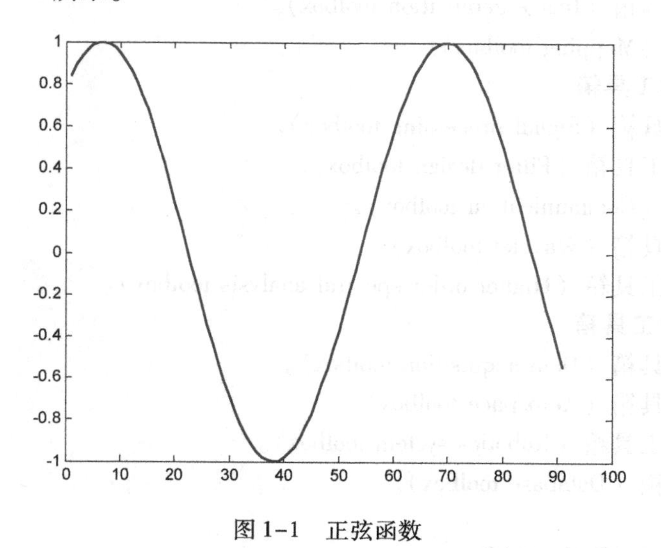

图 1-1 正弦函数

4. 动态仿真功能

MATLAB 提供了一个模拟动态系统的交互式程序 Simulink，允许用户通过绘制框图来模拟一个系统，并动态控制该系统。Simulink 采用鼠标驱动方式，能够处理线性、非线性、连续、离散等多种系统。

5. 文字处理功能

MATLAB 记事本成功地将 MATLAB 与 Microsoft Word 集成为一个整体。用户不仅可以利用 Word 的文字编辑功能，而且还可以从 Word 查询 MATLAB 的数值计算和可视化结果。

1.1.4 MATLAB 常用工具箱

工具箱是 MATLAB 的关键部分，是 MATLAB 强大功能得以实现的载体和手段，是对 MATLAB 基本功能的重要扩充。MATLAB 每年都会增加一些新的工具箱，但工具箱的列表不是固定不变的，有关 MATLAB 工具箱的最新信息可以在 http://cn.mathworks.com/products 中看到。

1. 控制类工具箱

- 控制系统工具箱（Control systems toolbox）。
- 系统识别工具箱（System identification toolbox）。
- 鲁棒控制工具箱（Robust control toolbox）。
- 神经网络工具箱（Neural network toolbox）。
- 频域系统识别工具箱（Frequency domain system identification toolbox）。
- 模型预测控制工具箱（Model predictive control toolbox）。
- 多变量频率设计工具箱（Multivariable frequency design toolbox）。

2. 图像视觉类工具箱

- 图像处理工具箱（Image processing toolbox）。
- 计算机视觉工具箱（Computer vision system toolbox）。
- 视觉 HDL 工具箱（Vision HDL toolbox）。
- 图像采集工具箱（Image acquisition toolbox）。
- 地图工具箱（Mapping toolbox）。

3. 信号处理类工具箱

- 信号处理工具箱（Signal processing toolbox）。
- 滤波器设计工具箱（Filter design toolbox）。
- 通信工具箱（Communication toolbox）。
- 小波分析工具箱（Wavelet toolbox）。
- 高阶谱分析工具箱（Higher order spectral analysis toolbox）。

4. 其他重要的工具箱

- 数据采集工具箱（Data acquisition toolbox）。
- 航空航天工具箱（Aerospace toolbox）。
- 机器人系统工具箱（Robotics system toolbox）。
- 数据库工具箱（Database toolbox）。

1.2 MATLAB 操作环境

MATLAB 既是一种语言，又是一种编程环境，在这一环境下，系统提供了许多编写、调试和执行 MATLAB 程序的便利工具。

1.2.1 MATLAB 启动和退出

在 MATLAB 的安装目录中，打开 bin 子目录，双击“matlab.exe”即可开启 MATLAB。与早期版本不一样的是，安装过程不会自动生成桌面快捷方式，需要用户自己生成。MATLAB 开启以后，会短暂出现一个显示 MATLAB 标志以及产品信息的窗口，然后打开了 MATLAB 主菜单。

退出 MATLAB 程序最简便的方法是直接单击窗口右上角的关闭按钮，或者在“Command Window”（命令窗口）中输入“exit”。

1.2.2 MATLAB 主菜单和功能

MATLAB R2013a 的主菜单如图 1-2 所示，包括命令窗口、命令历史窗口、工作空间窗口和当前工作目录窗口。与 MATLAB 7.X 版本（如图 1-3 所示）相比，工具条取代了早期版本中的菜单栏和工具栏，风格类似于 Office 2013 操作界面的工具栏，包含了常用功能和一个预置的 MATLAB 应用程序，由“HOME”、“PLOTS”和“APPS”三部分组成。将旧版本中左下角的“Start”按钮取消，将其相关功能整合到新版工具条里，使得布局更加集中。

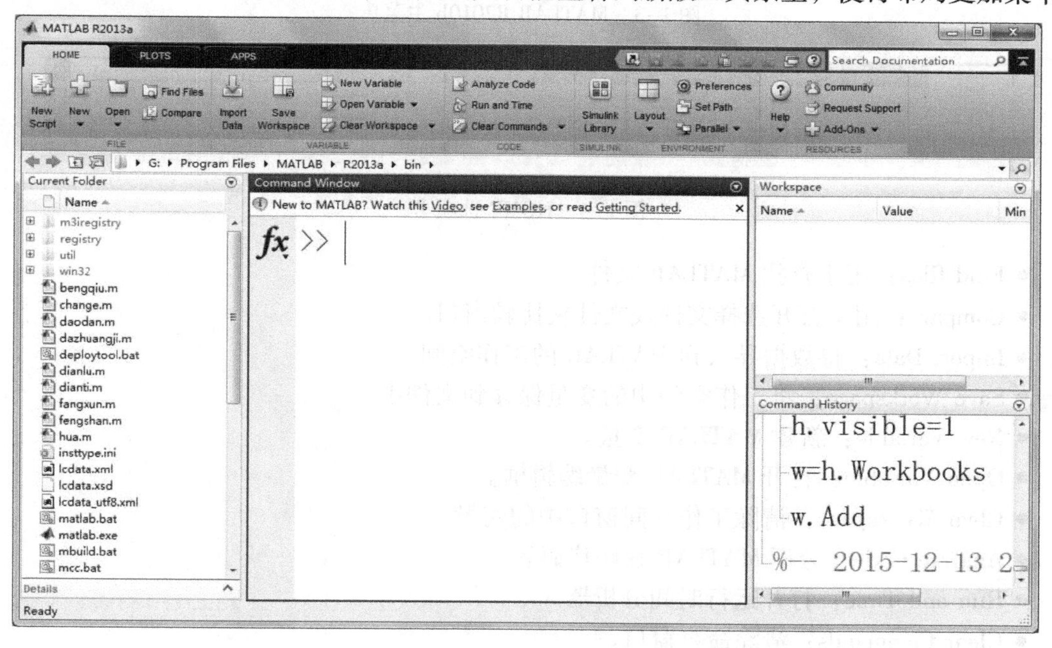

图 1-2　MATLAB R2013a 主菜单

“HOME”选项卡主要用于对文件进行处理，相当于原来的菜单栏和工具栏的组合，相近的命令集成到一个组合框中。单击“HOME”选项卡，弹出如图 1-4 所示的工具条。

- New Script：用于新建 MATLAB 的脚本文件。
- New：用于新建 MATLAB 的脚本文件、函数文件、图形用户界面、Simulink 仿真。
- Open：用于打开 MATLAB 的 .m 文件、.fig 文件、.mat 文件、.mdl 文件、.prj 文件等。

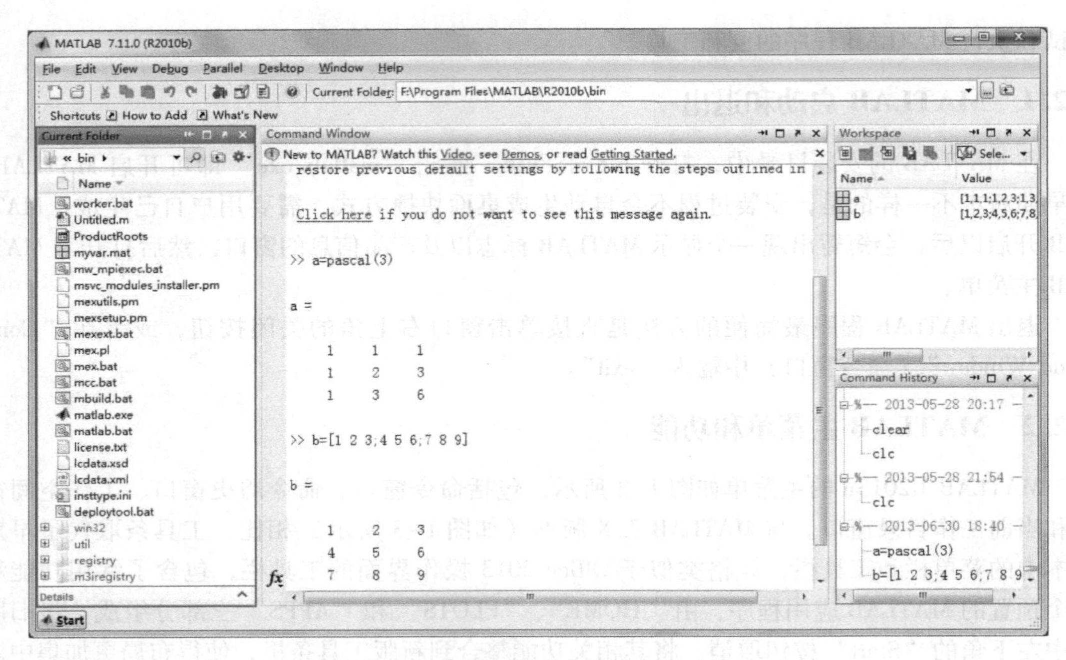

图 1-3　MATLAB R2010b 主菜单

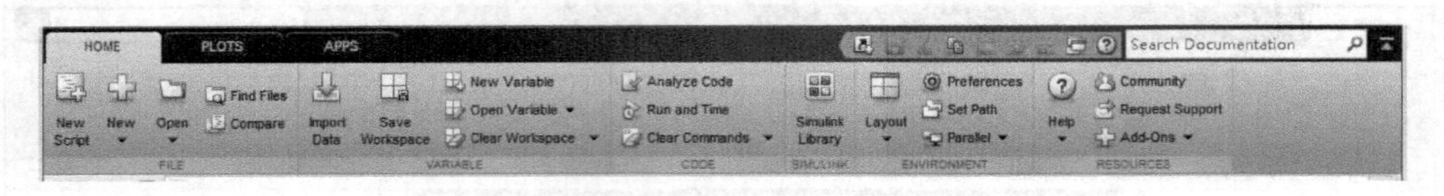

图 1-4　HOME 选项卡

- Find files：用于查找 MATLAB 文件。
- Compare：用于打开选择文件或文件夹比较窗口。
- Import Data：将数据导入到 MATLAB 的工作空间。
- Save Workspace：将工作空间中的变量保存到文件中。
- New Variable：新建 MATLAB 变量。
- Open Variable：打开 MATLAB 变量编辑框。
- Clear Workspace：清除工作空间窗口中的变量。
- Analyze Code：分析 MATLAB 程序代码。
- Run and Time：打开运行时间分析器。
- Clear Commands：清除命令窗口。
- Simulink Library：打开 MATLAB 的 Simulink 仿真工具箱。
- Layout：MATLAB 主菜单界面布局菜单。
- Preferences：设置 MATLAB 的属性，单击该快捷按钮后，弹出属性设置窗口如图 1-5 所示。
- Set Path：设置搜索路径。
- Parallel：对 MATLAB 属性进行配置。
- Help：MATLAB 帮助菜单。

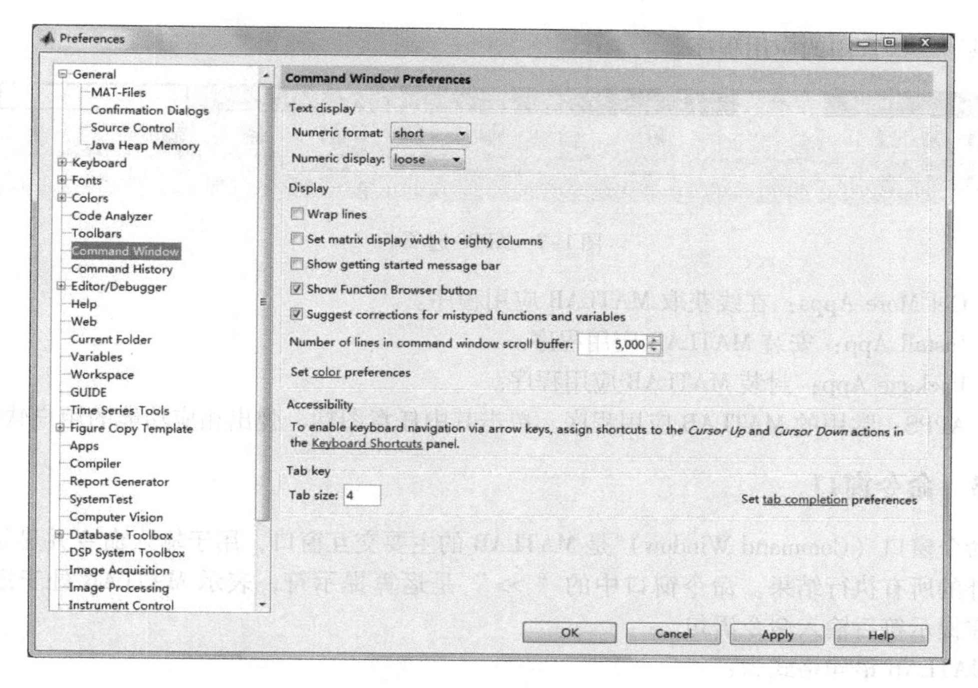

图 1-5　属性设置窗口

- Community：打开 MATLAB 在线交流中心。
- Request Support：打开 Math Works 的账户登录界面。
- Add – One：为 MATLAB 的添加菜单。

“PLOTS” 选项卡主要用于绘图，如图 1-6 所示。直接给出绘制二维、三维、四维图形的快捷按钮。主要选择某个变量，然后需要绘制哪种图形，直接单击对应的快捷按钮即可。

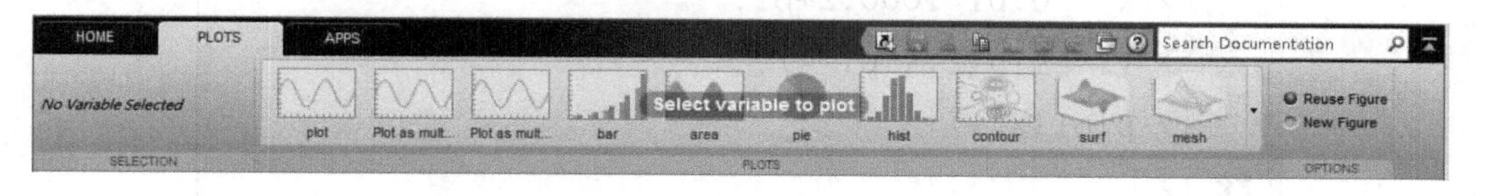

图 1-6　PLOTS 选项卡

- plot：MATLAB 基本绘图函数。
- bar：绘制 MATLAB 条形图。
- area：绘制 MATLAB 面积图。
- pie：绘制 MATLAB 饼形图。
- hist：绘制 MATLAB 直方图。
- contour：绘制 MATLAB 等高线图。
- surf：绘制 MATLAB 三维曲线图。
- mesh：绘制 MATLAB 三维曲面图。
- Reuse Figure：擦除图形痕迹在原图上绘制新图形。
- New Figure：新建图形。

图 1-7 是 “APPS” 选项卡页面。主要是对应用程序进行获取、安装和打包等工作，同

时提供了一些常用的应用程序。

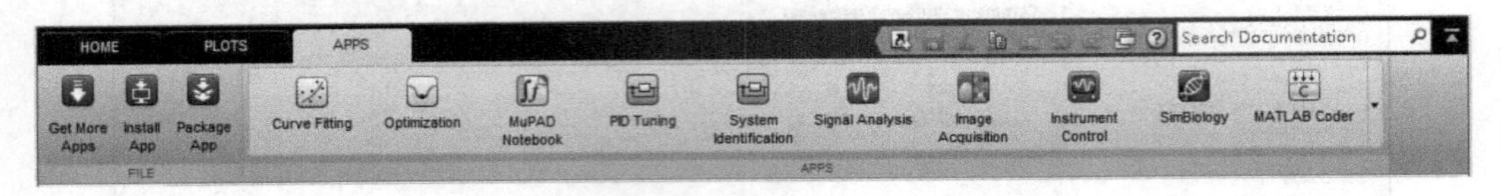

图 1-7　APPS 选项卡

- Get More Apps：在线获取 MATLAB 应用程序。
- Install App：安装 MATLAB 应用程序。
- Package App：封装 MATLAB 应用程序。
- APPS：常用的 MATLAB 应用程序，单击其中任意图标，弹出相应功能的用户软件。

1.2.3　命令窗口

命令窗口（Command Window）是 MATLAB 的主要交互窗口，用于输入命令并显示除图形以外的所有执行结果。命令窗口中的“>>”是运算提示符，表示 MATLAB 处于准备状态。在提示符后输入命令语句。

MATLAB 语句格式为：

```
>> 变量 = 表达式
```

通过等号将表达式的值赋予变量，按下〈Enter〉键，MATLAB 会给出计算结果，显示在命令窗口，并再次进入准备状态。当选择命令窗口右上角的按钮并单击菜单中的“Undock”选项，得到如图 1-8 所示的独立命令窗口。

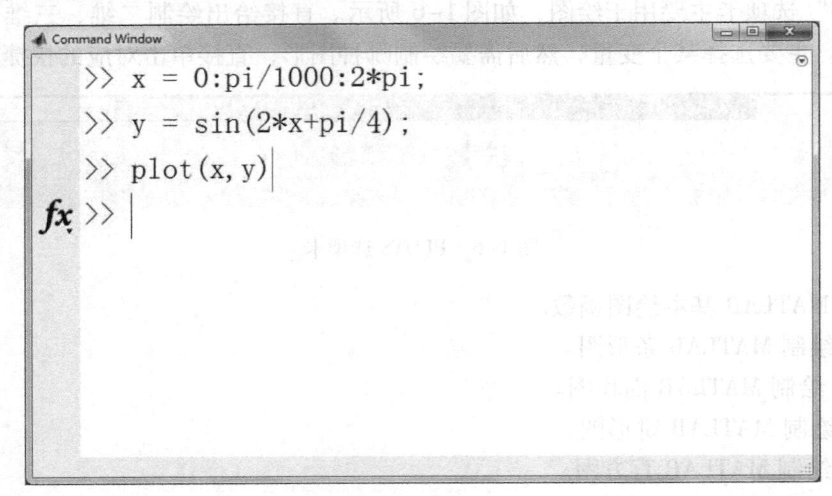

图 1-8　独立命令窗口

一般来说，一个命令行输入一条命令，命令行以按〈Enter〉键结束。但一个命令行也可以输入若干条命令，各命令之间以逗号分隔，若前一命令后带有分号，则逗号可以省略。

使用方向键和控制键可以编辑和修改已输入的命令。使用 more off 表示不允许分页；more on 表示允许分页；more(n)表示指定每页输出的行数。按〈Enter〉键前进一行；按空格键显示下一页；按〈q〉键结束当前显示。

在 MATLAB 中的 3 个小黑点即为“续行号”，表示 1 条语句可分为几行编写。而分号作用是不在命令窗口中显示中间结果，但变量将保留在内存中。

从 MATLAB R2008b 开始，在输入符“ >> ”之前新增了函数浏览器（Browse for functions）fx，可以查找函数以及浏览函数参数的自动帮助信息。

1.2.4 命令历史窗口

命令历史窗口（Command History）主要用于记录用户在“Command Window”中输入的所有执行过的命令，在默认设置下，该窗口会保留自安装后所有使用过的命令，并标明时间。同时，可以通过双击某一历史命令来重新执行该命令。与命令窗口类似，该窗口也可以成为一个独立窗口，如图 1-9 所示。

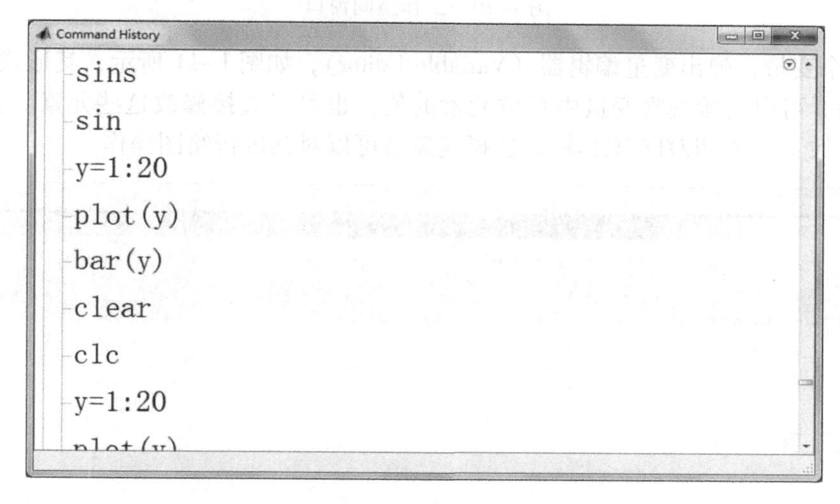

图 1-9 独立命令历史窗口

在命令历史窗口可以完成多种操作。单击右键，在弹出的菜单中可以选择相应的命令进行以下操作。

1）复制和粘贴命令：选中命令历史窗口中的 1 行或多行命令，单击右键，在弹出的菜单中选择“copy”命令，可以完成复制操作。复制的命令文本可以粘贴在命令窗口中。

2）运行历史命令：如果需要运行命令历史窗口中的命令，选择命令行，从右键菜单中选择“Evaluate Selection”命令就可以执行了。

3）创建 M 文件：对于历史命令，可以编写为 M 脚本文件或函数文件。选择需要的命令行，从右键菜单中选择“Creat Script”命令，即可将其变成 M 文件。

1.2.5 工作空间窗口

工作空间窗口（Workspace）是 MATLAB 用于存储各种变量和结果的内存空间，在该窗口中显示工作空间中所有变量的名称、字节数和变量类型，可对变量进行观察、编辑、保存和删除等操作。工作空间中存储的变量在 MATLAB 程序关闭时会自动丢失，若想在以后应用这些变量，必须以 MAT - file 格式保存变量。工作空间与命令窗口类似，该窗口也可以成为一个独立窗口，如图 1-10 所示。工作空间中的变量以变量名（Name）、数值（Value）、最小值（Min）和最大值（Max）的形式显示出来。

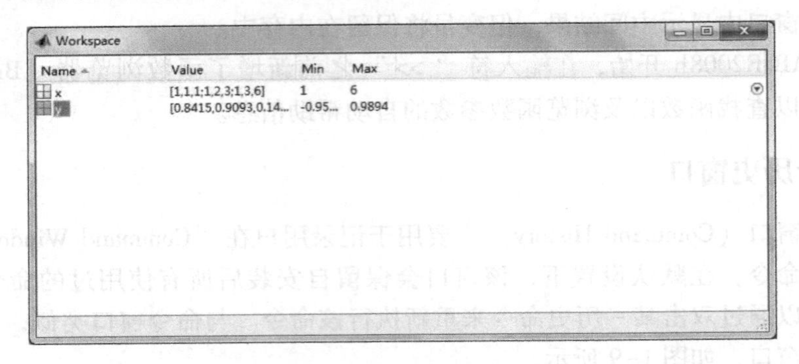

图 1-10　工作空间窗口

双击某个变量，弹出变量编辑器（Variable Editor），如图 1-11 所示，其形式类似于 Excel 电子表格，可以直接观察变量中具体元素的值，也可以直接修改这些元素。在 MATLAB R2013a 中添加了一个 PLOTS 工具栏，选择变量后可以对其进行绘图操作。

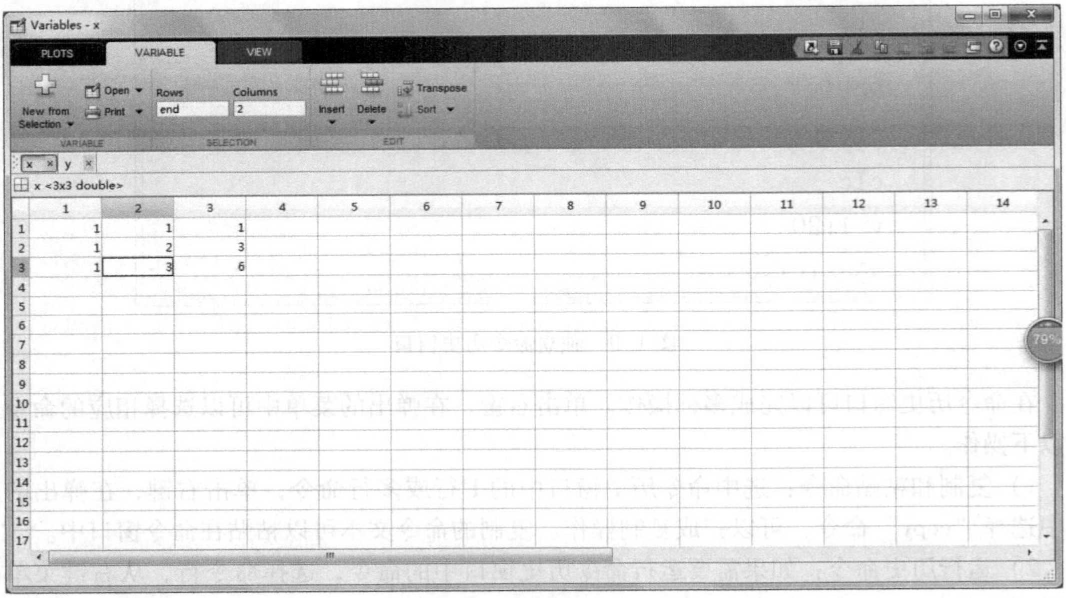

图 1-11　变量编辑器

由于大型矩阵不容易由命令窗口输入，因此采用变量编辑器更为快捷。变量编辑器的数据与 Excel 表格的数据相通，只要将 Excel 表格中的数据复制过来，便可直接复制到编辑器中的某个变量内。原则上，变量的输入以行向量为主，要增加一行，其余没有数据的空间则自动填上零。

变量编辑器中打开后默认显示的是 VARIABLE 工具栏，其中：

- New from Selection：将变量选定部分生成新的变量。
- Open：打开新的变量，并在前端显示。

- Print：打印变量。
- Rows 和 Columns：在前端显示的变量选择任一数值，显示其行列数。
- Insert：插入变量，选定任一数值，单击下拉箭头，可以选择在数值所在行前一行或后一行插入，也可以是所在列前一列或后一列。
- Delete：删除变量，可以删除选定数值所在行或列。
- Transpose：对变量进行转置。
- Sort：对变量中数值进行排序，可选按升序或降序排列。

VIEW 工具栏主要设置变量显示设置，如图 1-12 所示，其中：

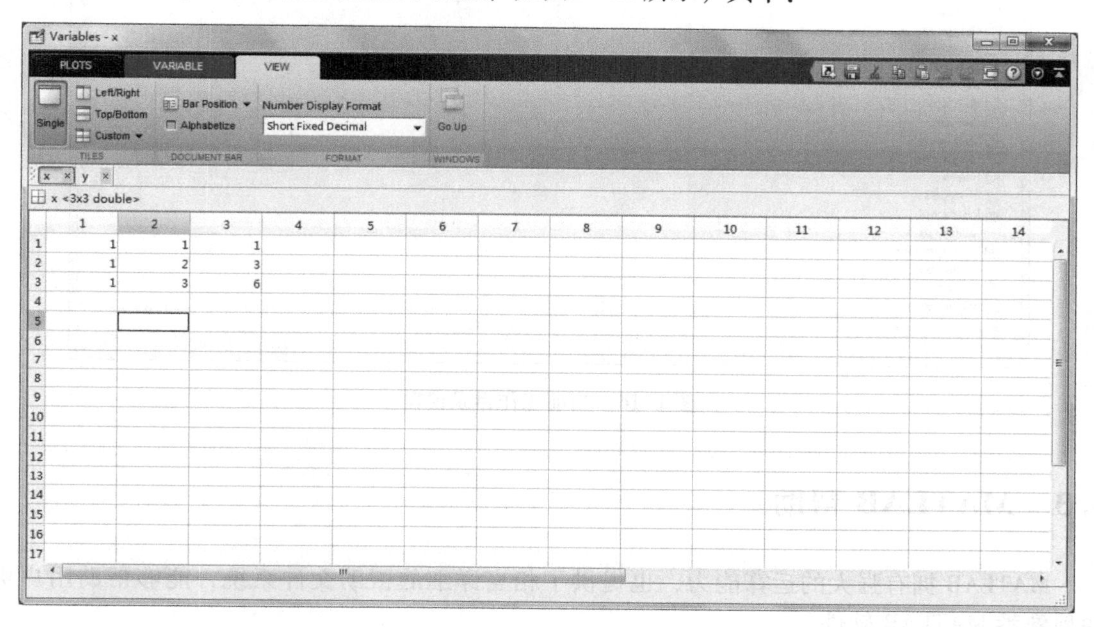

图 1-12　VIEW 工具栏

- TILES：变量显示的排列方式，选项有单一显示方式（Single）、左右排列显示方式（Left/Right）、上下排列显示方式（Top/Bottom）和自定义排列显示方式（Custom）。
- Bar Position：变量名显示位置，选项有“Left”、“Right”、“Top”、“Bottom” 和 “Hide”，下面有个“Alphabetize”勾选，表示按字母顺序显示。
- Number Display Format：数值显示格式。

1.2.6　当前工作目录窗口

当前工作目录路径如图 1-13 所示，用户可以修改路径来改变工作目录。

图 1-13　当前工作目录路径

图 1-13 中各图标的功能从左到右依次为：后退到上一次操作的目录，前进到上一次操作的目录，返回到上一级目录，浏览当前目录。

当前工作目录窗口（Current Folder）是指 MATLAB 运行时的工作目录文件夹，只有在当前目录或搜索路径下的文件，函数才可以被运行或调用。如果没有特殊指明，数据文件也将存放在当前工作目录下。为了便于管理文件和数据，用户可以将自己的工作目录设置成当前目录文件，从而使用户的操作都在当前工作目录中进行。与命令窗口类似，该窗口也可以成为一个独立窗口，如图 1-14 所示。

图 1-14　当前工作目录窗口

1.3　MATLAB 帮助

MATLAB 拥有强大的运算能力，也提供了相当详细的帮助文件系统，能够帮助用户更快地熟悉 MATLAB 软件。

1.3.1　命令查询

MATLAB 中所有函数，一般情况下它们都有使用帮助和函数功能说明，即使是工具箱，也通常具有一个以工具箱名称相同的 M 文件来说明工具箱的构成内容。在 MATLAB 中，可以在命令窗口中通过帮助命令来查询帮助信息，常用的帮助命令见表 1-1。

表 1-1　常见帮助命令

帮助命令	功　能	帮助命令	功　能
help	获取在线帮助	which	显示指定函数或文件路径
demo	运行 MATLAB 演示程序	lookfor	按照关键字查找所有相关 M 文件
who	列出当前工作空间中的变量	exist	检查指定变量或文件是否存在
whos	列出当前工作空间中变量的更多信息	helpwin	运行帮助窗口
what	列出当前目录下的 M 文件、MAT 文件和 MEX 文件	doc	运行 HTML 格式帮助面板

例 1.3　利用 help 命令查询函数 mean( ) 的帮助信息，具体代码如下。

```
>> help mean
```

运行结果如下：

```
mean Average or mean value.
    For vectors,mean(X) is the mean value of the elements in X. For
    matrices,mean(X) is a row vector containing the mean value of
    each column.  For N-D arrays,mean(X) is the mean value of the
    elements along the first non-singleton dimension of X.

    mean(X,DIM) takes the mean along the dimension DIM of X.

    Example:If X = [1 2 3;3 3 6;4 6 8;4 7 7];
    then mean(X,1) is [3.0000 4.5000 6.0000] and
    mean(X,2) is [2.0000 4.0000 6.0000 6.0000].'

    Class support for input X:
        float:double,single
    See also median,std,min,max,var,cov,mode.
    Overloaded methods:
        fints/mean
        sweepset/mean
        ProbDistUnivParam/mean
        timeseries/mean
    Reference page in Help browser
        doc mean
```

在命令窗口利用 help 命令进行函数的查询，简单易用，而且运行速度快。但是 help 函数需要准确地给出函数名称，就很难找到。此时可以利用 lookfor 命令进行查询。lookfor 命令可以在不确切知道函数文件的拼写时，按照关键字查询所有相关的 M 文件。

例 1.4 利用 lookfor 查询与图像有关的函数，具体代码如下。

```
>> lookfor image
```

运行结果如下：

```
HeatMap           - A false color 2D image of the data values in a matrix.
imagemodel        - Access to properties of an image relevant to its display.
imagedemo         - Images and Matrices
imageext          - Examples of images with a variety of colormaps
......
imagefusiondemo   - Image Fusion
wcompress         - True compression of images using wavelets.
wconvimg          - Image transform for images true color to gray scale
dxpcImMultiDemo   - Image Capture with Camera Link(R) and Bitflow(TM) Neon-CLB Frame Grabber
```

例 1.5 利用 which 可获得函数 sum 的路径，具体代码如下。

```
>> which sum
```

运行结果如下：

```
built - in (G:\Program Files\MATLAB\R2013a\toolbox\matlab\datafun\@ uint8\sum)
```

例 1.6 利用 whos 获取当前工作空间变量的详细信息，具体代码如下。

```
>> whos
```

运行结果如下：

```
Name        Size          Bytes  Class     Attributes
  a         1x1               8  double
  g         1x1               8  double
  h         1x1               8  double
  light     1x1               8  double
  m         1x1               8  double
  m2        1x1               8  double
  n         1x1               8  double
  y         1x21            168  double
```

1.3.2 演示帮助

MATLAB 提供了直观便捷的 Demos 演示帮助，可以帮助用户更好地学习 MATLAB 的功能。执行“HOME”上的“Help”下拉菜单中的 Examples 命令或者在命令窗口输入“demos”，可以打开 Demos 演示帮助。

执行命令后会弹出演示帮助窗口，如图 1-15 所示。在“MATLAB Exampling”标题下，包含了“Getting Started”、“Mathematics”、“Graphics”等一系列演示。单击需要的标题，就可以进入相应的演示标题区，然后再单击演示标题，就可以看相应的演示了。

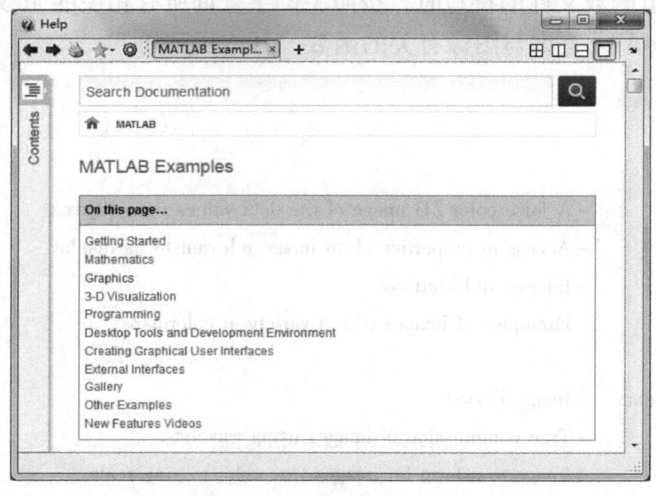

图 1-15 演示帮助窗口

1.3.3 联机帮助

用户可以在主菜单的“HOME”选项卡下单击 (Help) 命令按钮，或在命令窗口输入 doc 命令后，即可在浏览器中打开 MATLAB 的帮助系统，如图 1-16 所示。

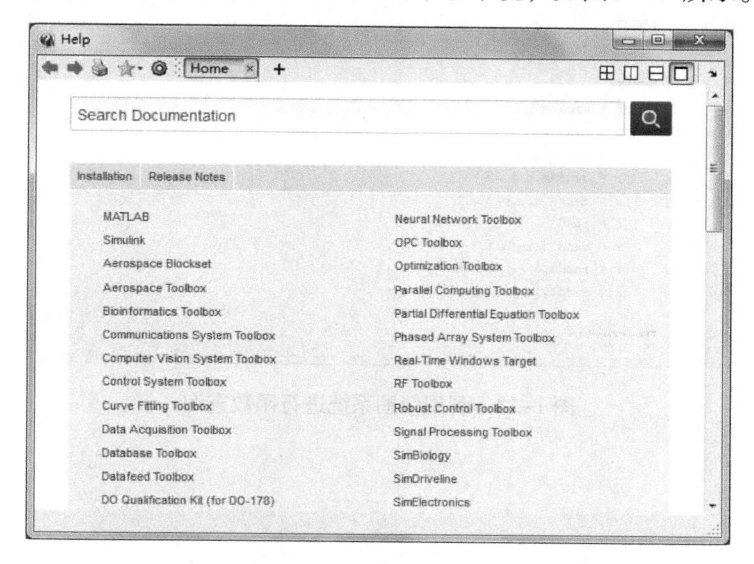

图 1-16　MATLAB 帮助页面

MATLAB R2013a 的帮助系统与以前版本的帮助系统有很大差别。在“Search Results”窗口输入“rand”，可以查询函数 rand( )的帮助相关信息列表，如图 1-17 所示。

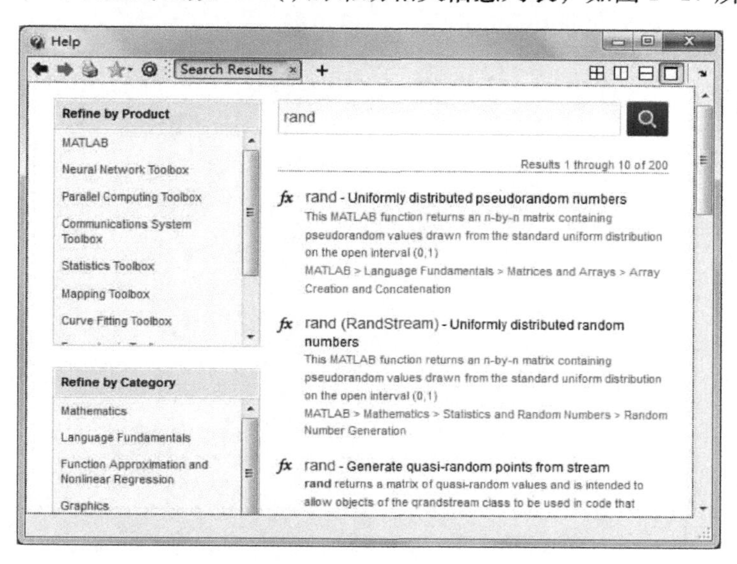

图 1-17　rand 相关信息列表

在图 1-17 中选择相关列表，即可弹出对应的帮助页面，例如选择第一个列表，可以得到 rand 函数的信息，如图 1-18 所示。

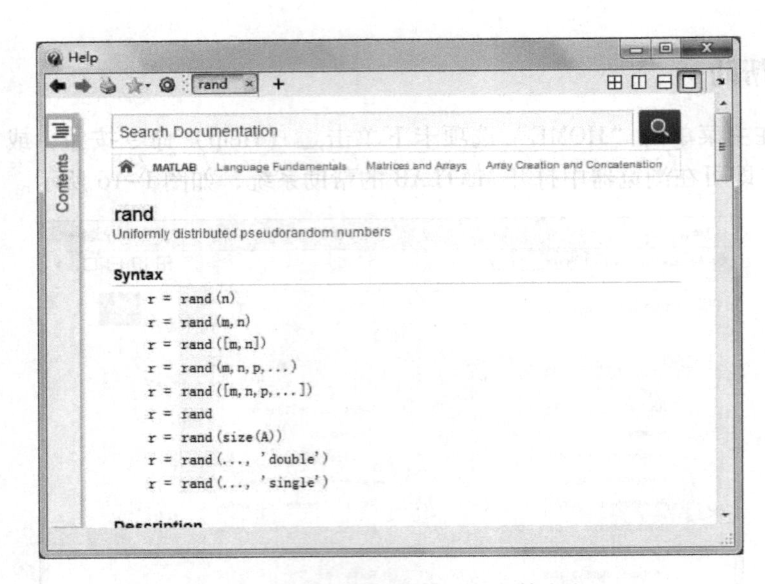

图 1-18　利用帮助系统进行函数查询

1.4　习题

1. MATLAB 系统由哪些部分组成？
2. MATLAB 操作桌面有几个窗口？如何使某个窗口脱离桌面成为独立窗口？
3. 在 MATLAB 中有几种获得帮助的途径？如何使用 help 命令搜索 std 函数的功能？

第2章　MATLAB矩阵计算

计算功能强大是MATLAB的特色之一，也是MATLAB软件的基石。它的运算指令和语法基于一系列基本的矩阵运算以及它们的扩展运算，与其他语言不同的是其支持的数值元素为复数，给运算带来了极大方便。

2.1　数据类型

MATLAB语言处理的对象是数据。基本数据类型有十几种，不同工具箱还有特有数据类型，并且面向对象的编程特点支持用户自定义的数据类型。每一种类型的数据都以矩阵或数组形式存储和表现，MATLAB的命令和语法也是以基本的矩阵运算及其扩展为基础。本节主要介绍MATLAB的基本数值类型、字符串、单元数组和结构体等数据类型。

2.1.1　基本数值类型

与多数计算机高级语言一样，MATLAB基本数值类型包括整数型、浮点型和复数型3种类型。

1. 整数型

MATLAB支持1、2、4和8字节的有符号整数和无符号整数。无符号整数型只可以表示0和正数，有符号整数型可以表示正数和负数。这8种数据类型的名称、表示范围和转换函数见表2-1。使用转换函数可以在这些数值类型之间进行转换，运算中尽可能使用少字节的数值类型，可以节约存储空间和提高运算速度。

表2-1　整数型

名　称	表示范围	转换函数	名　称	表示范围	转换函数
有符号1字节整数	$-2^7 \sim 2^7-1$	int8()	无符号1字节整数	$0 \sim 2^8-1$	uint8()
有符号2字节整数	$-2^{15} \sim 2^{15}-1$	int16()	无符号2字节整数	$0 \sim 2^{16}-1$	uint16()
有符号4字节整数	$-2^{31} \sim 2^{31}-1$	int32()	无符号4字节整数	$0 \sim 2^{32}-1$	uint32()
有符号8字节整数	$-2^{63} \sim 2^{63}-1$	int64()	无符号8字节整数	$0 \sim 2^{64}-1$	uint64()

例2.1　整数型变量数值类型变换。

```
clear
clc
a = 240
b1 = int8(a)          %将a转换为有符号1字节整数
b2 = int16(a)         %将a转换为有符号2字节整数
b3 = uint8(a)         %将a转换为无符号1字节整数
```

```
b4 = uint16(a)          %将 a 转换为无符号 2 字节整数
```

运行结果如下：

```
a =
    240
b1 =
    127
b2 =
    240
b3 =
    240
b4 =
    240
```

输入 whos 命令查看变量数据类型如下：

```
Name    Size    Bytes  Class    Attributes
  a     1x1     8      double
  b1    1x1     1      int8
  b2    1x1     2      int16
  b3    1x1     1      uint8
  b4    1x1     2      uint16
```

从程序中可以看出，在不作定义时，数据默认为双精度浮点型。将变量 a 转换为 4 种数据类型，其中在转换为有符号 1 字节整数时，产生了溢出，数据显示为该类型最大取值。

2. 浮点型

MATLAB 有单精度和双精度两种浮点数，都是依据 IEEE 标准定义。其中双精度浮点数为 MATLAB 默认的数据类型。两种类型的介绍见表 2-2。

表 2-2 浮点型

名　　称	存储空间	表示范围	转换函数
单精度浮点数	4 字节	$-3.40282\times10^{38}\sim3.40282\times10^{38}$	single( )
双精度浮点数	8 字节	$-1.79769\times10^{308}\sim1.79769\times10^{308}$	double(0)

例 2.2 浮点型数据的转换。

```
clear
clc
a = 3.14
b = single(a)
c = int16(a)
```

运行结果如下：

```
a =
    3.1400
```

```
b =
      3.1400
c =
        3
```

输入 whos 命令查看变量数据类型如下：

Name	Size	Bytes	Class	Attributes
a	1x1	8	double	
b	1x1	4	single	
c	1x1	2	int16	

程序将变量转换为单精度浮点数和有符号 2 字节整数，其中转换成整数需要截断小数部分，通过 whos 命令查看变量类型和占用字节数。

3. 复数型

复数的书写方法和运算表达形式与数学中复数的书写方法和运算表达形式相同，包括实部和虚部，在 MATLAB 中用 i 和 j 来表示虚部。

例 2.3 在命令窗口用赋值语句生成复数。

```
>> a1 = 2 - 3i
a1 =
      2.0000 - 3.0000i
>> a2 = 3 + 4j
a2 =
      3.0000 + 4.0000i
```

2.1.2 字符串

字符串是高级语言必不可少的部分，MATLAB 中的字符串是其进行符号运算表达式的基本构成单元。字符串使用单引号进行输入和赋值。字符串的每个字符都是字符数组的一个元素。字符串可以通过下标对其中字符进行访问，字符数组内存放的并非是字符本身，而是字符的 ASCII 码，通过类型转换函数将字符转化为按浮点数存储格式存储的数值矩阵。

例 2.4 创建一个字符串 S，对其进行基本操作。

```
clear;clc;                        %清除工作空间变量,清空命令行
S = 'Please create a string! ';   %创建字符串
[m,n] = size(S);                  %计算字符串大小
a = double(S);                    %计算字符串的 ASCII 码
S1 = lower(S);                    %将所有字母转换成小写字母
S2 = upper(S);                    %将所有字母转换成大写字母
```

运行结果如下：

```
S =
Please create a string!
m =
```

```
      1
n =
      23
a =
  Columns 1 through 9
    80    108    101    97    115    101    32    99    114
  Columns 10 through 18
    101    97    116    101    3297    32    115    116
  Columns 19 through 23
    114    105    110    103    33
S1 =
please create a string!
S2 =
PLEASE CREATE A STRING!
```

2.1.3 单元数组

单元是单元数组的基本组成部分。和数字数组类似，以下标来区分，单元数组由单元和单元内容两部分组成，用{}表示单元数组的内容，用()表示单元元素。与一般数字数组不同，单元可以存放任何类型、任何大小的数组，而且同一个单元数组中各单元的内容可以不同。

例 2.5 单元数组的创建和显示。

```
clear;clc;                                      %清除工作空间变量,清空命令行
student{1,1} = {'LiMing','WangHong'};           %直接赋值法建立细胞数组
student{1,2} = {'20120101','20120102'};
student{2,1} = {'f','m'};
student{2,2} = {20,19};
celldisp(student)
```

创建一个单元数组 student，分别对其元素进行赋值，最后用 celldisp 函数显示。

```
student{1,1}{1} =
                  LiMing
student{1,1}{2} =
                  WangHong
student{2,1}{1} =
                  f
student{2,1}{2} =
                  m
student{1,2}{1} =
                  20120101
student{1,2}{2} =
                  20120102
```

```
student{2,2}{1} =
              20
student{2,2}{2} =
              19
```

使用大括号“{}”创建单元数组的方法类似于使用中括号“[]”生成的一般数组，行之间元素用分号“;”分隔，列之间的元素用逗号“,”或空格分隔。

2.1.4 结构体

结构体是一种由若干属性组成的数组，其中每个属性可以是任意数据类型，且使用指针方式传递数值。结构体由结构变量名和属性名组成，用指针操作符“.”连接结构变量名和属性名。

MATLAB 提供两种方法建立结构体，用户可以直接给结构体成员变量赋值建立结构体，也可以利用函数 struct()建立结构体。

例 2.6 利用不同方法创建结构体。

```
clear;clc;                              %清除工作空间变量,清空命令行
stu(1).name ='LiMing';                  %直接创建结构体 stu
stu(1).number ='20120101';
stu(1).sex ='f';
stu(1).age =20;
stu(2).name ='WangHong';
stu(2).number ='20120102';
stu(2).sex ='m';
stu(2).age =19;
student = struct('name',{'LiMing','WangHong'},'number',{'20120101','20120102'},'sex',{'f','m'
},'age',{20,19});                       %应用 struct 函数创建结构体 student
stu
student
```

运行结果如下：

```
stu =
1x2 struct array with fields:
    name
    number
    sex
    age
student =
1x2 struct array with fields:
    name
    number
    sex
    age
```

程序利用直接赋值法建立结构体变量 stu，其中包括 4 个成员变量，分别是 name 、number 、 sex 和 age，同时对它们进行了赋值；然后利用函数 struct( )建立结构体 student，与 stu 完全相同。在此基础上输入以下语句：

```
stu. number
```

调用显示成员变量的具体数值如下：

```
ans =
20120101
ans =
20120102
```

2.2 矩阵基础

矩阵是 MATLAB 中最基本的数据结构。用户在定义变量时，首先应定义一个矩阵，用一个矩阵可以表示多种数据结构。矩阵能够存储各种数据元素，这些数据元素可以是数值类型、字符串、逻辑类型或其他结构。通过矩阵可以方便地存储和访问 MATLAB 各种数据类型。

2.2.1 矩阵创建

矩阵和数组的输入形式和书写方法是相同的，其区别在于进行运算时，数组的计算是数组中对应元素的运算，而矩阵运算则应符合矩阵运算的规则。在数值运算中使用的矩阵必须赋值，矩阵的输入可以采用直接输入和调用函数生成。

1. 直接输入

最简单的建立矩阵的方法是从键盘直接输入矩阵元素，将矩阵元素用方括号括起来，逐行输入各元素，同一行各元素之间用空格或逗号分开，不同行元素之间用分号分隔。

例 2.7 直接输入法建立矩阵。

```
>> A = [3 5 9;9 10 1;7 9 4;3 8 7]                % 创建一个 3×4 阶矩阵
A =
     3     5     9
     9    10     1
     7     9     4
     3     8     7
>> B = [sin(pi/3),cos(pi/4);log(3),tanh(5)]  % 创建一个带表达式的矩阵
B =
    0.8660    0.7071
    1.0986    0.9999
```

注意：在输入矩阵时，MATLAB 允许方括号中嵌套方括号，如[[1 7 4];[3 5 7];[1 12 6]]，其结果是一个三维矩阵。

矩阵的输入还可以使用类似向量增量的赋值方法，其格式为：A = 初值：增量：终值，

其中冒号为分割符。

例 2.8 利用增量赋值创建矩阵。

```
>> A = 1:1:5
A =
     1     2     3     4     5
>> B = [A/4;A*2;A*1.5]
B =
    0.2500    0.5000    0.7500    1.0000    1.2500
    2.0000    4.0000    6.0000    8.0000   10.0000
    1.5000    3.0000    4.5000    6.0000    7.5000
```

对于比较大且复杂的矩阵，可以专门建立一个 M 文件来生成。

例 2.9 利用 M 文件建立矩阵。

1）使用 MATLAB 文本编辑器，输入待建矩阵：

```
[1 2 3 4 5 6 7 8 9;
11 12 13 14 15 16 17 18 19;
21 22 23 24 25 26 27 28 29]
```

2）保存文件，设文件名为 data. m。

3）在命令窗口输入 data，即运行此文件，自动建立一个名为 data 的矩阵。

利用包含矩阵的二进制文件和包含外部数据的文本文件装入到指定矩阵，可以通过 MATLAB 提供的 load 函数来实现。文本文件中的数字应排列成矩形，每行只能包含矩阵的一行元素，元素和元素之间用空格分隔，各行元素的个数必须相等。

2. 函数生成法

MATLAB 提供了一些用来构造特殊矩阵的函数，见表 2-3。

表 2-3 特殊矩阵函数

函 数 名	功 能	函 数 名	功 能
ones	创建全 1 矩阵	zeros	创建全 0 矩阵
diag	创建对角矩阵	eye	创建单位矩阵
rand	创建均匀分布随机矩阵	randn	创建高斯分布随机矩阵
compan	创建伴随矩阵	magic	创建魔方矩阵
vander	创建范德蒙阵	pascal	创建 Pascal 矩阵

例 2.10 创建特殊函数矩阵。

```
>> a = zeros(3,4)
a =
     0     0     0     0
     0     0     0     0
     0     0     0     0
>> b = ones(3)
```

```
b =
     1     1     1
     1     1     1
     1     1     1
>> c = rand(2,3)
c =
    0.8147    0.1270    0.6324
    0.9058    0.9134    0.0975
>> d = randn(2,3)
d =
    0.5377   -2.2588    0.3188
    1.8339    0.8622   -1.3077
>> e = eye(4)
e =
     1     0     0     0
     0     1     0     0
     0     0     1     0
     0     0     0     1
>> f = magic(3)
f =
     8     1     6
     3     5     7
     4     9     2
>> g = diag(magic(3))
g =
     8
     5
     2
>> u = [1 0 7 6];
>> h = compan(u)
h =
     0    -7    -6
     1     0     0
     0     1     0
>> k = vander(1:1:5)
k =
     1     1     1     1     1
    16     8     4     2     1
    81    27     9     3     1
   256    64    16     4     1
   625   125    25     5     1
>> m = pascal(4)
m =
```

```
     1     1     1     1
     1     2     3     4
     1     3     6    10
     1     4    10    20
```

2.2.2 矩阵操作

矩阵的操作包括矩阵访问、信息获取和矩阵的修改。

1. 矩阵的访问

矩阵由多个元素组成，矩阵元素由下标来识别。若 A 是一个矩阵，则 $A(i,j)$ 表示第 i 行和第 j 列的元素。

例 2.11 读取矩阵元素。

```
>> A = magic(3)
A =
     8     1     6
     3     5     7
     4     9     2
>> b = A(3,2)
b =
     9
```

矩阵元素也可以用单下标引用，即将矩阵元素按列读取为一个一维向量，对元素进行编号，再读取。在例 2.11 中加上

```
>> c = A(7)
c =
     6
```

注意：MATLAB 是按列读取数据，这点与 C 语言不同，C 语言遵循按行读取。

MATLAB 还可以通过下标产生子矩阵。继续添加语句

```
>> d = A(1:2,2:3)
d =
     1     6
     5     7
```

生成的矩阵为原矩阵的第 1 ~ 2 行，第 2 ~ 3 列的元素。添加语句

```
>> e = A(:,1:2)
e =
     8     1
     3     5
     4     9
```

冒号代表提取所有行。

2. 矩阵信息的获取

矩阵的信息包括元素的数据类型、矩阵的尺寸和矩阵数据结构等。在 MATLAB 中，查询数据类型的函数见表 2–4。

表 2–4　查询数据类型的函数

函　数	功　能	函　数	功　能
class	返回数据类型	isa	判断输入数据是否为指定类型
isinteger	判断输入数据是否为整数型	islogical	判断输入数据是否为逻辑型
isnumeric	判断输入数据是否为数值型	isreal	判断输入数据是否为实数型
isfloat	判断输入数据是否为浮点数	isstruct	判断输入数据是否为结构体
ischar	判断输入数据是否为字符串	iscell	判断输入数据是否为单元数组

例 2.12　判断元素数据类型。

```
>> class(3 +4i)
ans =
    double
>> isfloat(3 +4i)
ans =
    1
>> isreal(3 +4i)
ans =
    0
```

判断数据（3 +4i）的类型，如果返回为 1，则为真；返回为 0，则为假。矩阵的尺寸函数可以得到矩阵的形状和大小的信息，见表 2–5。

表 2–5　矩阵尺寸函数

函　数	功　能	函　数	功　能
size	获取矩阵长度	length	获取矩阵最长维长度
ndims	矩阵的维数	numel	矩阵元素个数

例 2.13　获取矩阵 A 的信息。

```
>> A = [1 2 3;4 5 6;2 3 5;7 4 8];
>> B = size(A)
B =
    4    3
>> C = length(A)
C =
    4
>> D = ndims(A)
D =
    2
```

```
>> E = numel(A)
E =
     9
```

获取的长度是行和列的长度，行数在前，列数在后。判断矩阵是否是指定数据结构的函数见表 2-6。

表 2-6　判断矩阵数据结构的函数

函　数	功　能	函　数	功　能
isempty	判断是否是空矩阵	isscalar	判断是否是标量
issparse	判断是否是稀疏矩阵	isvector	判断是否是矢量

例 2.14　判断矩阵 A 是否为标量，其中 A = [2 6 9;4 2 8]。

```
A = [2 6 9;4 2 8];
b = isscalar(A)
```

运行结果如下：

```
b =
     0
```

输出结果表明矩阵 A 不是标量。

3. 矩阵结构的修改

改变矩阵结构的函数见表 2-7。

表 2-7　改变矩阵结构的函数

函　数	功　能	函　数	功　能
reshape	按照长列向量的顺序重排元素	rot90	旋转矩阵
fliplr	以竖直方向为轴进行镜像	flipud	以水平方向为轴进行镜像
transpose	矩阵转置	flipdim	以指定轴进行镜像

例 2.15　改变矩阵 A 的结构。

```
>> A = [1 4 7 10;2 5 8 11;3 6 9 12];
B = reshape(A,2,6)    %将 A 重排为 2 * 6 的矩阵
B =
     1     3     5     7     9    11
     2     4     6     8    10    12
>> rot90(A)
ans =
    10    11    12
     7     8     9
     4     5     6
     1     2     3
>> fliplr(A)
```

```
ans =
    10     7     4     1
    11     8     5     2
    12     9     6     3
>> flipdim(A,1)          %以水平方向为轴进行镜像
ans =
     3     6     9    12
     2     5     8    11
     1     4     7    10
>> transpose(A)
ans =
     1     2     3
     4     5     6
     7     8     9
    10    11    12
```

2.3 矩阵运算

MATLAB 对于矩阵运算的处理和线性代数中的方法相同，下面介绍各种矩阵的运算。

2.3.1 基本运算

矩阵基本运算主要有加、减、乘、除四则运算

1. 加减运算

“+”和“-”分别表示加和减运算，两个矩阵的运算是对应元素的加减，矩阵和标量的运算是矩阵中每一个元素与标量的运算。

例 2.16 已知矩阵 $A=\begin{pmatrix}1&2&3\\4&5&6\\7&8&9\end{pmatrix}$和 $B=\begin{pmatrix}1&3&5\\7&9&11\\13&15&17\end{pmatrix}$，求 A 和 B 的和与差。

```
A=[1 2 3;4 5 6;7 8 9]              %定义 A 矩阵
B=[1 3 5;7 9 11;13 15 17]          %定义 B 矩阵
C=B-A                              %求 B-A
D=B+A                              %求 B+A
```

运行结果如下：

```
C =
     0     1     2
     3     4     5
     6     7     8
D =
     2     5     8
    11    14    17
```

```
    20    23    26
```

2. 乘法运算

乘法的运算符是“*”，标量与矩阵的乘法是标量和矩阵中每一个元素进行相乘运算，矩阵相乘则按照线性代数中矩阵乘法法则进行，即前一个矩阵的列数和后一个矩阵的行数必须相同。

例 2.17 已知矩阵$A=\begin{pmatrix}1&2&3\\4&5&6\\7&8&9\end{pmatrix}$和$B=\begin{pmatrix}1&3&5\\7&9&11\\13&15&17\end{pmatrix}$，求 A 和 B 的乘积以及 A*60。

```
>> A = [1 2 3;4 5 6;7 8 9]
B = [1 3 5;7 9 11;13 15 17]
C = A * B
D = A * 60
```

运行结果如下：

```
C =
     54     66     78
    117    147    177
    180    228    276
D =
     60    120    180
    240    300    360
    420    480    540
```

3. 除法运算

矩阵除法有三种形式：左除（运算符“\”）、右除（运算符“/”）和点除（运算符“./”和“.\”）。

（1）矩阵左除

对于矩阵 A 和 B 来说，A\B 表示矩阵 A 左除矩阵 B，其计算结果与矩阵 A 的逆和矩阵 B 相乘的结果相似。矩阵 A\B 可以看成是方程 Ax = B 的解。

例 2.18 已知矩阵$A=\begin{pmatrix}1&2&3\\4&5&6\\7&8&10\end{pmatrix}$和$B=\begin{pmatrix}54&66&75\\117&147&171\\193&243&283\end{pmatrix}$，求矩阵 B 被矩阵 A 左除，即 A\B。

```
A = [1 2 3;4 5 6;7 8 10]
B = [54 66 75;117 147 171;193 243 283]
C = A\B
```

运行结果如下：

```
C =
     1.0000     3.0000     5.0000
     7.0000     9.0000    11.0000
```

```
13.0000    15.0000    16.0000
```

（2）矩阵右除

对于矩阵 A 和 B 来说，A/B 表示矩阵 A 右除矩阵 B，其计算结果与矩阵 A 和矩阵 B 的逆相乘的结果相似。矩阵 A/B 可以看成是方程 xB = A 的解。

例 2.19 已知矩阵 $A=\begin{pmatrix}1 & 3 & 5\\7 & 9 & 11\\13 & 15 & 16\end{pmatrix}$ 和 $B=\begin{pmatrix}54 & 66 & 75\\117 & 147 & 171\\193 & 243 & 283\end{pmatrix}$，求矩阵 B 被矩阵 A 右除，即 B/A。

```
A = [1 3 5;7 9 11;13 15 16];
B = [54 66 75;117 147 171;193 243 283];
C = B/A
```

运行结果如下：

```
C =

    1.0000    2.0000     3.0000
    4.0000    5.0000     6.0000
    7.0000    8.0000    10.0000
```

（3）矩阵点除

矩阵的点除表示两个矩阵中对应元素相除。

例 2.20 已知例 2.17 中的矩阵 A 和 B，求矩阵 B 点除 A。

```
A = [1 3 5;7 9 11;13 15 16];
B = [54 66 75;117 147 171;193 243 283];
C = B./A
```

运行结果如下：

```
C =

    54.0000    22.0000    15.0000
    16.7143    16.3333    15.5455
    14.8462    16.2000    17.6875
```

添加语句

```
C = B.\A
```

运行结果变为：

```
C =

    0.0185    0.0455    0.0667
    0.0598    0.0612    0.0643
    0.0674    0.0617    0.0565
```

前一种运算中 B 是除数，A 是被除数；后一种正好相反。

4. 矩阵乘方

矩阵的乘方运算表达式为 A^x，其中 A 为矩阵，x 为常数。

例 2.21 矩阵的乘方运算。

```
A=[1,2;2,1];
B=A^10
```

运行结果如下：

```
B =
         29525       29524
     29524       29525
```

5. 矩阵开方

对于矩阵 A，可以计算开方运算得到矩阵 X，即满足 X * X = A。MATLAB 提供了 sqrtm 函数用于求矩阵开方。依据乘方运算，A^0.5 也可以求得开方，只是 sqrtm 函数的精度更高。一般格式为：

```
X=sqrtm(A)
```

例 2.22 矩阵的开方运算。

```
sqrtm([1 2 3;4 5 6 ;7 8 9])
```

运行结果如下：

```
ans =
   0.4498 + 0.7623i   0.5526 + 0.2068i   0.6555 - 0.3487i
   1.0185 + 0.0842i   1.2515 + 0.0228i   1.4844 - 0.0385i
   1.5873 - 0.5940i   1.9503 - 0.1611i   2.3134 + 0.2717i
```

函数 sqrtm 求解的是矩阵的开方运算，要求矩阵必须是方阵；与之对应的函数 sqrt 则是对矩阵中每个元素的开方，对矩阵格式不做要求。

6. 矩阵指数

MATLAB 提供了函数 exp 和 expm 用于求矩阵指数，前者求的是矩阵每个元素的 e 指数，后者求的是矩阵的 e 指数。一般格式为：

```
E=exp(A)
E=expm(A)
```

如果矩阵 A 有特征值 D 和对应的全集合的特征向量为 V，则

```
expm(A) = V * diag(exp(diag(D)))/V
```

例 2.23 矩阵的指数运算。

```
x=[1 2 3;4 5 6];
exp(x)
```

运行结果如下：

```
ans =
    2.7183      7.3891     20.0855
   54.5982    148.4132    403.4288
```

添加语句：

```
expm(x) %函数出错,因为 x 不是方阵
```

运行结果如下：

```
Error using  *
Inner matrix dimensions must agree.

Error in expm/PadeApproximantOfDegree (line 118)
                A2 = A * A; A4 = A2 * A2; A6 = A2 * A4;

Error in expm (line 39)
    F = PadeApproximantOfDegree(m_vals(end));
```

添加语句：

```
expm([1 2 3;4 5 6 ;7 8 9]) %换成方阵,函数运算正常
```

运行结果如下：

```
ans =
  1.0e+06 *
    1.1189    1.3748    1.6307
    2.5339    3.1134    3.6929
    3.9489    4.8520    5.7552
```

7. 矩阵对数

和指数运算一样，MATLAB 同样提供了 log 和 logm 两个函数用于求矩阵的自然对数，前者求的是矩阵每个元素的对数，后者求的是矩阵的对数。一般格式为：

```
L = log(A)
L = logm(A)
```

例 2.24 矩阵的对数运算。

```
A = [1 2 3;4 5 6 ;7 8 9];
B = log(A)
C = logm(A)
```

运行结果如下：

```
B =
         0    0.6931    1.0986
    1.3863    1.6094    1.7918
    1.9459    2.0794    2.1972
```

```
C =
   -5.3211 + 2.7896i   11.8288 - 0.4325i   -5.2948 - 0.5129i
   12.1386 - 0.7970i  -21.9801 + 2.1623i   12.4484 - 1.1616i
   -4.6753 - 1.2421i   12.7582 - 1.5262i   -4.0820 + 1.3313i
```

2.3.2 其他运算

1. 矩阵元素的查找

MATLAB 采用 find 函数进行矩阵元素的查找。一般格式为：

ind = find(X)查找满足条件 X 的元素,返回元素单一下标。

[row,col] = find(X)查找满足条件 X 的元素,返回元素二维坐标。

例 2.25 查找矩阵元素。

```
>> A = [1 3 5;7 9 11;13 15 16];
>> ind = find(A > 10)
ind =
     3
     6
     8
     9
>> [row,col] = find(A > 10)
row =
     3
     3
     2
     3
col =
     1
     2
     3
     3
```

2. 矩阵元素排序

MATLAB 使用函数 sort 对矩阵元素进行排序，函数默认按照升序排列，返回排序后的矩阵。一般格式为：

Y = sort(A)对矩阵按照升序进行排列。

[Y,I] = sort(A,DIM,MODE),当 dim = 1 时,按列排序;当 dim = 2 时,按行排列。MODE 指定排序方式,默认为 ascend,按照升序排列;参数为 descend,按照降序排列。输出参数 I 中的元素表示 B 中对应元素在输入参数中的位置。

例 2.26 矩阵元素排序。

```
>> A = [3 7 5;0 4 2];
>> sort(A,1)
```

```
ans =
     0     4     2
     3     7     5
>> sort(A,2)
ans =
     3     5     7
     0     2     4
>> sort(A,'descend')
ans =
     3     7     5
     0     4     2
>> [Y,I] = sort(A,2)
Y =
     3     5     7
     0     2     4
I =
     1     3     2
     1     3     2
```

3. 矩阵元素求和

MATLAB 中提供 sum 函数对矩阵元素求和，一般格式为：

S = sum(X)对矩阵各列元素求和。

S = sum(X,DIM)，当 dim = 1 时，计算矩阵各列元素的和；当 dim = 2 时，计算矩阵各行元素的和。

例 2.27 矩阵元素求和。

```
>> a = [1 2 3;4 5 6;7 8 9]
a =
     1     2     3
     4     5     6
     7     8     9
>> sum(a)
ans =
    12    15    18
>> sum(a,2)
ans =
     6
    15
    24
```

4. 矩阵元素求积

MATLAB 中提供 prod 函数用于对矩阵中元素的求积，一般格式为：

B = prod(A)：对矩阵各列元素求积。

B = prod(A,dim)：当 dim = 1 时，计算矩阵各列元素的积；当 dim = 2 时，计算矩阵各行元素的积。

例 2.28 矩阵元素求积。

```
>> A = [1 4 7 8;2 5 8 6;3 7 9 11];
>> p1 = prod(A)
p1 =
     6   140   504   528
>> p2 = prod(A,2)
p2 =
         224
         480
        2079
```

2.4 矩阵分析

矩阵分析无论在数学理论还是实际工程中都具有重要的作用。下面将介绍矩阵信息量的获取和矩阵分解。

2.4.1 矩阵信息量

在运算中，通常需要使用矩阵一些运算结果来描述矩阵某一方面的性质，如行列式、逆、秩、迹等，下面分别加以介绍。

1. 行列式

把一个 n 阶矩阵看作一个行列式，根据行列式计算规则求值，得到的值称为矩阵对应的行列式的值。采用 det 函数来求方阵行列式值，一般格式为：

```
B = det(A)
```

例 2.29 求矩阵的行列式。

```
>> det([1,2;3,4]) %行列式
ans =
    -2
>> A = [1,2,3;4,5,6;7,8,9];D = det(A)
D =
     0
```

2. 矩阵的逆

对于一个 n 阶矩阵 A，如果存在一个与其同阶的矩阵 B，使得

$$A * B = B * A = E$$

其中，如果 E 为与 A 同阶的单位矩阵，则称 B 和 A 互为逆矩阵。MATLAB 采用 inv 函数求一个矩阵的逆，一般格式为：

```
B = inv(A)
```

例 2.30 求矩阵的逆。

```
>> inv([1,2;3,4]) %逆矩阵
ans =
    -2.0000     1.0000
     1.5000    -0.5000
```

注意：若 A 的行列式的值为 0，则 MATLAB 在执行 inv(A)这个命令时会给出警告信息。

例 2.31 对给定的 A 矩阵求逆。

```
A = [1,2,3;4,5,6;7,8,9];
B = inv(A)
```

运行结果如下：

```
Warning: Matrix is close to singular or badly scaled.
Results may be inaccurate. RCOND = 1.541976e-18.
B =
   1.0e+16 *
   -0.4504    0.9007   -0.4504
    0.9007   -1.8014    0.9007
   -0.4504    0.9007   -0.4504
```

也可以用初等变换的方法来求逆矩阵。

例 2.32 用初等变换求矩阵的逆。

```
A = [1,2;3,4];
B = [1,2,1,0;3,4,0,1];     %这是 A 的增广矩阵
C = rref(B);               %用矩阵的初等行变换把 B 化为最简形式
X = C(:,3:4)               %输出 X,其中 X 为 A 的逆,即 C 的 3~4 列
```

运行结果如下：

```
X =
   -2.0000     1.0000
    1.5000    -0.5000
```

用 format rat 命令可以使输出格式为分数格式。

例 2.33 求矩阵的逆。

```
A = [2 1 -1;2 1 2;1 -1 1];
format rat          %用分数格式输出
B = inv(A)          %求 A 的逆矩阵
```

运行结果如下：

```
B =
      1/3       0         1/3
      0         1/3      -2/3
     -1/3       1/3       0
```

3. 矩阵的秩

矩阵的秩是对矩阵行或列线性无关数的评估。所谓线性无关，是指某行或某列不能由其他行或列以线性组合表达，已知矩阵 A，则矩阵的秩可用 rank(A)求得。

例 2.34 求矩阵的秩。

```
>> A = [1 2 3;4 5 6]
A =
     1     2     3
     4     5     6
>> rank(A) %矩阵的秩是2,满秩
ans =
     2
>> B = [1 2 3;4 5 6;7 8 9]
B =
     1     2     3
     4     5     6
     7     8     9
>> rank(B) %矩阵的秩是2,不满秩
ans =
     2
```

4. 矩阵的迹

矩阵的迹就是矩阵的主对角线上所有元素之和，用 trace 函数表示。一般形式为：

```
trace(A)
```

例 2.35 求矩阵 $A=\begin{pmatrix}1 & 2 & 3\\4 & 5 & 6\\7 & 8 & 9\end{pmatrix}$的迹。

```
>> A = [1 2 3;4 5 6;7 8 9];
>> trace(A)
ans =
    15
```

5. 矩阵特征值和特征向量

对于 n 阶矩阵 A，如果存在一个以特征值组成的对角矩阵 d 和 n 阶矩阵 v，使 Av = vd，矩阵 v 的每一个列向量对应于特征值的特征向量，用[v,d] = eig(A)表示。

例 2.36 已知 4 阶矩阵 A，求其特征值和特征向量。

```
>> A = [16 2 3 13;5 11 10 8;9 7 6 12;4 14 15 1];
d = eig(A)              %求特征值
[v,d] = eig(A)          %求特征值和特征向量
```

运行结果如下：

```
d =
```

```
    34.0000
     8.9443
    -8.9443
     0.0000
v =
   -0.5000   -0.8236    0.3764   -0.2236
   -0.5000    0.4236    0.0236   -0.6708
   -0.5000    0.0236    0.4236    0.6708
   -0.5000    0.3764   -0.8236    0.2236
d =
   34.0000         0         0         0
         0    8.9443         0         0
         0         0   -8.9443         0
         0         0         0    0.0000
```

6. 矩阵范数

矩阵范数是从向量范数引申出来的，同样具有长度的意义。一般格式为：

```
n = norm(A)
n = norm(A,p)
```

结果返回一个标量，就是矩阵 A 的最大奇异值，p 值决定返回范数的类型。

例 2.37 已知矩阵 $A=\begin{pmatrix}1&3&5&7\\2&4&6&8\\2&3&5&8\\3&4&7&11\end{pmatrix}$，求 1 、2 、inf 阶和 Frobenius 范数。

```
>> A = [1 3 5 7;2 4 6 8;2 3 5 8;3 4 7 11]
A =
     1     3     5     7
     2     4     6     8
     2     3     5     8
     3     4     7    11
>> A1 = norm(A,1) %矩阵的 1 - 范数
A1 =
    34
>> A2 = norm(A,2) %矩阵的 2 - 范数
A2 =
   22.3436
>> Ai = norm(A,inf)%矩阵的∞ - 范数
Ai =
    25
>> Af = norm (A, 'fro')%矩阵的 F - 范数
```

```
Af =
    22.3830
```

2.4.2 矩阵分解

矩阵分解是通过把一个复杂矩阵分解为比较简单的若干个矩阵乘积的组合，便于理论分析或数值计算。围绕算法的稳定性和快速性，各种矩阵的分解方法相继被提出，如特征分解、奇异值分解、cholesky 分解、LU 分解和 QR 分解等。

1. 特征分解

特征分解，又称谱分解，是将矩阵分解为由其特征值和特征向量表示的乘积形式。MATLAB 提供了 eig 函数用于矩阵的特征分解，一般格式为：

```
[V,D] = eig(A)
```

例 2.38 对矩阵进行特征分解。

```
>> A = vander(1:3)          %创建范德蒙矩阵
A =
     1     1     1
     4     2     1
     9     3     1
>> [V,D] = eig(A)           %矩阵特征分解
V =
   -0.2738   -0.3487    0.2014
   -0.5006    0.1162   -0.7710
   -0.8213    0.9300    0.6042
D =
    5.8284         0         0
         0   -2.0000         0
         0         0    0.1716
```

2. 奇异值分解

对矩阵 A 进行奇异值分解，则返回一个与矩阵大小相同的对角矩阵 s 和两个酉矩阵 u 和 v，且满足 A = u × s × v，若 A 为 $m \times n$ 阵，则 u 为 $m \times m$，v 为 $n \times n$，奇异值在 s 主对角线上，且为非负降序排列。所谓酉矩阵是它的逆矩阵等于其共轭转置矩阵。

例 2.39 求 $A = \begin{pmatrix} 1 & 2 & 3 \\ 4 & 5 & 6 \\ 7 & 8 & 9 \end{pmatrix}$ 的奇异值分解。

```
A = [1 2 3; 4 5 6; 7 8 9];
[u,s,v] = svd(A)
```

运行结果如下：

```
u =
```

```
   -0.2148    0.8872    0.4082
   -0.5206    0.2496   -0.8165
   -0.8263   -0.3879    0.4082
s =
   16.8481         0         0
         0    1.0684         0
         0         0    0.0000
v =
   -0.4797   -0.7767   -0.4082
   -0.5724   -0.0757    0.8165
   -0.6651    0.6253   -0.4082
```

3. cholesky 分解

矩阵的 cholesky 分解用来分解正定矩阵，它将正定矩阵分解成一个上三角矩阵 T 和 T 的转置矩阵的乘积。所谓正定矩阵，即一个对称的（与对角线对称），且其特征值全为正的矩阵。

例 2.40 将正定矩阵 $A=\begin{pmatrix}1&1&1&1\\1&3&3&3\\1&3&5&5\\1&3&5&7\end{pmatrix}$进行 cholesky 分解。

```
>> A=[1 1 1 1;1 3 3 3;1 3 5 5;1 3 5 7];
>> eig(A) %检测矩阵特征值是否为正,以确定它的正定性。
ans =
    0.5198
    0.7232
    1.6199
   13.1371
>> chol(A) %对矩阵进行 cholesky 分解
ans =
    1.0000    1.0000    1.0000    1.0000
         0    1.4142    1.4142    1.4142
         0         0    1.4142    1.4142
         0         0         0    1.4142
```

4. LU 分解

将矩阵 A 分解为 l*u，其中 u 为上三角矩阵，l 为下三角矩阵。LU 分解常用于求行列式以及解线性方程组。

例 2.41 已知矩阵 $A=\begin{pmatrix}1&3&5&7\\2&4&6&8\\2&3&5&8\\3&4&7&11\end{pmatrix}$，求其 LU 分解。

```
>> A=[1 3 5 7;2 4 6 8;2 3 5 8;3 4 7 11]
```

```
A =
     1     3     5     7
     2     4     6     8
     2     3     5     8
     3     4     7    11
>> [l,u] = lu(A) %矩阵 A 的 LU 分解,lu 为 LU 分解函数
l =
    0.3333    1.0000         0         0
    0.6667    0.8000    1.0000         0
    0.6667    0.2000    0.2500    1.0000
    1.0000         0         0         0
u =
    3.0000    4.0000    7.0000   11.0000
         0    1.6667    2.6667    3.3333
         0         0   -0.8000   -2.0000
         0         0         0    0.5000
```

5. QR 分解

QR 分解，即矩阵的正交分解，就是将矩阵分解成一个正交矩阵 Q 和一个上三角矩阵 R 的乘积。所谓正交矩阵是该矩阵和它的转置矩阵的乘积。

例 2.42　已知矩阵 A，求矩阵的 QR 分解。

```
>> A = magic(3)
A =
     8     1     6
     3     5     7
     4     9     2
>> [q,r] = qr(A)   %qr 为 QR 分解函数
q =
   -0.8480    0.5223    0.0901
   -0.3180   -0.3655   -0.8748
   -0.4240   -0.7705    0.4760
r =
   -9.4340   -6.2540   -8.1620
         0   -8.2394   -0.9655
         0         0   -4.6314
```

2.5　稀疏矩阵

有一类矩阵，矩阵中大部分元素的值都是 0，通常称为稀疏矩阵。在 MATLAB 中，创建一个矩阵，系统都自动为矩阵中每一个元素分配内存。例如创建一个 3 行 3 列的单位矩阵，需要 3×3×8 = 72 字节的内存空间，而单位矩阵只是对角线上元素非零，其他 6 个元素都为 0，存储空间没有得到充分利用。对于这种情况，MATLAB 提供了一种高级的存储方式，即

稀疏矩阵法。

2.5.1 稀疏矩阵存储

对于稀疏矩阵，MATLAB仅存储矩阵所有非零元素的值和位置（行列号），一方面可以节省大量存储空间，另一方面还可以减少许多不必要的运算。

例2.43 稀疏矩阵与普通矩阵比较。

```
A = eye(100);        %创建100×100的单位矩阵
B = speye(100);      %创建100×100的稀疏矩阵
whos
```

输出结果如下：

```
Name    Size      Bytes    Class     Attributes
A       100x100   80000    double
B       100x100   1604     double    sparse
```

从结果可以看出，稀疏矩阵占用的存储空间比同结构的矩阵大大减少。

2.5.2 创建稀疏矩阵

MATLAB提供了三种方法来创建稀疏矩阵：将完全矩阵转换为稀疏矩阵、直接创建稀疏矩阵和利用对角元素创建稀疏矩阵。

（1）将完全矩阵转换为稀疏矩阵

借助sparse函数将已有矩阵转换为稀疏矩阵，当需要实现逆转换时，可使用full函数来完成。sparse函数常用格式为：

```
S = sparse(X)
S = sparse(i,j,s,m,n,nzmax)
S = sparse(i,j,s,m,n)
S = sparse(i,j,s)
S = sparse(m,n)
```

其中X为待处理矩阵，i和j为非零元素的行下标和列下标组成的向量，nzmax为非零元素个数，s为非零元素的数值向量，m和n为创建矩阵的行列数。

例2.44 将已有矩阵转换为稀疏矩阵

```
X = [0 0 0 4
     0 1 0 0
     1 3 0 0
     0 0 5 0];
S = sparse(X)
```

输出结果如下：

```
S =
   (3,1)        1
```

```
  (2,2)        1
  (3,2)        3
  (4,3)        5
  (1,4)        4
```

在程序后添加 full（S）进行逆转换，输出结果为：

```
ans =
     0     0     0     4
     0     1     0     0
     1     3     0     0
     0     0     5     0
```

（2）直接创建稀疏矩阵

利用 sparse 函数后四种形式可以直接创建稀疏矩阵。

例 2.45 创建稀疏矩阵。

```
S = sparse([1 2 3 4 5],[1 2 3 4 5],[1 2 3 4 5],10,12)
whos
```

输出结果如下：

```
S =
   (1,1)        1
   (2,2)        2
   (3,3)        3
   (4,4)        4
   (5,5)        5
Name      Size          Bytes  Class     Attributes
  S       10x12         112    double    sparse
```

（3）利用对角元素创建稀疏矩阵

MATLAB 提供了 spdiags 函数完成利用对角元素创建稀疏矩阵，常用格式为：

```
A = spdiags(B,d,m,n)
```

其中 B 为提供非零元素的矩阵，d 指定对角线位置，m 和 n 表示创建矩阵的行列数。在例 2.43 中使用的 speye 函数是特殊形式，创建稀疏单位矩阵。

例 2.46 利用对角元素创建稀疏矩阵。

```
A = [41 11 0
     52 22 0
     63 33 13
     74 44 24];
d = [-3;0;2]%创建一个包含 3 个元素的列向量
B = spdiags(A,d,6,4)%由矩阵 A 和向量 d 创建一个 6 行 4 列的稀疏矩阵
```

输出结果如下：

```
d =
    -3     % A 的第 1 列元素在 B 中主对角线下方第 3 条对角线上
     0     % A 的第 2 列元素在 B 中主对角线上
     2     % A 的第 3 列元素在 B 中主对角线上方第 2 条对角线上
B =
   (1,1)        11
   (4,1)        41
   (2,2)        22
   (5,2)        52
   (1,3)        13
```

(4) 稀疏矩阵的图示方法

为了形象地显示稀疏矩阵的稀疏程度，可以用稀疏矩阵图像化函数 spy，常用格式为：

```
spy(S)
spy(S,markersize)
spy(S,'LineSpec')
spy(S,'LineSpec',markersize)
spy(S,markersize,'LineSpec')
```

其中 S 为稀疏矩阵，markersize 为标记尺寸，用整数表示，LineSpec 为标记类型。

例 2.47 将稀疏矩阵用图形显示。

```
A = [41 11 0
52 22 0
63 33 13
74 44 24];
d = [ -3;0;2];
B = spdiags(A,d,6,4);
spy(B,'*',15)   % 显示稀疏矩阵,用"*"标记,标记尺寸为 15
```

输出结果如图 2-1 所示。

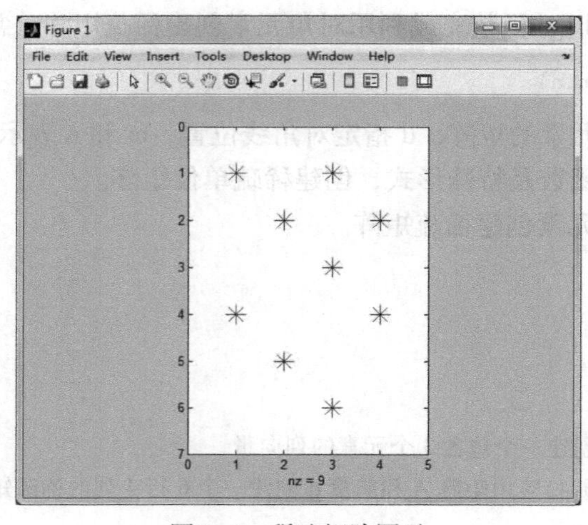

图 2-1　稀疏矩阵图示

2.5.3 稀疏矩阵运算

MATLAB 中对全矩阵的运算和函数同样适用于稀疏矩阵中。运算结果是全矩阵还是稀疏矩阵，取决于运算符或者函数及以下几个原则：

1）当函数用一个矩阵作为输入参数，输出参数为一个标量或一个给定大小的向量时，输出参数的格式总是返回一个满矩阵形式，如 size 函数等。

2）当函数用一个标量或一个向量作为输入参数，输出参数为一个矩阵时，输出参数的格式也总是返回一个满矩阵，如 eye、rand 函数等。还有一些特殊的函数可以得到稀疏矩阵，如 speye、sprand 函数等。

3）对于单参数的其他函数来说，通常返回的结果和参数的形式是一样的，如 diag 和 max 等（sparse 和 full 除外）。

4）对于双参数的运算或函数来说，如果两个参数的形式一样，那么也返回同样形式的结果。如果两个参数形式不一样，除非运算需要，均以满矩阵的形式给出结果。

例 2.48 稀疏矩阵运算。

```
A = eye(4);
B = speye(4);
S1 = A + B;
S2 = A * B;
S3 = A\B;
S4 = A. * B;
whos
```

输出结果如下：

```
Name   Size   Bytes   Class    Attributes
A      4x4     128    double
B      4x4      68    double   sparse
S1     4x4     128    double
S2     4x4     128    double
S3     4x4     128    double
S4     4x4      68    double   sparse
```

5）在赋值语句中，右侧的子矩阵索引保留参数存储形式，左侧子矩阵索引不改变左侧矩阵存储形式。

例 2.49 稀疏矩阵赋值运算。

```
A = eye(4);
B = speye(4);
[i,j] = find(A);
S1 = A(i,j);
S2 = B(i,j);
A(i,j) = 2 * B(i,j);
B(i,j) = A(i,j)^2;
```

```
whos
```

输出结果如下：

Name	Size	Bytes	Class	Attributes
A	4x4	128	double	
B	4x4	68	double	sparse
S1	4x4	128	double	
S2	4x4	68	double	sparse
i	4x1	32	double	
j	4x1	32	double	

从结果看出 S1 和 S2 均保留 A 和 B 的存储形式，A（i，j）和 B（i，j）的运算不改变 A 和 B 的存储形式。

2.6 习题

1. MATLAB 有哪些数据类型？默认的数据类型是哪种？
2. 随机生成一个 3 行 3 列的矩阵 A，对矩阵进行按列升序排列。
3. 在不同数值类型下显示 π 的值。
4. 已知矩阵 $A=\begin{pmatrix}1 & 3 & 5\\ 7 & 9 & 11\\ 13 & 15 & 16\end{pmatrix}$ 和 $B=\begin{pmatrix}54 & 66 & 75\\ 117 & 147 & 171\\ 193 & 243 & 283\end{pmatrix}$，求 A/B 和 A\B
5. 已知矩阵 $A=\begin{pmatrix}1 & 2 & 3\\ 4 & 5 & 6\\ 7 & 8 & 9\end{pmatrix}$，求 A 的行列式、逆、秩。
6. 试对矩阵 $A=\begin{pmatrix}38 & 2 & 14\\ 18 & 29 & 44\\ 41 & 47 & 5\end{pmatrix}$ 进行 LU 分解和 QR 分解。
7. 查找习题 6 中矩阵元素小于 20 的行列数。

第3章 MATLAB程序设计

MATLAB不仅可以实现命令窗口的指令输入和执行，即用户利用命令窗口和交互式对话框（如图形窗口），把意图传递给计算机，让系统执行操作，其本身还是一种高级交互式程序语言。MATLAB语言以C语言作为开发内核，其优点是易懂和上手性强，用户可以使用MATLAB语言自行编写扩展名为.m的文件，在其中定义各种函数和变量，并调试执行，使需要的操作方便灵活地整合大量单行程序代码，从而解决大规模的工程问题。

在广义上说，在MATLAB命令窗口输入单行代码和利用其编程功能设计.m文件的程序都属于MATLAB程序设计的不同方式。第一种方法适用于程序比较简单的情况，在命令窗口下键入程序可以直观地看到输出结果，但不利于程序反复调试和代码修改；第二种方法是开发程序时的常用方法，用户利用编辑器对自己编写的M文件进行调试修改。

3.1 M文件

M文件有脚本和函数两种格式。二者相同之处在于他们都是以.m作为扩展名的文本文件，并在文本编辑器中创建文件。但是两者在语法和使用上略有区别。

3.1.1 脚本文件

脚本文件是一系列命令的集合，通常包括注释部分和程序部分，注释部分一般给出程序的功能，对程序进行解释说明，由程序部分实现具体的功能。在命令窗口输入脚本文件的文件名，MATLAB执行脚本文件的程序，和在命令窗口输入这些程序一样。脚本文件的变量都是全局变量，在执行过程中产生的变量存储在工作空间中，也可以应用工作空间中已经存储的变量，只有用clear命令才能将其产生的变量清除。必须注意，脚本文件中的变量有可能覆盖工作空间中存储的原有变量。为了避免因为变量名相同引起冲突，一般在脚本文件的开始，采用clear all命令清除工作空间中的所有变量。

例3.1 编写一个脚本文件，如图3-1所示。

在程序中，带"%"号的程序作为注释部分，为了程序的清晰和方便阅读，中间空一行，接着是程序的执行部分。首先使用clear all命令，清除MATLAB工作空间中的所有变量。在程序中，注释自动采用绿色表示，程序中的一些关键字用不同的颜色突出显示。

用户可以单击文本编辑器中的快捷按钮▷，或按快捷键〈F5〉执行脚本文件。此外，也可以在命令窗口输入脚本文件的名字来执行，但不能添加文件的后缀.m，否则会显示出错信息。在命令窗口输入脚本文件后，结果如下：

```
>> script1
    2.7207
>> script1.m
```

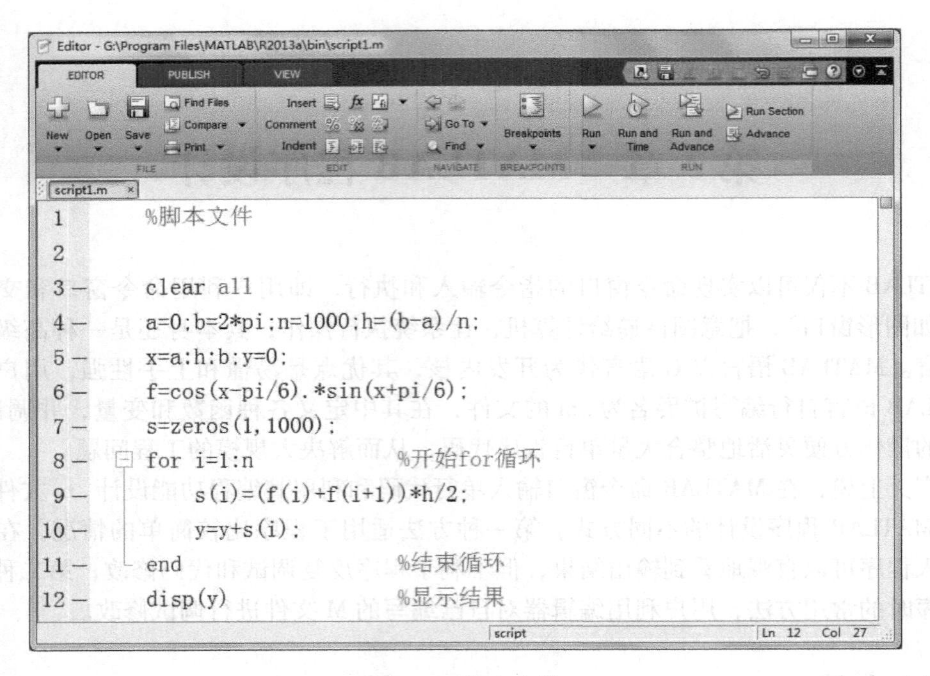

图 3-1　脚本文件

```
Undefined variable "script1" or function "script1.m".
```

在命令窗口可以输入帮助命令查询脚本文件的信息，运行结果如下：

```
>> which script1
G:\Program Files\MATLAB\R2013a\bin\script1.m
>> help script1
脚本文件
```

3.1.2　函数文件

为了实现程序中的参数传递，需要用到函数文件。函数 M 文件是为了实现一个单独功能的代码块，但与脚本 M 文件不同的是函数 M 文件需要接受参数输入和输出，函数 M 文件中的代码一般只处理输入参数传递的数据，并把处理结果作为函数输出参数返回给 MATLAB 工作空间中指定的接收变量。

因此函数 M 文件具有独立的内部变量空间。在执行函数 M 文件时，要指定输入参数的实际取值，而且一般要指定接收输出结果的工作空间变量。

MATLAB 提供的许多函数就是用函数 M 文件编写的，尤其是各种工具箱中的函数，用户可以打开这些 M 文件来查看。通过函数 M 文件，用户可以把一个实现抽象功能的 MATLAB 代码封装成一个函数接口，并在以后的应用中重复调用。

一个完整的 M 文件通常包括 5 个部分，如图 3-2 所示。

1）函数声明行：是函数语句的第 1 行，定义了函数名、输入变量和输出变量。函数首行以关键字 function 开头，函数名应置于等号右侧，一般函数名与对应的 M 文件名相同。输出变量紧跟在 function 之后，常用方括号括起来（若仅有一个输出变量则无须方括号）；输

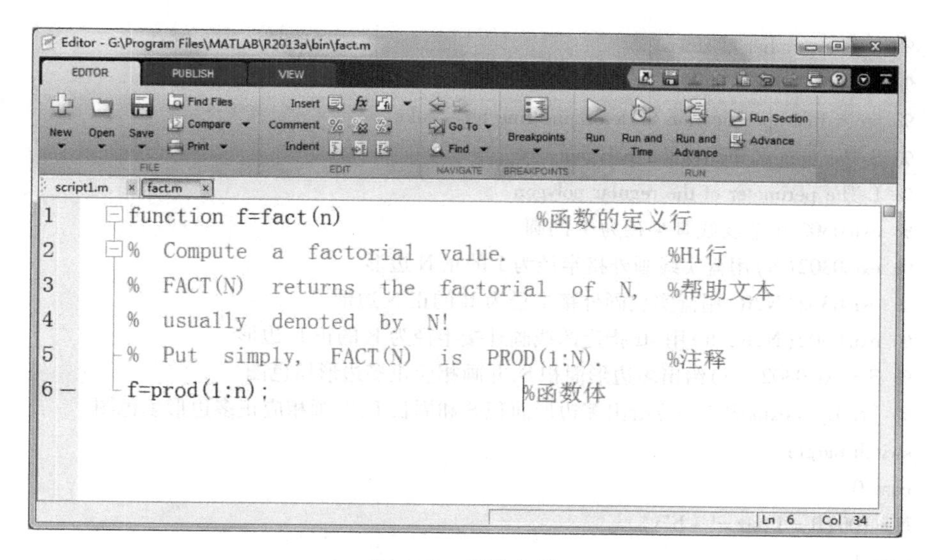

图 3-2　函数文件

入变量紧跟在函数名之后，用圆括号括起来。如果函数有多个输入或输出参数，输入变量之间用“,”分割，输出变量用“,”或空格分隔。

2）H1 行：是函数帮助文本的第一行，以% 开头，用来概要说明该函数的功能。在 MATLAB 中用命令 lookfor 查找某个函数时，查找到的就是函数 H1 行及其相关信息。

3）函数帮助文本：在 H1 行之后且在函数体之前的说明文本就是函数的帮助文本。它可以有多行，每行都以% 开头，用于比较详细地对该函数进行注释，说明函数的功能和用法、函数开发与修改的日期等。在 MATLAB 中用命令“help + 函数名”查询帮助时，就会显示函数 H1 行与帮助文本的内容。

4）函数体：是函数的主要部分，是实现该函数功能、进行运算程序代码的执行语句。

5）函数注释：函数体中除了进行运算外，还包括函数调用与程序调用的必要注释。注释语句段每行用“%”引导，“%”后的内容不执行，只起注释作用。

在函数文件中，除了函数定义行和函数体之外，其他部分都是可以省略的，不是必须有的。但作为一个函数，为了提高函数的可用性，应加上 H1 行和函数帮助文本；为了提高函数的可读性，应加上适当的注释。

此外，函数结构中一般都应有变量检测部分。如果输入或返回变量格式不正确，则应该给出相应的提示。输入和返回变量的实际个数分别用 nargin 和 nargout 两个 MATLAB 保留变量给出，只要进入函数，MATLAB 就将自动生成这两个变量。nargin 和 nargout 可以实现变量检测。

例 3.2　编写一个 M 函数文件。它具有以下功能：1）根据指定的半径，画出蓝色圆周线；2）可以通过输入字符串，改变圆周线的颜色、线型；3）假若需要输出圆面积，则绘出圆。

（1）编写函数 M 文件

```
function [S,L] = exm0302(N,R,str)
% exm0302. m The area and perimeter of a regular polygon(正多边形面积和周长)
```

```
% N The number of sides
% R The circumradius
% str A line specification to determine line type/color
% S The area of the regular polygon
% L The perimeter of the regular polygon
% exm0302 用蓝实线画半径为 1 的圆
% exm0302(N)用蓝实线画外接半径为 1 的正 N 边形
% exm0302(N,R)用蓝实线画外接半径为 R 的正 N 边形
% exm0302(N,R,str)用 str 指定的线画外接半径为 R 的正 N 边形
% S = exm0302(…)给出多边形面积 S,并画相应正多边形填色图
% [S,L] = exm0302(…)给出多边形面积 S 和周长 L,并画相应正多边形填色图
switch nargin
case 0
N = 100;R = 1;str = '-b';
case 1
R = 1;str = '-b';
case 2
str = '-b';
case 3
;                  %不进行任何操作,直接跳出 switch 语句
otherwise
error('输入量太多。');
end;
t = 0:2*pi/N:2*pi;
x = R*sin(t);y = R*cos(t);
if nargout == 0
plot(x,y,str);
elseif nargout > 2
error('输出量太多。');
else
S = N*R*R*sin(2*pi/N)/2;                 %多边形面积
L = 2*N*R*sin(pi/N);                     %多边形周长
fill(x,y,str)
end
axis equal square
box on
shg
```

(2) 把 exm0302.m 文件保存在 MATLAB 搜索路径下，然后在命令窗口输入下列指令:

```
[S,L] = exm0302(6,2,'-g')
```

运行结果如图 3-3 所示。

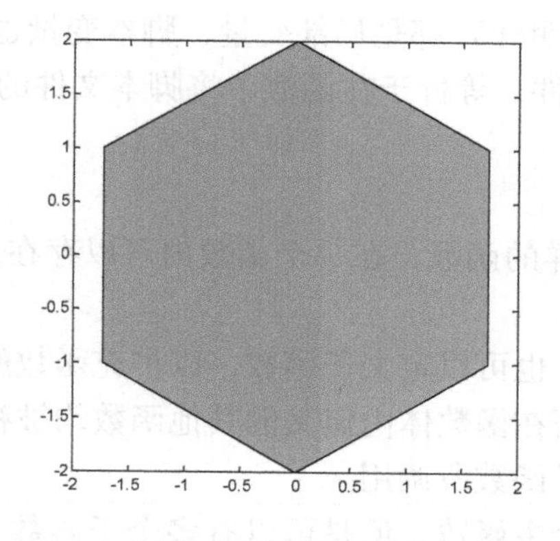

图 3-3　绿色多边形

例 3.3　设计一个分类统计函数，统计出一组有序（按升序或降序排列）数字中每种数字的个数，并返回数字种类数。

```
function[s,k] = FLTJ_1(x)
n = length(x);
s1 = x(1);
s2 = 1;
k = 1;
for i = 2:n
    if x(i) == s1(k)
        s2(k) = s2(k) + 1;
    else
        k = k + 1;
        s1 = [s1;x(i)];
        s2 = [s2;1];
    end
end
s = [s1,s2];
```

在命令窗口输入以下指令：

```
x = [1,2,2,3,3,4,5,5]
[s,k] = FLTJ_1(x)
```

运行结果如下：

```
s =
    1 1 2 2 3 2 4 1 5 2
k =
    5
```

结合例 3.1、例 3.2 和例 3.3，对函数和脚本进行总结如下：

1）函数名必须与文件名相同。

2）函数可以包括 0 个或多个输入参数和返回值，脚本没有输入参数和返回值。

3）函数变量（除特殊说明外）都是局部变量，脚本变量也都是全局变量。

4）在函数中调用脚本文件，等价于在函数中将脚本文件的内容粘贴在调用位置。

3.1.3 函数类型

在 MATLAB 提供多种多样的函数，在一个函数内可以存在多种函数类型。

1. 子函数

与其他的程序设计类似，也可以定义子函数，以扩充函数的功能。在函数文件函数定义行所定义的函数为主函数，而在函数体内定义的其他函数均被视为子函数。子函数只能被主函数或同一主函数下其他的子函数所调用。

在函数文件中，只有一个主函数，但是可以有多个子函数。所有子函数采用 function 进行定义。如果主函数中包含子函数，则每个采用 function 定义的函数必须采用 end 结束。各个子函数的先后顺序和调用的先后顺序无关。子函数也可以不在主函数文件中，但必须和主函数文件在同一目录下。

例 3.4 子函数调用。

```
function [avg,med] = newstats(u)          % 主函数
% newstats 计算均值和中间值
n = length(u);                            % 获得参数长度
avg = mean(u,n);                          % 调用子函数
med = median(u,n);                        % 调用子函数
function a = mean(v,n)                    % 子函数
%计算平均值
a = sum(v)/n;
function m = median(v,n)                  % 子函数
%计算中间值
w = sort(v);%排序
if rem(n,2) ==1
    m = w((n+1)/2);
else
    m = (w(n/2) + w(n/2+1))/2;
end
```

在程序中，子函数 mean 用于计算输入矢量的平均值，即用矢量的和除以矢量的长度，子函数 median 计算输入矢量的中值，即对矢量中的元素按大小进行排序，如果矢量的长度为奇数，则中值为矢量中最中间的元素；如果矢量的长度为偶数，则中值为矢量中居中的两个元素的平均值。主函数先调用函数 length 求输入矢量的长度，并用矢量长度作为参数调用子函数。在命令行中调用函数 newstats：

```
>> x = 1:11;
>> [mean,mid] = newstats(x)
```

运行结果如下：

```
mean =
```

```
        6
mid =
        6
```

2. 私有函数

在 MATLAB 语言中将放置在目录 private 下的函数称为私有函数，这些函数具有有限的访问权限。私有函数的编写和普通函数的编写没有什么区别，可以是一个主函数和多个子函数，以及嵌套函数。私有函数只能被 private 目录的父目录内的函数调用，而不能被其他目录中的函数调用。

例 3.5 在 private 目录下，建立私有函数。

```
function x = pmean(v,n)
% pmean 私有函数例子
%将该函数文件保存在 private 子目录中，
%则该函数仅能在上层目录的函数文件中调用
disp('私有函数 pmean');
x = sum(v)/n;
```

在私有函数的父目录下，建立普通函数 newstats1()，代码如下：

```
function [avg,med] = newstats1(u)             %主函数
% newstats1 计算均值和中间值
n = length(u);
avg = mean(u,n);                              % 调用子函数
avg1 = pmean(u,n)                             % 调用私有函数
med = median(u,n);                            % 调用子函数
function a = mean(v,n)                        % 子函数
%计算平均值
disp('子函数 mean');
a = sum(v)/n;
function m = median(v,n)                      % 子函数
%计算中间值
disp('子函数 median');
w = sort(v);%排序
if rem(n,2) == 1
    m = w((n+1)/2);
else
    m = (w(n/2) + w(n/2+1))/2;
end
```

在命令窗口中，执行 newstats1.m 函数：

```
>> newstats1(1:10);
子函数 mean
avg =
```

```
        5.5000
私有函数 pmean
avg1 =
        5.5000
子函数 median
avg =
        5.5000
```

当 MATLAB 的 M 文件中调用函数时，首先将检测该函数是否为该文件的子函数；如果不是，则再检测是否为可用的私有函数；当结果仍然为否定时，再检测该函数是否为 MATLAB 搜索路径上的其他 M 文件。

3. 嵌套函数

嵌套函数是指定义在其他函数内部的函数。嵌套可以多层产生，也就是一个函数内部可以嵌套多个函数，这些嵌套函数内部又可以继续嵌套其他函数。常用格式如下：

```
function x = A(p1,p2)
…
    function y = B(p3)
    …
    end
…
end
```

在一般函数中不需要以 end 为结尾的，但使用嵌套函数时，所有函数都要明确标出 end 表示函数结束。

嵌套函数与嵌套的层次密切相关，以例 3.6 来说明嵌套函数的调用。

例 3.6 嵌套函数调用示例。

```
function A(x,y)
B(x,y);
D(y);
    function B(x,y)
    C(x);
    D(y);
        function C(x)
        D(x);
        end
    end
    function D(x)
    E(x);
        function E(x)
        …
        end
    end
end
```

嵌套函数调用的原则为：

1）外层的函数可以调用向内一层的函数（A 可以调用 B 和 D），而不能调用更深层次的嵌套函数（A 不能调用 C 和 E）；

2）嵌套函数可以调用与本身具有相同上级函数的其他同层嵌套函数（B 和 D 可以互相调用）；

3）嵌套函数可以调用其上级函数，或与上级函数具有相同上级函数的其他嵌套函数（C 可以调用 B 和 D），但不能调用与其上级函数具有相同上级函数的其他嵌套函数内嵌套的函数。

4. 重载函数

重载函数是已经存在的函数其他的版本。原函数是为某种特定数据类型设计的，当要使用其他类型的数据时，要重写原函数，使它能处理新的数据类型，但名字与原函数名相同。调用函数的哪个版本，取决于数据类型和参数个数。

每个重载函数，都有一个 M 文件放在 MATLAB 目录中。同一种数据类型的不同重载函数放在同一个目录下，目录以数据类型命名，并用@符号开头。而不同数据类型的重载函数放在用 MATLAB 数据类型的识别符作为名字、以@符号开头的子目录中，如 plus。

使用 which 命令，选择 -all 参数，可以显示指定函数的所有重载函数。

```
>> which  -all plus
built-in(F:\Program Files\MATLAB\R2013a\toolbox\matlab\ops\@single\plus)    % single method
built-in(F:\Program Files\MATLAB\R2013a\toolbox\matlab\ops\@double\plus)    % double method
built-in(F:\Program Files\MATLAB\R2013a\toolbox\matlab\ops\@char\plus)      % char method
built-in(F:\Program Files\MATLAB\R2013a\toolbox\matlab\ops\@logical\plus)   % logical method
......
F:\Program Files\MATLAB\R2013a\toolbox\wavelet\wavelet\@laurpoly\plus.m    % laurpoly method
F:\Program Files\MATLAB\R2013a\toolbox\wavelet\wavelet\@laurmat\plus.m     % laurmat method
```

如@double 目录下的重载函数的输入参数应该是双精度浮点型，而@int32 目录下的重载函数的输入参数应该是 32 位整型。用户可以重载任何函数，用来处理指定数据类型，然后把重载函数版本放在指定数据类型目录中。

5. 匿名函数

匿名函数是面向命令行代码的函数形式，它没有函数名，也不是函数 M 文件，只有表达式和输入输出参数。常用格式为：

```
f=@(arglist) expression
```

其中 f 为创建的函数句柄；arglist 为参数列表，指定函数的输入参数，对于多参数的情况，用逗号分隔各个参数；expression 为一个简单的函数主体表达式；符号@为创建函数句柄的操作符。

例 3.7 匿名函数使用示例。

创建匿名函数：

```
A=[1 3 5];B=[2 4 6];
M=@(x,y)(A*x.^2+B*y.^2);
```

引用匿名函数，输入以下语句：

```
M(5,7)
```

输出结果为：

```
ans =
   123   271   419
```

例子创建了一个M匿名函数，输入参数为x和y，实现功能是A*x^2+B*y^2，并把函数句柄保存在变量M中，当调用M时，就可以实现表达式的计算。

6. 内联函数

对于一些较短的函数可以直接使用inline定义为内联函数，不需要存为M文件，提供了程序的灵活性。内联函数不能调用另一个内联函数，只能是表达式。常用格式如下：

```
inline(EXPR)
inline(EXPR, ARG1, ARG2, …)
inline(EXPR, N)
```

函数的功能是将字符表达式EXPR转化为输入变量自动生成函数，ARG1，ARG2，…为指定的输入变量，N为输入变量个数。

例3.8 内联函数使用示例。

```
f=inline('3*sin(2*x.^2)');
y=f(2)
```

输出结果如下：

```
f =
     Inline function:
     f(x) =3*sin(2*x.^2)
y =
     2.9681
```

当函数有多个参数时，输入为：

```
f=inline('sin(alpha*x)')
```

系统自动识别为含有两个参数的函数，输出结果如下：

```
f =
     Inline function:
     f(alpha,x) = sin(alpha*x)
```

如果需要指定函数参数的顺序，输入为：

```
f=inline('sin(alpha*x)','x','alpha')
```

输出结果如下：

```
f =
      Inline function:
      f(x,alpha) = sin(alpha * x)
```

3.2 变量和语句

MATLAB 的主要功能虽然是数值运算，但它也是一个完整的程序语言，包括各种语句格式和语法规则。与 C 语言不同的是，MATLAB 中的变量不需要事先定义。

3.2.1 变量类型

在 MATLAB 程序中，变量名必须以字母开头，之后可以是任意字母、数字或下划线，但之间不能有空格。变量名区分大小写，最多为 63 个字符，之后的部分将被忽略。

除了上述命令规则外，MATLAB 还提供了一些特殊的变量，见表 3-1。

表 3-1　MATLAB 中的特殊变量

变 量 名 称	变 量 含 义	变 量 名 称	变 量 含 义
ans	默认变量	i(j)	虚数单位
pi	圆周率	nargin	函数输入变量数目
eps	最小数	nargout	函数输出变量数目
inf	无穷大	realmin	最小可用正实数
NaN	不定值，如 0/0	realmax	最大可用正实数

除命名规则外，变量命名时还需要注意：变量名不能与已有的函数名相同，否则该变量在内存中不能调用同名函数；变量名不能与预留的关键字和特殊变量名相同，否则系统会显示错误信息。

变量按照作用范围分为局部变量和全局变量。每一个函数在运行时，均占用单独的一块内存，此工作空间独立于 MATLAB 的基本工作空间和其他函数的工作空间，其中的变量称为局部变量。有时为了减少变量的传递，可使用全局变量，它允许其他函数对应的工作空间和基本工作空间共享。在 MATLAB 中使用命令 global 声明全局变量，常用格式为：

```
global var1 var2;
```

需要使用指定全局变量的 M 文件时，都必须在各自的代码中声明此全局变量。如果在 M 文件的运行过程中使得某全局变量取值发生变化，则影响到所有声明该变量的 M 文件。只要存在声明某全局变量，则全局变量存在。

在使用全局变量时需要注意以下几个方面：

- 在使用之前必须先定义，建议将定义放在函数体的首行位置。
- 虽然对全局变量的名称并没有特别的限制，但是为了提高程序的可读性，建议采用大写字符命名全局变量。
- 全局变量会损坏函数的独立性，使程序的偏写和维护变得困难，尤其是大型程序中，不利于模块化，不推荐使用。

3.2.2 控制流

和其他编程语言类似，MATLAB 也给用户提供了判断结构来控制程序流的执行次序。对于实现任何功能的程序，均可由顺序、循环和分支三种基本结构组合实现。

（1）顺序结构

顺序结构是 MATLAB 程序结构中最基本的结构，不需要任何流程控制语句，从程序首行开始执行，按照逐行顺序执行，直到最后一行。顺序结构符合一般的逻辑思维顺序习惯，简单易读，容易理解。所有程序代码都会出现顺序结构。

例 3.9 用求特征值的方法解方程 3x5 − 7x4 + 5x2 + 2x − 18 = 0。

```
p = [3, -7,0,5,2, -18];
A = compan(p);          %A 为 p 的伴随矩阵
x1 = eig(A);            %求 A 的特征值
x2 = roots(p)           %直接求多项式 p 的零点
```

运行结果如下：

```
x2 =
    2.1837 + 0.0000i
    1.0000 + 1.0000i
    1.0000 - 1.0000i
   -0.9252 + 0.7197i
   -0.9252 - 0.7197i
```

（2）循环结构

循环控制语句包括一个循环变量，循环变量从初始值开始计数，每循环一次就执行一次循环体内的语句，执行后，循环变量以一定的规律变化，然后再执行循环体内语句，直到循环变量大于循环变量的终止值为止。常用的循环控制有 for 循环和 while 循环，它们的区别在于：for 循环的循环体执行次数是确定的，while 循环的循环体执行次数是不固定的。

for 循环的一般格式为：

```
for 循环变量 = 矩阵表达式
    循环体语句
end
```

执行过程是依次将矩阵的各列元素赋给循环变量，然后执行循环体语句，直至各列元素处理完毕。

例 3.10 利用 for 循环程序结构创建一个 Hilbert 矩阵。

1）Hilbert 矩阵的元素表达式是 $a(i,j) = \dfrac{1}{i+j-1}$。

2）下面是根据该表达式借助 for 循环生成 Hilbert 矩阵的程序。

```
K = 5;
A = zeros(K,K);
```

```
for m = 1:K
    for n = 1:K
        A(m,n) = 1/(m + n - 1);
    end
end
format rat
A
format short g
```

运行结果如下：

```
A =
        1         1/2       1/3       1/4       1/5
        1/2       1/3       1/4       1/5       1/6
        1/3       1/4       1/5       1/6       1/7
        1/4       1/5       1/6       1/7       1/8
        1/5       1/6       1/7       1/8       1/9
```

while 循环的一般格式为：

```
while(条件)
    循环体语句
end
```

若条件表达式中的元素为真，则执行循环体语句，执行后再判断条件是否成立，如果不成立则跳出循环。

例 3.11　用 while 循环求 1 ~ 100 间整数的和。

```
sum = 0;
i = 1;
while i <= 100
    sum = sum + i;
    i = i + 1;
end
disp(sum)
```

运行结果如下：

```
sum =
    5050
```

(3) 分支结构

分支结构根据给定的条件来执行不同的代码，常用的分支有 if 分支结构和 switch 分支结构。它们的区别在于：if 与 else 或 elseif 连用，偏向于是非选择，当某个逻辑条件满足时，执行 if 后的语句，否则执行 else 语句；switch 与 case、otherwise 连用，偏向于情况的列举，当表达式结果为某个或某些值时，执行特定 case 指定的语句段，否则执行 otherwise 语句。

if 语句的一般格式为：

```
if 条件
    语句组 1
else
    语句组 2
end
```

当条件成立时，执行语句组 1，否则执行语句组 2，语句组 1 或语句组 2 执行后，再执行 if 语句的后继语句。

例 3.12 计算分段函数的值。

```
x = input('请输入 x 的值:');
if x <= 0
    y = (x + sqrt(pi))/exp(2);
else
    y = log(x + sqrt(1 + x * x))/2;
end
y
```

运行结果如下：

```
请输入 x 的值:5
y =
    1.1562
```

if 语句还有一种格式为：

```
if 条件 1
    语句组 1
elseif 条件 2
    语句组 2
    ……
elseif 条件 m
    语句组 m
else
    语句组 n
end
```

语句用于实现多分支选择结构。

例 3.13 输入一个字符，若为大写字母，则输出其对应的小写字母；若为小写字母，则输出其对应的大写字母；若为数字字符则输出其对应的数值，若为其他字符则原样输出。

```
c = input('请输入一个字符','s');
if c >='A'& c <='Z'
    disp(setstr(abs(c) + abs('a') - abs('A')));
elseif c >='a'& c <='z'
    disp(setstr(abs(c) - abs('a') + abs('A')));
elseif c >='0'& c <='9'
```

```
        disp(abs(c) - abs('0'));
    else
        disp(c);
    end
```

运行结果如下：

```
    请输入一个字符:f
    F
```

switch 语句根据表达式的取值不同，分别执行不同的语句，其语句格式为：

```
switch 表达式
    case 表达式 1
        语句组 1
    case 表达式 2
        语句组 2
    ……
    case 表达式 m
        语句组 m
    otherwise
        语句组 n
end
```

例 3.14 已知学生的名字和百分制分数。要求根据学生的百分制分数，分别采用“满分”、“优秀”、“良好”、“及格”和“不及格”等表示学生的学习成绩。

```
clear;
%定义分数段:满分(100),优秀(90~99),良好(80~89),及格(60~79),不及格(<60)
for k=1:10
    a(k)={89+k};b(k)={79+k};c(k)={69+k};d(k)={59+k};
end;
c=[d,c];
%输入学生的名字和分数
A=cell(3,5);                                    %预生成一个(3*5)的空胞元数组
A(1,:)={'Jack','Marry','Peter','Rose','Tom'};    %注意等号两侧括号不一样
A(2,:)={72,83,56,94,100};
%根据学生的分数,求出相应的等级
for k=1:5
    switch A{2,k}                 %此处注意为大括号
        case 100                  %该 case 后的 value 是一个标量数值 100
            r='满分';
        case a                    %a 是一个元素为数值的胞元数组{90,…,99}
            r='优秀';
        case b                    %b 是一个元素为数值的胞元数组{80,…,89}
            r='良好';
```

```
        case c                  %c是一个元素为数值的胞元数组{60,…,79}
            r='及格';
        otherwise               %分数低于60的情况
            r='不及格';
    end
    A(3,k)={r};
end
A
```

运行结果如下：

```
A =
    'Jack'    'Marry'    'Peter'    'Rose'    'Tom'
    [  72]    [   83]    [    56]   [  94]    [ 100]
    '及格'    '良好'     '不及格'   '优秀'    '满分'
```

注意和C语言中switch语句的区别，在C语言中检验某个case语句符合条件并执行运算后，还会继续检验下一个case语句，直到全部检验完毕。但在MATLAB中执行符合条件的case语句后将跳出switch语句。

（4）其他控制结构

在程序设计中经常遇到提前终止循环、跳出子程序、显示错误信息等情况，因此还需要其他的控制语句来实现上面的这些功能。

- continue命令

结束本次循环，即跳过循环体内尚未执行的代码，接着判断下一次是否执行循环。

例3.15 在2~100中，找出不能被2，3，5，7，11整除的数。

```
i=1;
for n=2:100
    if mod(n,2)==0|mod(n,3)==0|mod(n,5)==0|mod(n,7)==0|mod(n,11)==0
    %若能被这些数整除,则滑过
        continue
    else
    %否则(if的条件表达式无法执行)将n值赋给向量X
        X(i)=n;
        i=i+1;
    end
end
X                               %显示结果
```

运行结果如下：

```
X =
  Columns 1 through 10
    13    17    19    23    29    31    37    41    43    47
  Columns 11 through 20
```

```
53    59    61    67    71    73    79    83    89    97
```

● break 命令

终止本次循环，跳出所在层循环。

例 3.16 求［100，200］之间第一个能被 21 整除的整数。

```
for n = 100:200
    if rem(n,21) ~ =0
        continue
    end
    break
end
n
```

运行结果如下：

```
n =
   105
```

● try – catch 命令

功能和 error 类似，主要对于异常情况进行处理。一般格式为：

```
try
   statements
catch
     statements
end
```

若在 try 后面的代码执行过程中出现错误，则转而执行 catch 后的代码，如果这些代码在执行过程中也出现错误，则终止程序运行，同时可通过函数 lasterr( )查询出错原因。

例 3.17 使用 try 命令判断文件格式。

```
close all; clear all; clc;          %关闭所有图形窗口,清除工作空间所有变量,清空命令行
try      %打开一个文件名为 girl. bmp 的文件,若文件不存在,则打开一个文件名为 girl. jpg 的文件
picture = imread('lena','bmp');
filename ='lena. bmp';
catch
picture = imread('lena','jpg');
filename ='lena. jpg';
end
filename
lasterror
```

运行结果如下：

```
filename =
lena. tiff
ans =
```

```
      message: [1x322 char]
   identifier: 'MATLAB:imagesci:imread:fileDoesNotExist'
        stack: [2x1 struct]
```

程序中读取图片名为 lena，如果读取 lena. bmp 报错，则读取 lena. tiff，用 lasterror 命令显示错误。

● return 命令

使正在运行的函数正常退出，并返回调用它的代码段继续运行，经常用于函数末尾，也可以强制结束函数的执行。

例 3.18 return 语句使用示例：计算矩阵的特征值，当输入为空矩阵时用 return 跳出。

```
function d = det(A)
if isempty(A)
    d = 1;
    return
else
    …
end
```

在命令窗口输入：

```
>> A = [];
d = det(A)
```

因为输入矩阵 A 为空，所以程序执行 if 语句内的命令。当运行到 return 语句时，程序跳出当前函数，回到主程序内继续执行。

● input 命令

命令的作用是接收用户从键盘输入数据、字符串或表达式的值。用户通过键盘输入数值、字符串或表达式，按〈Enter〉键将输入内容输入到工作空间中，同时将控制权交还给 MATLAB，一般格式为：

```
NUM = input(PROMPT) %将用户键入内容赋给变量 NUM。
STR = input(PROMPT,'s') %将用户键入内容以字符串形式赋给变量 STR。
```

例 3.19 input 命令使用示例。

```
>> reply = input('Do you want more? Y/N [Y]:','s');
if isempty(reply)
    reply ='Y';
end
disp(['reply =',reply]);
```

运行程序，在命令窗口输入 'N'后按〈Enter〉键，结果如下：

```
Do you want more? Y/N [Y]:N
reply = N
```

在程序第一行中方括号里是 Y，表明程序默认输入为 Y。什么也不输入，直接按〈Enter〉键，运行结果如下：

```
Do you want more? Y/N [Y]:
reply = Y
```

● keyboard 命令

将命令放置在程序文件中，将停止文件的执行并将控制权交给键盘。通过提示符 K 来显示一种特殊状态，只有当使用 return 命令结束输入后，控制权才交还给程序。该命令对调试和运行程序时修改变量会很方便。

keyboard 与 input 的区别在于前者命令允许输入任意多个命令，而后者只能给变量赋值。

● echo 命令

执行程序文件时，在命令窗口看不到执行过程，但在有些情况下，要求在命令窗口输出程序语句，这时可以用 echo 命令实现。一般格式为：

```
echo on              %显示其后所有执行文件的指令
echo off             %不显示其后所有执行文件的指令
echo                 %在上面两种情况之间转换
echo file on         %显示 file 所指定文件的指令
echo file off        %不显示 file 所指定文件的指令
echo on all          %显示所有文件的指令
echo off all         %不显示所有文件的指令
```

前 3 种用法只适用于脚本文件，后面的用法对脚本文件和函数文件都适用。

例 3.20 echo 命令使用示例。

```
sum = 0;          %不显示
echo on;          %打开 echo 状态
a = 10;           %显示
sum = sum + a;
echo off;         %关闭 echo 状态
b = 5;            %不显示
sum = sum + b;
```

运行结果如下：

```
a = 10;
sum = sum + a;
echo off
```

● error 命令

显示指定的出错信息并终止当前程序的运行，结构如下：

```
error(message)
```

和其相似的还有 warning 命令，二者的区别在于，warning 显示指定警告信息后程序继续运行。

● pause 命令

用于暂时中止程序的运行，该函数在程序调试和查询变量值时很方便。一般格式如下：

```
pause          %暂停程序运行,按任意键继续
pause(n)       %暂停程序运行 n 秒后继续运行后面的程序
pause off      %禁止后面的 pause 命令暂停程序执行
pause on       %允许后面的 pause 命令暂停程序执行
pause query    %当 query 的值为 on 时,执行 pause on 命令;值为 off 时,执行 pause off 命令。
```

3.3 程序调试

在编译和运行程序时出现错误（警告）无法避免，因此掌握程序调试的方法和技巧对提高工作效率很重要。一般来说，错误分为语法错误和逻辑错误。语法错误一般是指变量名与函数名的误写、标点符号不匹配等，对于这类错误，MATLAB 在程序运行或编译时一般都能发现并报错，用户可根据错误信息对程序进行修改。而逻辑错误往往是程序算法的问题，MATLAB 不提供任何的提示信息。

针对程序错误，常用调试方法有两种：直接调试法和工具调试法。

3.3.1 直接调试法

对于常见错误，可以直接根据错误提示信息改正错误，也可以采用一些技巧检测并修改错误语句。

1）可以将重点怀疑语句的分号去掉，将程序运行的中间过程显示出来，判断时候出现错误。

2）在程序的适当位置添加输出语句，查看输出的变量是否有错误。

3）在程序的适当位置添加 keyboard 命令。当程序执行到此处时需要用户通过键盘输入指令，通过查询变量的方法检查运行过程中的变量数值并判断是否有错误，检查完毕后，在提示符后输入 return 命令，继续执行原文件。

4）调试函数文件时，将函数声明行加%变为注释语句，定义输入变量的值，使文件以脚本形式运行，可以在执行过程中显示中间变量值，判断是否有错误。

3.3.2 工具调试法

MATLAB 提供了调试程序的工具，利用这些工具来提高编程的效率。通过文本编辑器打开需要调试的程序文件，如图 3-4 所示，在程序中设置断点，并单击“Run”图标，进入如图 3-5 所示的调试器界面。

调试过程中点击工具栏右侧的图标，可以设置调试的执行功能。

- Step：单步执行从断点开始的文件每一句可执行程序，快捷键为〈F10〉。
- Continue：从断点开始执行剩下的程序，快捷键为〈F5〉。
- Step in：当下一条可执行语句是调用一个函数，此命令将从被调用函数的第一行语句开始单步执行，快捷键为〈F11〉。
- Step out：在被调用函数内单步执行时，此命令将执行函数内从当前语句后剩余的代码，然后跳出被调用函数继续执行，快捷键为〈Shift + F11〉。

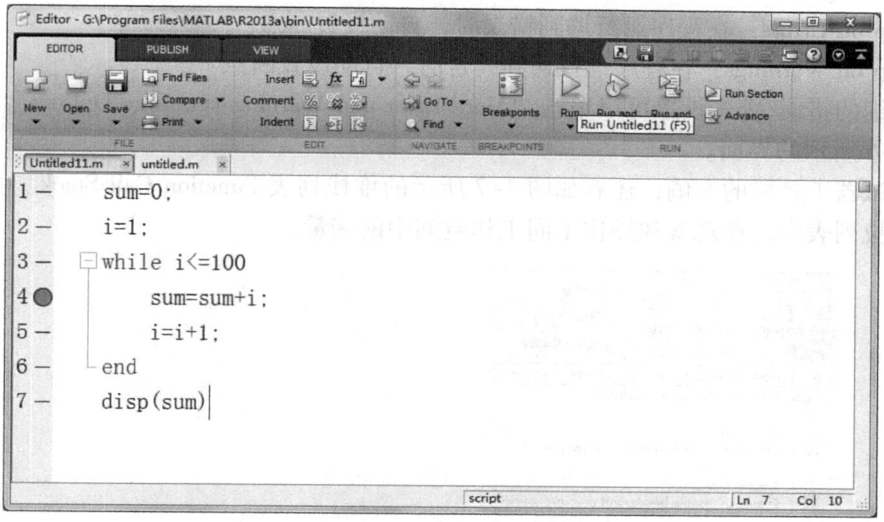

图 3-4 设置断点

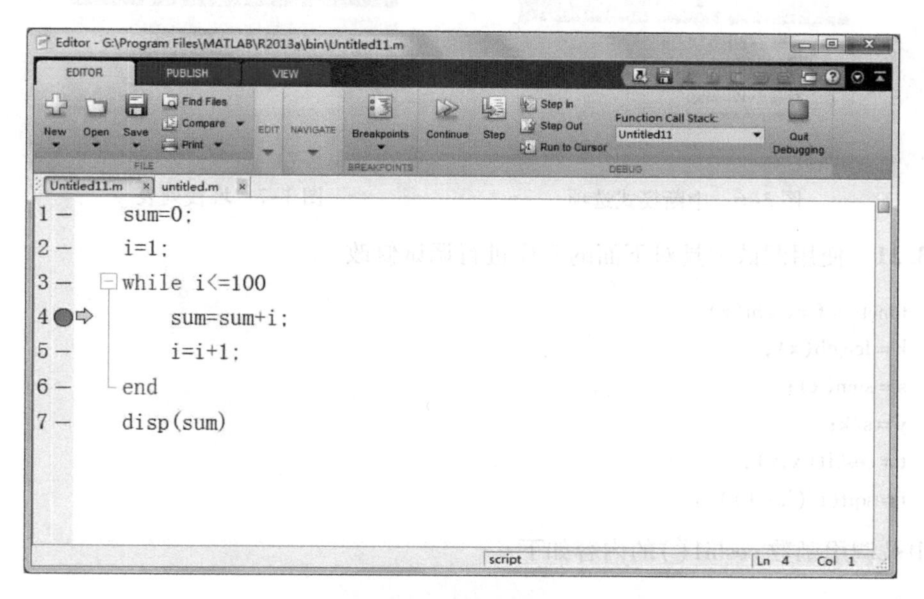

图 3-5 调试器图形界面

- Run to Cursor：运行到鼠标所在的行。
- Quit Debugging：退出调试模式，但所有断点依然有效。
- Function Call Stack：在下拉列表中选择观察和操作不同工作空间中的变量。

单击 Breakpoints 图标下面的下拉三角，显示断点的设置选项。

- Clear all：清除所有断点。
- Set/Clear：设置或清楚断点，快捷键为〈F12〉。
- Enable/Disable：允许或禁止断点的功能。
- Set condition：设置或修改条件断点。

- Stop on Errors：在程序运行遇到错误时，自动设置断点。
- Stop on Warnings：在程序运行遇到警告时，自动设置断点。

更详细的错误/警告设置可以单击“More Error and Warning Handling Options”选项，弹出如图 3-6 所示的界面。

在调试器工具栏的右侧，还有如图 3-7 所示的堆栈列表 Function Call Stack。在调试中，可以从下拉列表中选择观察和操作不同工作空间中的变量。

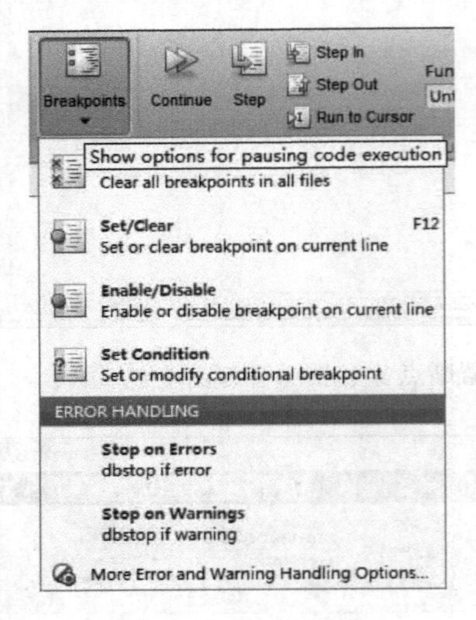

图 3-6 中断模式选项

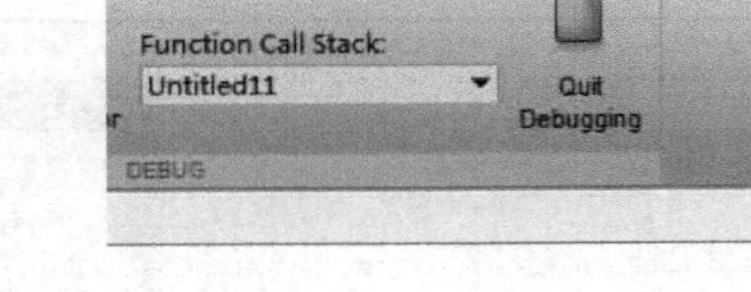

图 3-7 堆栈列表

例 3.21 使用调试工具对下面的程序进行调试修改。

```
function f = ceshi(x)
k = length(x);
s = sum(x);
y = s/k;
t = ceshi1(x,y);
f = sqrt(t/(k-1));
```

其中被调用函数 ceshi1()的内容如下：

```
function f = ceshi1(x,y)
t = 0;
for i = 1:length(x)
    t = t + ((x - y).^2);
end
f = t;
```

在命令窗口输入：

```
>> m = [1 2 3 4 5 6];
std(m) - ceshi(m)
```

运行结果如下：

```
ans =

    -0.8678    0.2277    1.3231    1.3231    0.2277    -0.8678
```

程序运行正常，说明没有语法错误，但 std 和 ceshi 函数作用一样，都是求标准差，相减结果应该为 0，说明存在逻辑错误。

首先在 ceshi. m 最后一行前设置断点，如图 3-8 所示，程序运行时将在断点出暂停。

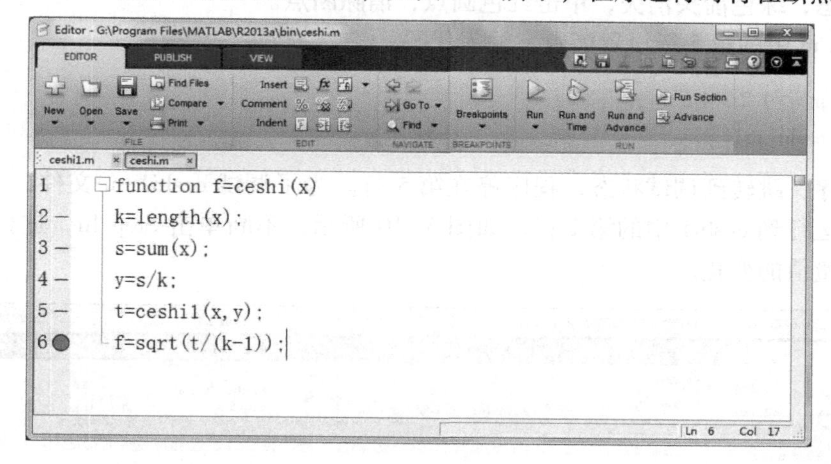

图 3-8　设置断点

在命令窗口输入：

```
>> m=[1 2 3 4 5 6];
>> ceshi(m)
```

运行结果如下，并出现如图 3-9 所示的界面，其中绿色箭头表示程序运行到此停止，等待用户进一步动作。

```
6  f=sqrt(t/(k-1));
K>>
```

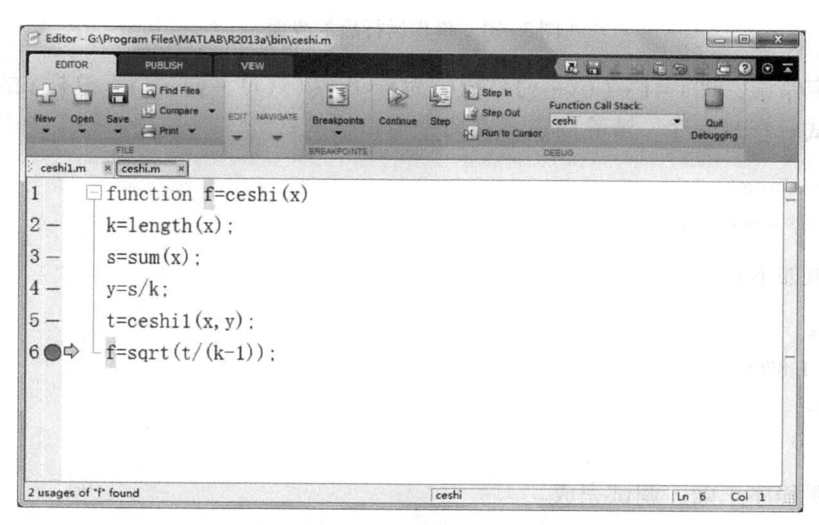

图 3-9　有断点的程序运行状态

查看中间变量 t，可以在命令窗口输入 t，也可以双击工作空间中的变量 t，得到 t 的值：

```
t =
    37.5000    13.50001.5000    1.5000    13.5000    37.5000
```

从程序和数据判断，ceshi1( )出错，在图 3-10 的界面中单击 “Quit Debugging” 图标，退出调试状态，绿色箭头消失，单击红色圆点，消除断点。

在 ceshi. m 中的第 5 行设置断点，输入代码：

```
>> m=[1 2 3 4 5 6];
>> ceshi(m)
```

运行程序，跳转到调试状态，程序停在第 5 行。为了调试 ceshi1. m 文件，单击 Step In 图标，程序运行到 ceshi1 中的第 1 行，如图 3-10 所示，不断单击 Step In，进行单步调试，同时观察变量值的变化。

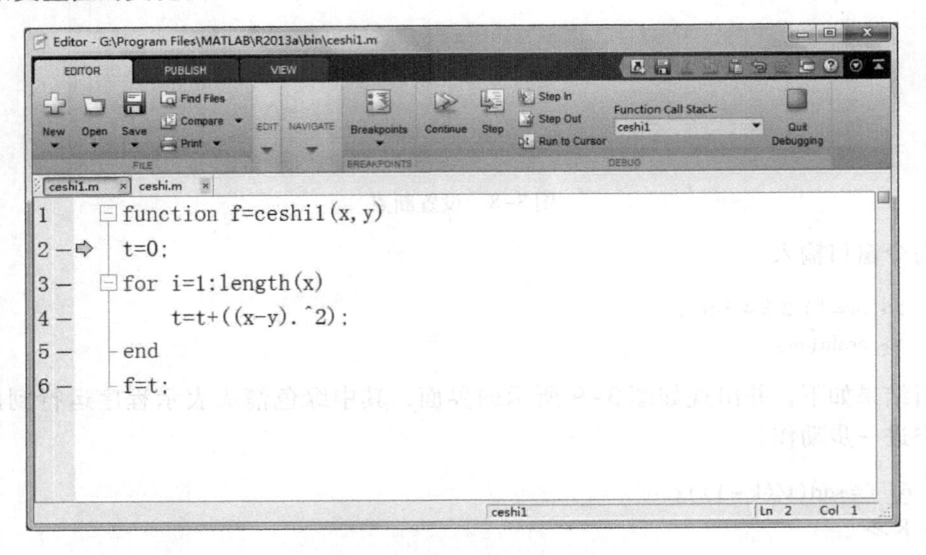

图 3-10　单步运行后的界面

最后确定错误，即 t=t+((x-y).^2)应为 t=t+((x(i)-y).^2)，这样 t 的值才是一个数。退出调试后修改程序，清除断点，在命令窗口输入：

```
>> ceshi(m)
std(m)-ceshi(m)
```

运行结果如下：

```
ans =
    1.8708
ans =
    0
```

结果表明程序正确，调试完成。

3.4 函数设计和实现

本节通过一个实例介绍使用 MATLAB 解决实际问题的步骤。

例 3.22 考虑有空气阻力时抛射体质心的飞行轨迹问题，假设空气阻力的方向与速度向量相反，大小和速度的平方成正比。抛射体的受力情况如图 3-11 所示。计算质点飞行的轨迹和距离。

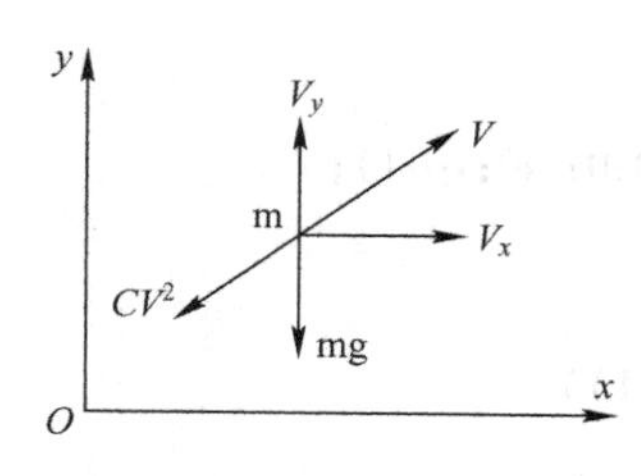

图 3-11　抛射体受力分析

3.4.1 建立数学模型

根据图 3-12 的受力分析，得到质点运动方程为：

$$
\begin{cases}
\dfrac{\mathrm{d}x}{\mathrm{d}t}=v_x \\
\dfrac{\mathrm{d}y}{\mathrm{d}t}=v_y \\
m\dfrac{\mathrm{d}v_x}{\mathrm{d}t}=-cv^2\cos\theta=-cvv_x \\
m\dfrac{\mathrm{d}v_y}{\mathrm{d}t}=-cv^2\sin\theta-mg=-cvv_y-mg
\end{cases}
$$

其中 c 为空气阻力系数。设 $r=[x\quad y\quad vx\quad vy]$，则原方程等价于一阶微分方程组如下：

$$
\frac{\mathrm{d}r}{\mathrm{d}t}=\begin{bmatrix} r_3 \\ r_4 \\ -\dfrac{c}{m}\sqrt{r_3^2+r_4^2}r_3 \\ -\dfrac{c}{m}\sqrt{r_3^2+r_4^2}r_4-g \end{bmatrix}
$$

3.4.2 编写代码

根据需要建立求解微分方程组的 cf. m，代码如下：

```
function rd = cf(t,r)
c =0.02;g =9.8;m =1;
vm = sqrt(r(3)^2 + r(4)^2);
rd = [r(3);r(4); - c * vm * r(3)/m; - c * vm * r(4)/m - g];
```

实现程序的主程序如下：

```
clear all;
y0 = 0;
x0 = 0;
v0 = input('请输入初始输入速度:');
rho = input('请输入初始方向:');
tf = input('请输入飞行时间:');
vx0 = v0 * cos(rho * pi/180);
vy0 = v0 * sin(rho * pi/180);
[t,r] = ode45('cf',[0 tf],[0;0;vx0;vy0]);
H = max(r(:,2));
T = t(find(r(:,2) == H));
L = min(r(find(r(:,2) <0),1));
plot([0 100],[0 0]);
hold on
xlabel('x');ylabel('y');
plot(r(:,1),r(:,2))
```

3.4.3 运行程序

运行程序，输出结果如下：

```
请输入初始输入速度:67
请输入初始方向:38
请输入飞行时间:8
```

抛射体运动轨迹如图 3-12 所示。

如果运行结果不理想或出错，首先按照 3.3 节的方法进行测试，然后在确定程序无误的情况下，检查数学模型和使用算法是否正确和恰当。

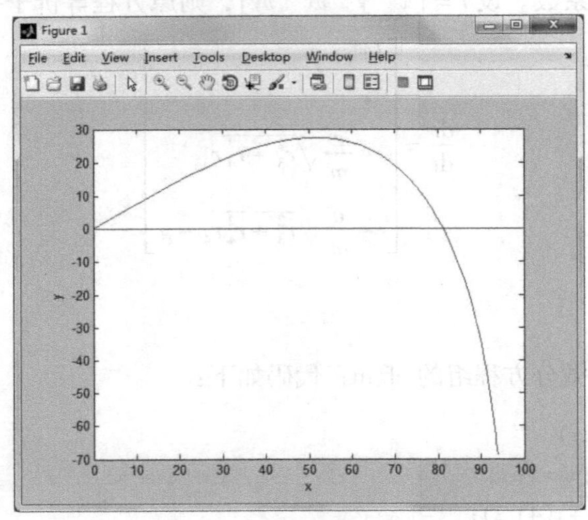

图 3-12 抛射体运动轨迹

3.5 习题

1. 脚本文件和函数文件的区别是什么？

2. 分别使用 if 和 switch 语句实现下列函数的编程。

1）$f(x,y)=\begin{cases}\sin x & y=1\\ \cos x & y=2\\ \sin x*\cos xy & \text{为其他值}\end{cases}$　2）$f(x)=\begin{cases}\dfrac{x-a}{b-a} & a<x\leqslant b\\ 1 & b<x\leqslant c\\ \dfrac{x-d}{c-d} & c<x\leqslant d\\ 0 & x\leqslant a \text{ 或 } x>d\end{cases}$

3. 分别使用 for 和 while 语句实现下列函数的编程。

1）$\sin(x)-\cos(x)+\sin(2x)+\cos(2x)+\cdots+\sin(nx)+(-1)^n\cos(nx)$

2）$e^{At}+Ae^{At}+\cdots+A^ne^{At}$，其中 $A=\begin{pmatrix}1 & 2 & 3\\ 0 & 1 & 2\\ 0 & 0 & 1\end{pmatrix}$

4. 一个三位整数各位数字的立方和等于该数本身则称该数为水仙花数。编程输出全部水仙花数。

第4章　Simulink 仿真设计

Simulink 是 MATLAB 最重要的组件之一。它是 MATLAB 提供的一个对动态系统进行建模、仿真和分析的软件包。Simulink 先利用鼠标在模型窗口上绘制出所需要的控制系统模型，然后利用 Simulink 提供的功能来对系统进行仿真和分析。

4.1　Simulink 概述

Simulink 是 MATLAB 中的一种可视化仿真工具，它基于 MATLAB 的框图设计环境，被广泛应用于线性系统、非线性系统、数字控制以及数字信号处理的建模和仿真中。在 Simulink 中，把现实中的每个系统都看作是由输入、输出和状态这三个基本元素组成，并随时间变化的数学函数关系。作为一个建模、仿真和分析的集成环境，其本身具有如下特点。

- 丰富的可扩充的预定义模块库；
- 交互式图形编辑器进行组合和管理的模块图；
- 以设计功能的层次性来分割模型，实现对复杂设计的管理；
- 通过 Model Explorer 导航、创建、配置、搜索模型中的任意参数，生成模型代码；
- 提供 API 用于和其他仿真程序的连接；
- 使用 Embedded MATLAB 模块在 Simulink 执行中调用 MATLAB 算法；
- 使用图形化调试器和剖析器来检查仿真结果；
- 模型分析和诊断工具保证了模型的一致性，确定模型中的错误。

4.1.1　Simulink 工作环境

由于 Simulink 是基于 MATLAB 环境之上的高性能系统级仿真设计平台，因此启动 Simulink 之前必须运行 MATLAB，然后才能启动 Simulink 并建立系统模型。

在主菜单界面单击“HOME”工具条中的“Simulink Library”按钮，运行后显示如图 4-1 所示的“Simulink Library Browser”窗口（Simulink 模块库浏览器）；或者在 MATLAB 命令窗口直接输入“Simulink”命令来启动 Simulink。模块库中提供大量的基本功能模块，通过简单的单击和拖动鼠标的动作就能完成建模工作，在仿真中只需把精力放在具体算法的实现上即可。

单击图 4-1 工具条左边的图标，就会弹出如图 4-2 所示的新建模型窗口。在模型窗口中用户可以选择模块库中的模块，用鼠标拖到模型窗口，根据仿真需要建立自己的仿真模型文件。Simulink 建立的模型文件后缀为 . mdl。模型文件是一个结构化的 ASCII 文件，包括关键字和各种参数的值。

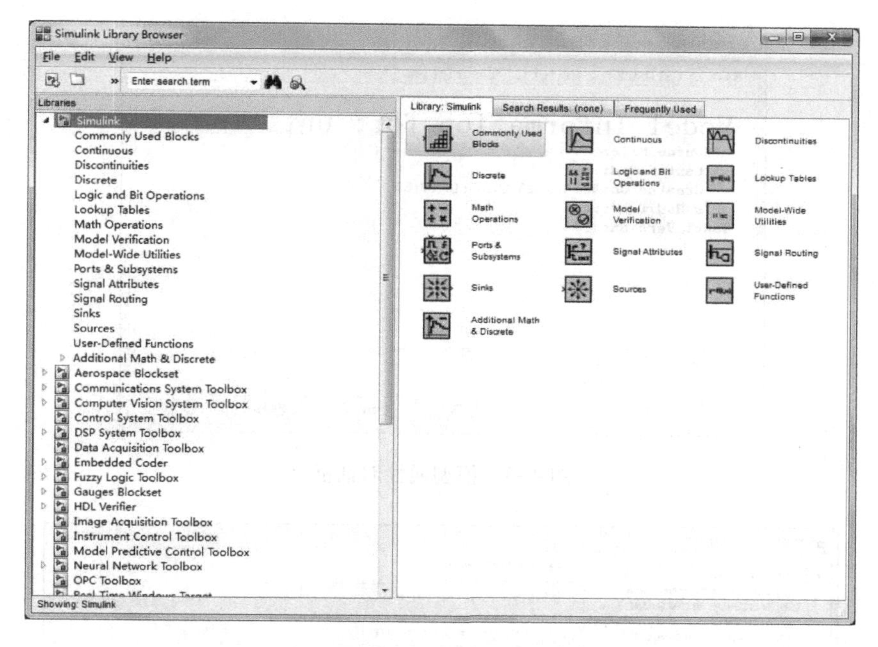

图 4-1　Simulink 模块库浏览器

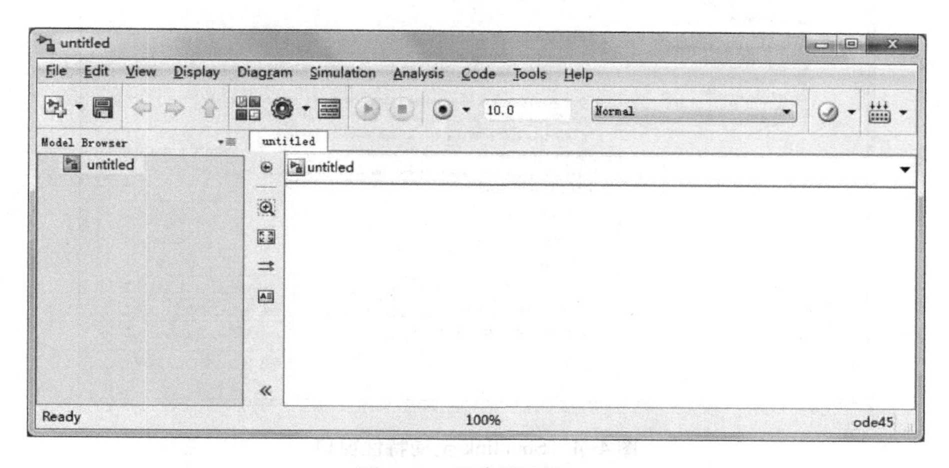

图 4-2　新建模型窗口

用户可以通过 Simulink 库浏览器工具栏的□按钮，打开已经建立的模型文件，也可在命令窗口输入模型文件的名称打开模型文件，注意不加后缀。选中图 4-2 中“File”菜单下“Model Properties”选项，弹出如图 4-3 所示的模型属性对话框，其中包括模型的基本信息、回调函数、创建历史和模型描述等。

选中图 4-1 中“File”菜单下的“Preferences”选项，或单击模型窗口中“File”菜单下的“Simulink Preferences”选项，会显示 Simulink 全局特性窗口，可以对 Simulink 全局属性进行设置，如图 4-4 所示。

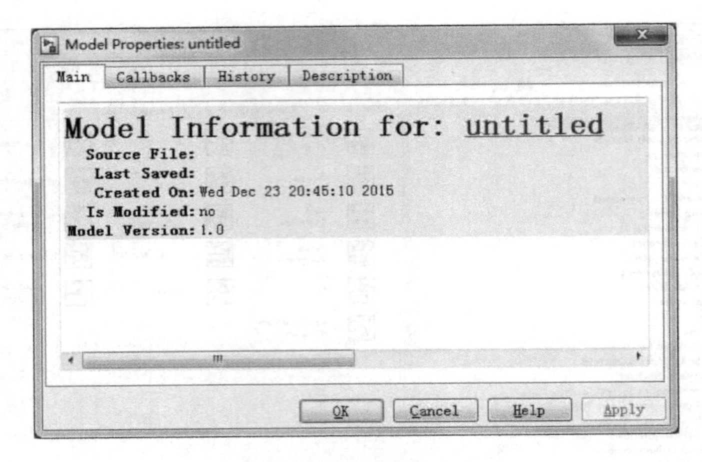

图 4-3　模型属性对话框

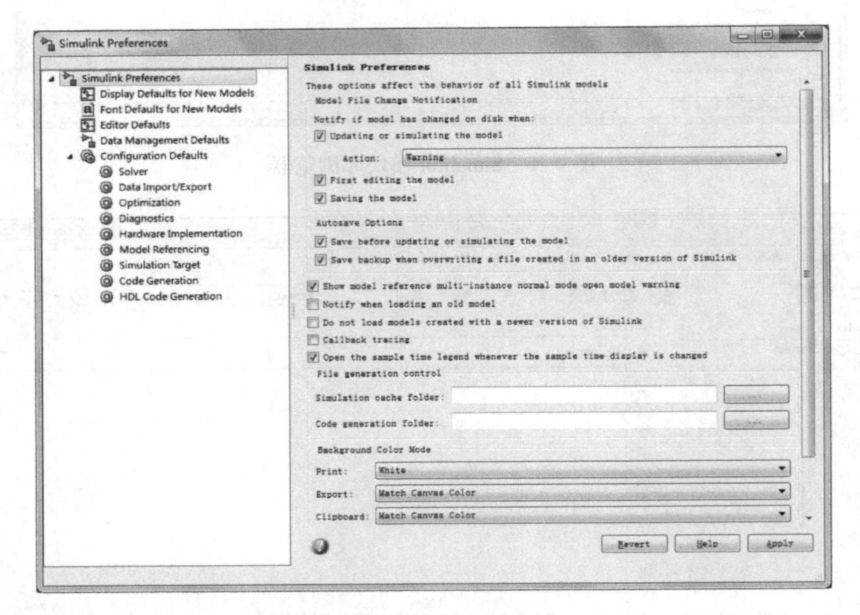

图 4-4　Simulink 全局特性窗口

4.1.2　Simulink 模块库

在 Simulink 模块库浏览器中，Simulink 模块包括两类，一类是 Simulink 基本模块库，是进行系统建模的基本单元。另一类是各个工具箱的模块库，和各个具体应用领域相关。Simulink 基本模块库包含 16 个子集，下面具体介绍各个模块。

（1）常用模块库（Commonly Used Blocks）

在 Simulink 模块库浏览器中单击“Commonly Used Blocks”按钮，在右侧界面中显示如图 4-5 所示的常用模块库窗口，包括以下模块。

- Bus Creator：将输入信号合并为总线信号；
- Bus Selector：由总线信号选择需要的信号输出；
- Constant：常数信号；

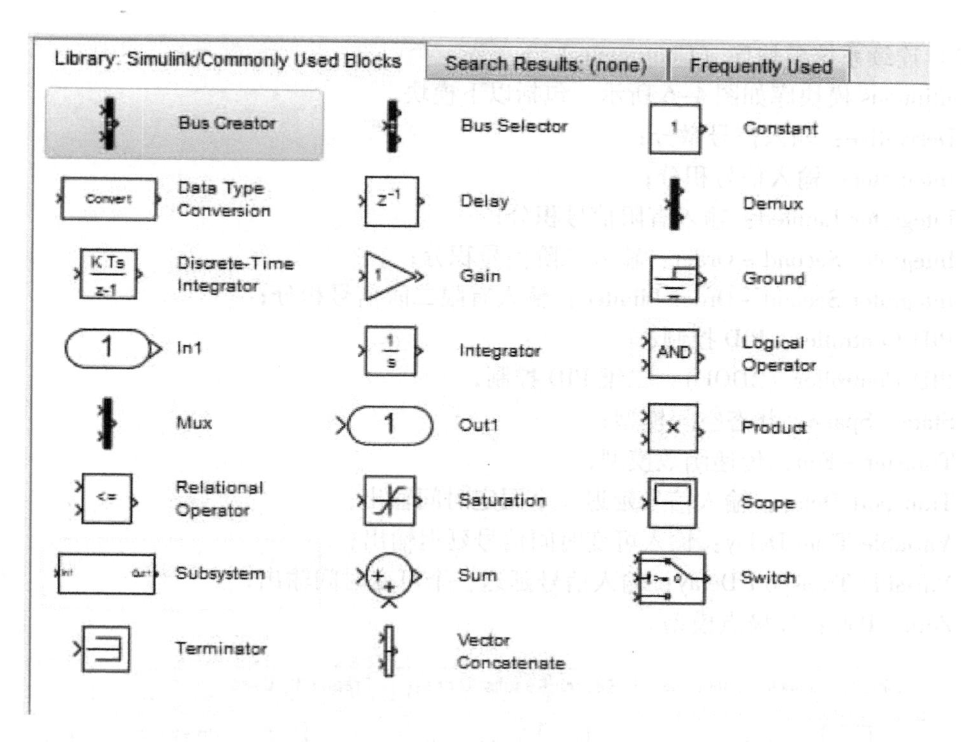

图 4-5　常用模块库

- Data Type Conversion：数据类型转换模块；
- Delay：延迟模块；
- Demux：信号分解模块；
- Discrete - Time Integrator：离散时间积分器；
- Gain：增益模块；
- Ground：接地模块；
- In1：输入模块；
- Integrator：输入信号积分；
- Logical Operator：逻辑运算模块；
- Mux：信号合成模块；
- Out1：输出模块；
- Product：乘法器模块；
- Relational Operator：关系运算模块；
- Saturation：限定输入信号上下限；
- Scope：示波器模块；
- Subsystem：创建子系统模块；
- Sum：加法器模块；
- Switch：选择器模块；
- Terminator：终止输出模块；
- Vector Concatenate：向量连接模块。

（2）连续系统模块库（Continuous）

Continuous 模块库如图 4-6 所示，包括以下模块。

- Derivative：输入信号微分；
- Integrator：输入信号积分；
- Integrator Limited：输入有限信号积分；
- Integrator Second - Order：输入二阶信号积分；
- Integrator Second - Order Limited：输入有限二阶信号积分；
- PID Controller：PID 控制；
- PID Controller（2DOF）：二维 PID 控制；
- State - Space：状态空间模型；
- Transfer - Fcn：传递函数模型；
- Transport Delay：输入信号延迟一个固定时间输出；
- Variable Time Delay：输入可变时间信号延迟输出；
- Variable Transport Delay：输入信号延迟一个可变时间输出；
- Zero - Pole：零极点模型。

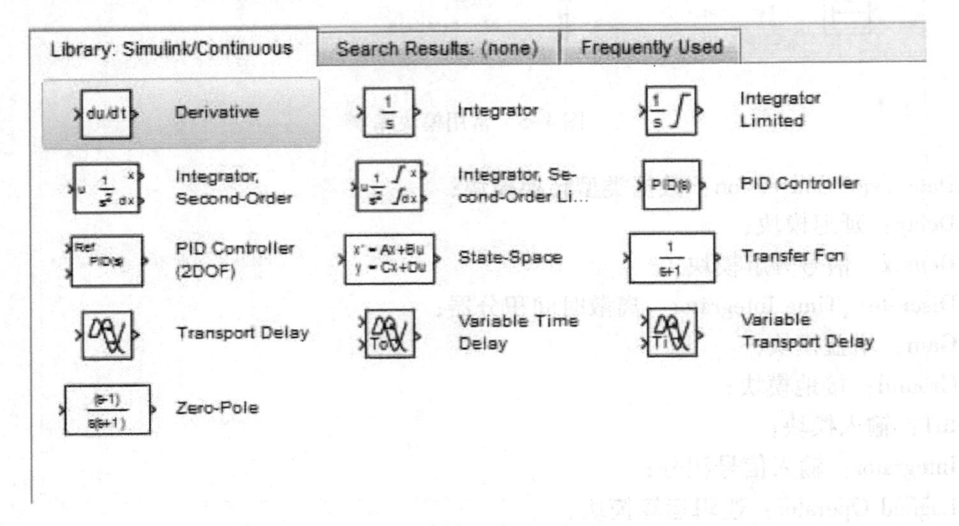

图 4-6　Continuous 模块

（3）非线性系统模块（Discontinuities）

Discontinuities 模块库如图 4-7 所示，包括以下模块。

- Backlash：间隙非线性；
- Coulomb & Viscous Friction：库仑和黏度摩擦非线性；
- Dead Zone：死区非线性；
- Dead Zone Dynamic：动态死区非线性；
- Hit Crossing：冲激非线性；
- Quantizer：量化非线性；
- Rate Limiter：静态限制信号的变化速率；
- Rate Limiter Dynamic：动态限制信号的变化速率；

- Relay：滞环比较器；
- Saturation：饱和输出；
- Saturation Dynamic：动态饱和输出；
- Wrap To Zero：环零非线性。

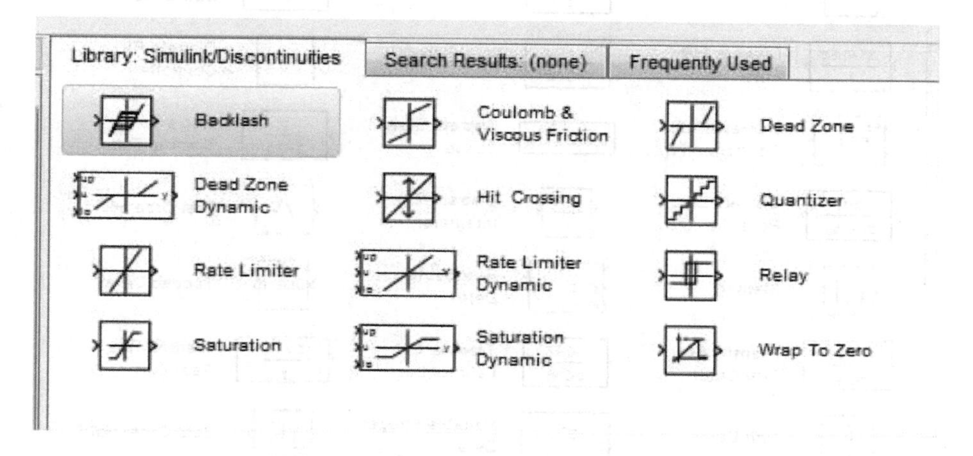

图 4-7　Discontinuities 模块

(4) 离散模块 (Discrete)

Discrete 模块库如图 4-8 所示，包括以下模块。

- Delay：采样延迟模块；
- Difference：差分模块；
- Discrete Derivative：离散偏微分模块；
- Discrete Filter：离散滤波器模块；
- Discrete FIR Filter：离散数字滤波器模块；
- Discrete PID Controller：离散 PID 控制模块；
- Discrete PID Controller (2DOF)：离散二维 PID 控制模块；
- Discrete State - Space：离散状态空间模型；
- Discrete Transfer Fcn：离散传递函数；
- Discrete Zero - Pole：离散零极点模型；
- Discrete - Time Integrator：离散时间积分器；
- First - Order Hold：一阶保持器；
- Memory：存储单元；
- Resettable Delay：复位延迟模块；
- Tapped Delay：抽头延迟；
- Transfer Fcn First Order：离散一阶传递函数；
- Transfer Fcn Lead or Lag：超前或滞后输入补偿的传递函数；
- Transfer Fcn Real Zero：离散零点传递函数；
- Unit Delay：延迟一个采样周期的信号模块；
- Variable Integer Delay：可变整数延迟；

- Zero – Order Hold：零阶保持器。

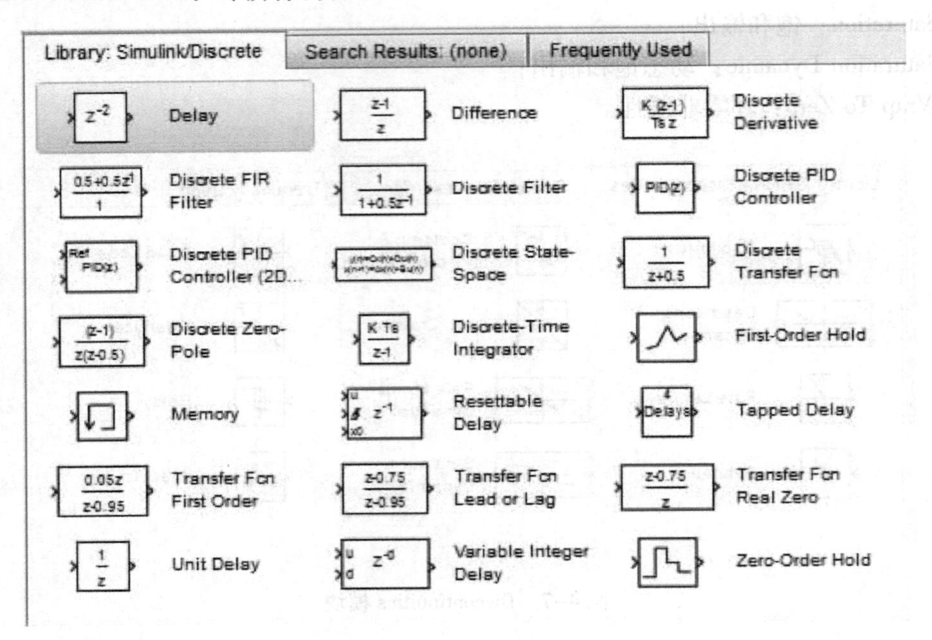

图 4–8　Discrete 模块

（5）逻辑与位操作模块（Logic and Bit Operations）

Logic and Bit Operations 模块库如图 4–9 所示，包括以下模块。

- Bit Clear：位清零；
- Bit Set：位设置；
- Bitwise Operator：逐位操作；

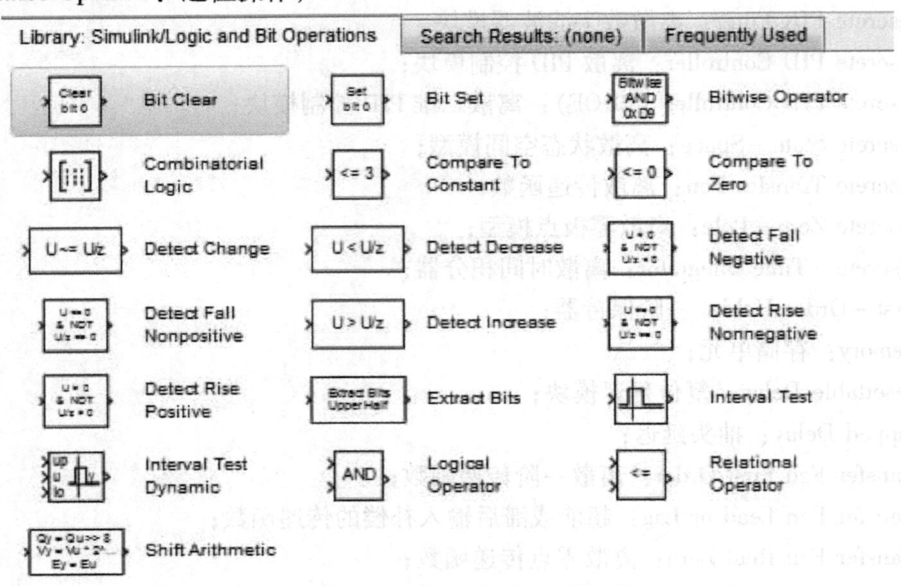

图 4–9　Logic and Bit Operations 模块

- Combinatorial Logic：组合逻辑；
- Compare to Constant：与常数比较；
- Compare to Zero：与零比较；
- Detect Change：检测跳变；
- Detect Decrease：检测递减；
- Detect Fall Negative：检测负下降沿；
- Detect Fall Nonpositive：检测非负下降沿；
- Detect Increase：检测递增；
- Detect Rise Nonnegative：检测非负上升沿；
- Detect Rise Positive：检测正上升沿；
- Extract Bits：位提取；
- Interval Test：区间检测；
- Interval Test Dynamic：区间动态检测；
- Logical Operator：逻辑操作；
- Relational Operator：关系操作；
- Shift Arithmetic：移位运算。

（6）数学运算模块（Math Operations）

Math Operations 模块库如图 4-10 所示，包括以下模块。

- Abs：求绝对值；
- Add：加法运算；
- Algebraic Constraint：代数约束，计算输入信号为零时的状态值；
- Assignment：分配器；
- Bias：输入偏移；
- Complex to Magnitude - Angle：输入为复数，输出为输入量的幅值和相角；
- Complex to Real - Imag：输入为复数，输出为输入量的实部和虚部；
- Divide：除法运算；
- Dot Product：点乘；
- Find Nonzero Elements：查找非零元素模块；
- Gain：增益；
- Magnitude - Angle to Complex：由幅值和相角输入合成复数输出；
- Math Function：常用数学运算函数；
- Matrix Concatenate：矩阵连接；
- MinMax：输出最大值或最小值；
- MinMax Running Resettable：输出最值，当输入信号重置，输出被重置为初始值；
- Permute Dimensions：重新排列矩阵元素；
- Polynomial：多项式求值；
- Product：乘法运算；
- Product of Elements：输入元素相乘；
- Real - Imag to Complex：由实部和虚部输入合成复数输出；

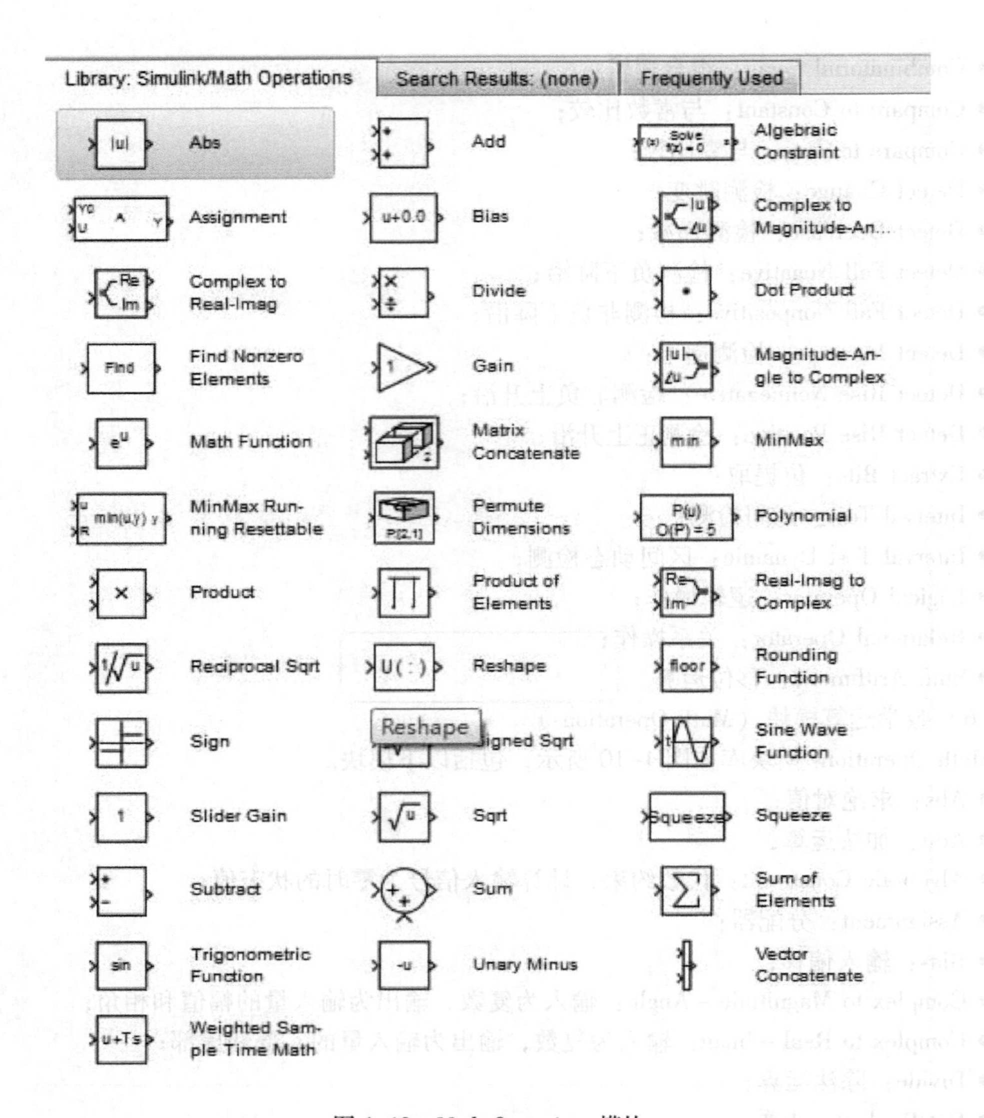

图 4-10 Math Operations 模块

- Reciprocal Sqrt：对输入参数倒数进行开方；
- Reshape：输入矩阵重新定维；
- Rounding Function：取整；
- Sign：判断输入信号符号；
- Signed Sqrt：信号开方运算；
- Sine Wave Function：正弦波函数；
- Slider Gain：可变增益；
- Sqrt：开方；
- Squeeze：压缩输入信号；
- Subtract：减法；
- Sum：求和器；

- Sum of Elements：输入信号元素求和；
- Trigonometric Function：三角函数；
- Unary Minus：一元减法；
- Vector Concatenate：向量连接；
- Weighted Sample Time Math：根据采样时间实现输入的代数运算。

（7）接收模块（Sinks）

Sinks 模块库如图 4-11 所示，包括以下模块。

- Display：数字显示；
- Floating Scope：浮动示波器；
- Out1：输出端口；
- Scope：示波器；
- Stop Simulation：终止仿真；
- Terminator：终止一个未连续的输出端口；
- To File：写入数据到文件；
- To Workspace：写入数据到工作空间；
- XY Graph：X－Y 示波器。

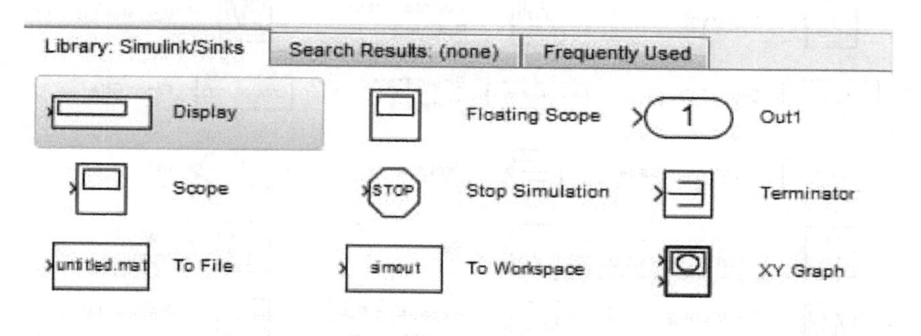

图 4-11　Sinks 模块

（8）信号源模块（Sources）

Sources 模块库如图 4-12 所示，包括以下模块。

- Band－Limited White Noise：宽带限幅白噪声；
- Chirp Signal：线性调频信号（频率随时间线性变化的正弦波）；
- Clock：时钟信号；
- Constant：常数输入；
- Counter Free－Running：自动计数器，发生溢出后，从 0 开始重新计数；
- Counter Limited：有限计数器，当计数到某一值后，又从 0 开始计数；
- Digital Clock：数字时钟；
- Enumerated Constant：枚举常数；
- From File：从文件读入输入信号；
- From Workspace：从工作空间读入输入信号。
- Ground：接地模块；

- In1：输入端口；
- Pulse Generator：脉冲信号发生器；
- Ramp：斜坡信号输入；
- Random Number：正态随机分布；
- Repeating Sequence：可重复输出序列；
- Repeating Sequence Interpolated：可重复输出插值序列；
- Repeating Sequence Stair：可重复输出阶跃序列；
- Signal Builder：自定义信号发生器；
- Signal Generator：信号发生器
- Sine Wave：正弦波信号；
- Step：阶跃信号输入；
- Uniform Random Number：均匀随机分布。

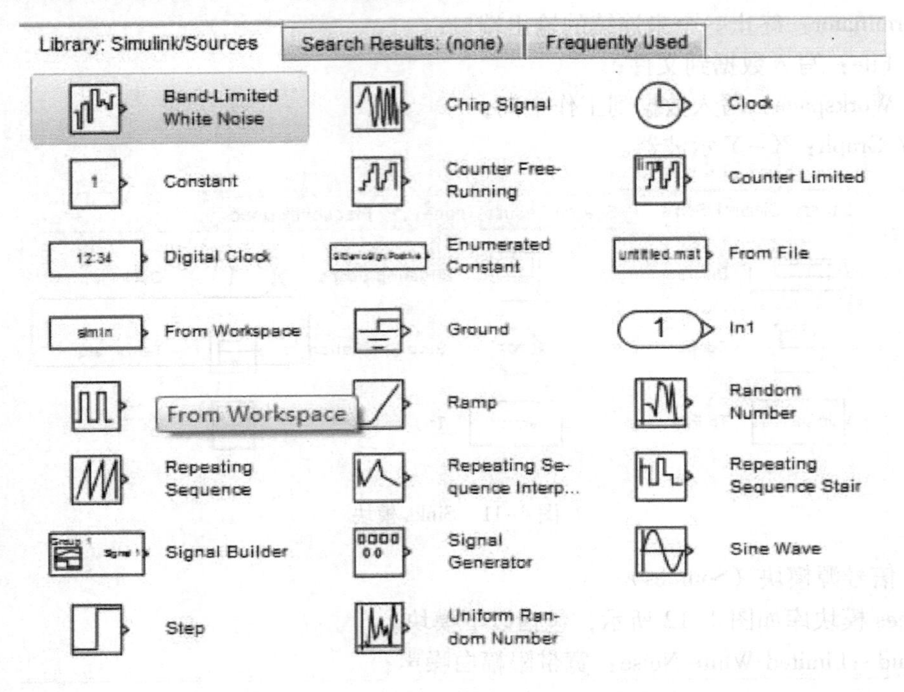

图 4-12　Sources 模块

（9）表格查询模块（Lookup Tables）

- Lookup Tables 模块库如图 4-13 所示，包括以下模块。
- 1-D Lookup Table：一维输入信号查询表；
- 2-D Lookup Table：二维输入信号查询表；
- Cosine：余弦函数查询表；
- Direct Lookup Table（n-D）：n 维输入信号直接查询表；
- Interpolation Using Prelookup：预查询插值；
- Lookup Table Dynamic：动态查询表；

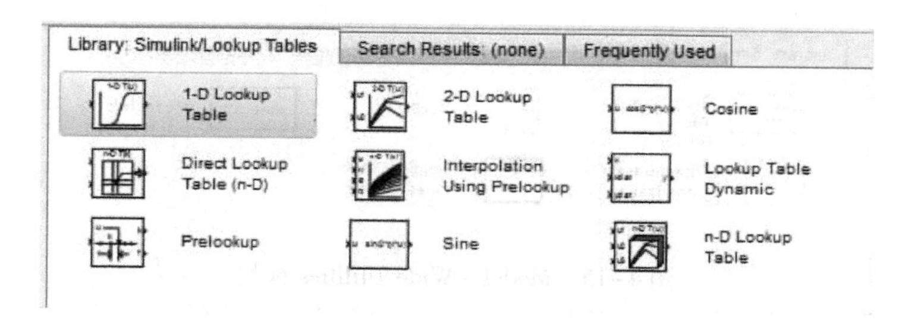

图 4-13　Lookup Tables 模块

- Prelookup：预查询；
- Sine：正弦函数查询表；
- n - D Lookup Table：n 维查询表。

（10）模型检测模块（Model Verification）

Model Verification 模块库如图 4-14 所示，包括以下模块。

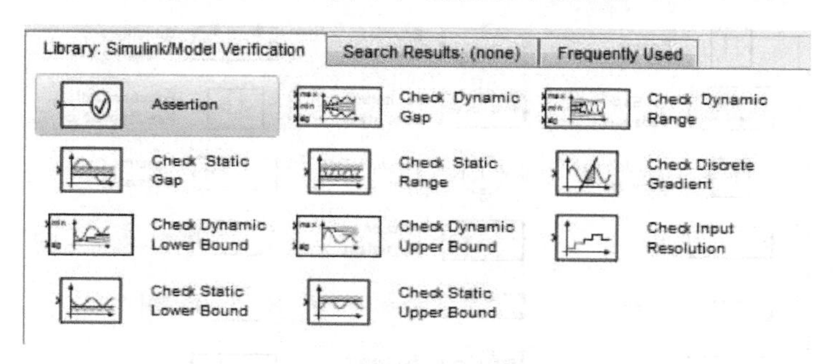

图 4-14　Model Verification 模块

- Assertion：检查输入信号是否为非零；
- Check Dynamic Gap：检查动态偏差；
- Check Dynamic Range：检查动态范围；
- Check Static Gap：检查静态偏差；
- Check Static Range：检查静态范围；
- Check Discrete Gradient：检查离散梯度；
- Check Dynamic Lower Bound：检查动态下限；
- Check Dynamic Upper Bound：检查动态上限；
- Check Input Resolution：检查输入精度；
- Check Static Lower Bound：检查静态下限；
- Check Static Upper Bound：检查静态上限。

（11）模型扩充模块（Model - Wide Utilities）

Model - Wide Utilities 模块库如图 4-15 所示，包括以下模块。

- Block Support Table：模块支持数据类型；
- DocBlock：编辑描述模型的文本；
- Model Info：模型控制信息；

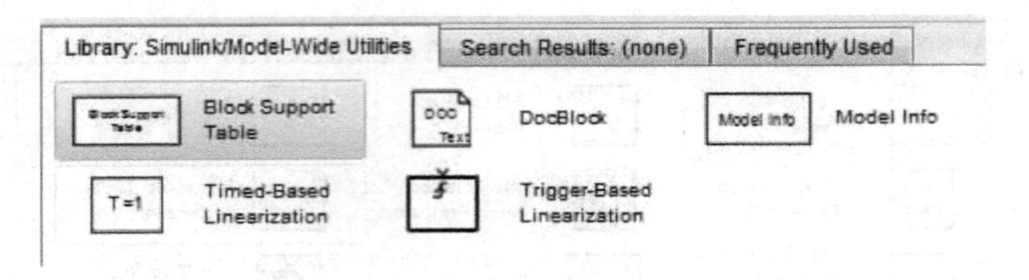

图 4-15　Model – Wide Utilities 模块

- Timed – Based Linearization：时间线性分析；
- Trigger – Based Linearization：触发线性分析。

(12) 端口子系统模块（Port & Subsystems）

Port & Subsystems 模块库如图 4-16 所示，包括以下模块。

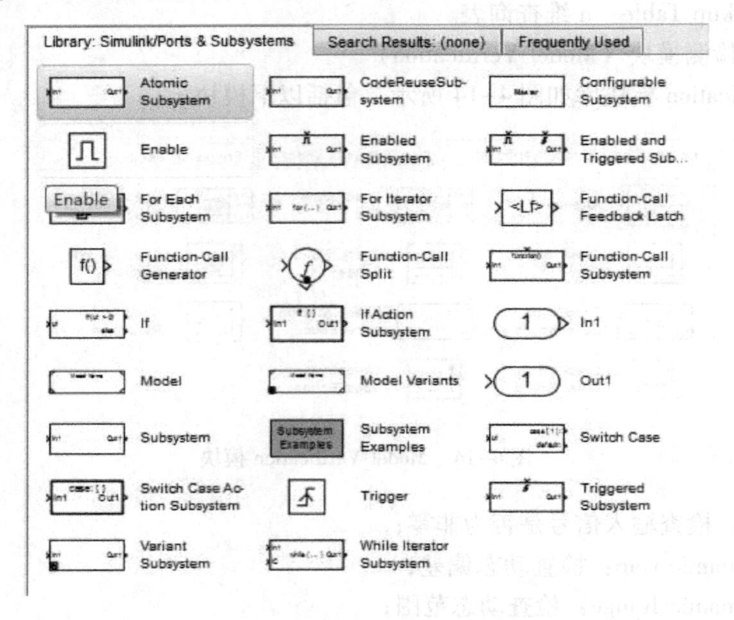

图 4-16　Port & Subsystems 模块

- Atomic Subsystem：单元子系统；
- CodeReuse Subsystem：代码重复子系统；
- Configurable Subsystem：可配置子系统；
- Enable：使能端口；
- Enabled Subsystem：使能子系统；
- Enabled and Triggered Subsystem：使能和触发子系统；
- For Each Subsystem：For Each 子系统；
- For Iterator Subsystem：For 迭代子系统；
- Function – Call Feedback Latch：函数调用反馈锁存；
- Function – Call Generator：函数调用生成器；
- Function – Call Split：函数调用切换；
- Function – Call Subsystems：函数调用子系统；

- If：If 控制；
- If Action Subsystem：If 触发执行子系统；
- In1：输入端口；
- Model：模型；
- Model Variants：模型变量；
- Out1：输出端口；
- Subsystem：子系统；
- Subsystem Examples：子系统实例；
- Switch Case：Switch 控制；
- Switch Case Action Subsystem：Switch 触发执行子系统；
- Trigger：触发器；
- Triggered Subsystem：触发子系统；
- Variant Subsystem：变量子系统；
- While Iterator Subsystem：While 迭代子系统。

（13）信号属性模块（Signal Attributes）

Signal Attributes 模块库如图 4-17 所示，包括以下模块。

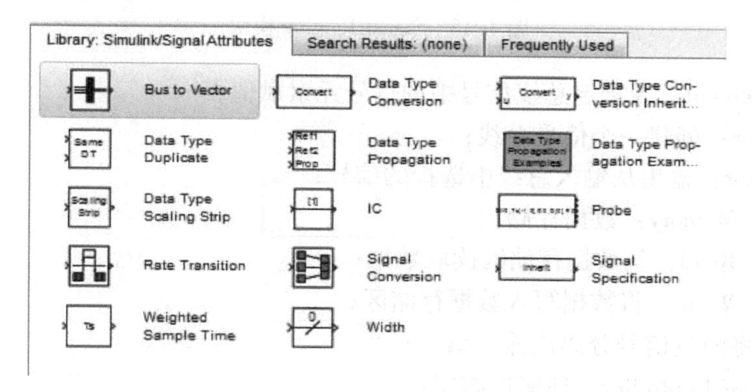

图 4-17　Signal Attributes 模块

- Bus to Vector：把总线转换成矢量；
- Data Type Conversion：数据类型转换；
- Data Type Conversion Inherited：数据类型继承；
- Data Type Duplicate：数据类型强制转换；
- Data Type Propagation：控制数据类型和缩放比例；
- Data Type Propagation Examples：数据类型和缩放比例的控制实例；
- Data Type Scaling Strip：数据类型缩放；
- IC：设置输入初始值；
- Probe：输出输入信号的属性；
- Rate Transition：速率转换；
- Signal Conversion：信号数据；
- Signal Specification：指定信号属性；

- Weighted Sample Time：加权采样时间；
- Width：输入信号宽度。

(14) 信号路由模块（Signal Routing）

Signal Routing 模块库如图 4-18 所示，包括以下模块。

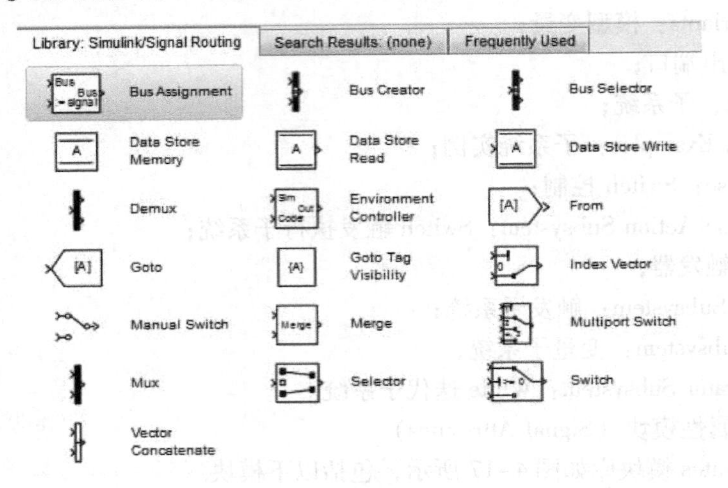

图 4-18 Signal Routing 模块

- Bus Assignment：为指定总线信号中的信号元素赋值；
- Bus Creator：创建一个信号总线；
- Bus Selector：输出从输入总线中选择的信号；
- Data Store Memory：数据存储；
- Data Store Read：从数据存储区读取数据；
- Data Store Write：将数据写入数据存储区；
- Demux：将向量信号分离成输出信号；
- Environment Controller：环境控制器；
- From：信号输入；
- Goto：信号输出；
- Goto Tag Visibility：定义可视标识的输出；
- Index Vector：依据第一个输入值选择信号输出；
- Manual Switch：切换输入，将选择信号输出；
- Merge：信号合并为单个信号输出；
- Multiport Switch：在多个输入中选择输出；
- Mux：将信号组合成总线输出信号；
- Selector：从信号中选择输入向量；
- Switch：根据第二个输入值，在第一个输入和第三个输入之间切换输出；
- Vector Concatenate：矢量连接。

(15) 用户自定义函数模块（User - Defined Functions）

User - Defined Functions 模块库如图 4-19 所示，包括以下模块。

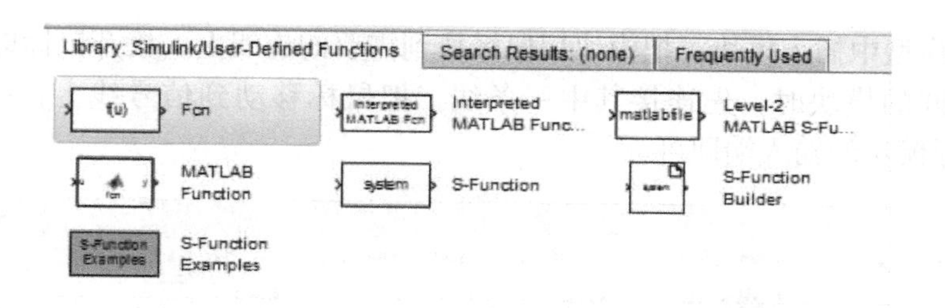

图 4-19　User - Defined Function 模块

- Fcn：自定义输入函数表达式；
- Interpreted MATLAB Function：插入 MATLAB 函数；
- Level - 2 MATLAB S - Function：用于扩展 M 文件的 S 函数仿真；
- MATLAB Function：简单 MATLAB 函数；
- S - Function：S 函数；
- S - Function Builder：S 函数编辑器；
- S - Function Examples：S 函数示例。

4.2　Simulink 模型的创建和仿真

模块是建立 Simulink 模型的基本单元，使用 Simulink 进行建模，就是选择合适的模块，设置相应的参数，并按流程或者逻辑关系连接起来的过程。

4.2.1　模型建立

以图 4-20 所示的系统为例说明建立 Simulink 模型的基本方法。图中 $X_i(s)$ 为单位阶跃信号，$X_o(s)$ 为系统输出响应。

（1）启动工具箱

依次启动 MATLAB 软件和 Simulink 模块库浏览器，如图 4-1 所示。

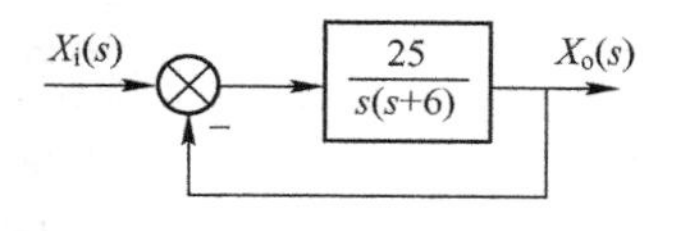

图 4-20　控制系统框图

（2）建立 Simulink 空白模型

Simulink 空白模型如图 4-2 所示。

（3）根据系统模型选择模块

首先要确定所需模块所在子模块库的名称。例子中用到的模块有单位阶跃信号、符号比较器、传递函数模型和信号输出模块，分别属于信号源模块库、数学运算模块库、连续模块库和输出模块库。在模块库浏览器中打开相应的模块库，选择所需模块。

（4）拖动模块

将鼠标移动到选择的模块上，按住鼠标左键不放，把模块拖到空白模型中。当需要多次选取同一模块，只需要按住〈Ctrl + 左键〉在选择的模块上拖到空白位置即可。

（5）连接模块

用鼠标拖动 Step 模块输出端口，按住鼠标左键不放，拖到 Sum 模块的输入端口，松开左键，两模块就连接好了，其他模块执行相同的操作，连接好的模型如图 4-21 所示。当需要在连接好的模型中插入模块，把模块用鼠标拖到需要的连线上，松开鼠标即可。同一信号需要输送到不同的模块时，先连接其中一条线，把鼠标移动到信号线上，按住〈Ctrl + 左键〉，拖到目标模块的输入端即可。

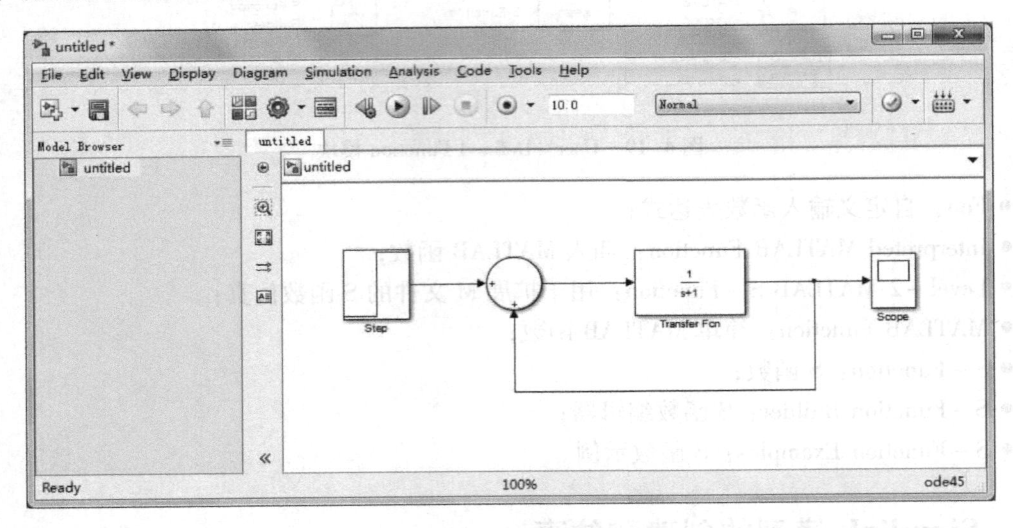

图 4-21　连接的模型

4.2.2　设置模型参数

在完成模型的建立后，需要设置模块的参数。在 Simulink 模型中双击需要修改的参数模块，弹出参数设置对话框。

在图 4-21 中双击 Step 模块，弹出如图 4-22 所示的参数设置窗口，在“Step Time”文本框中可以设置阶跃发生时间，默认为 1 s，这里选用默认值。

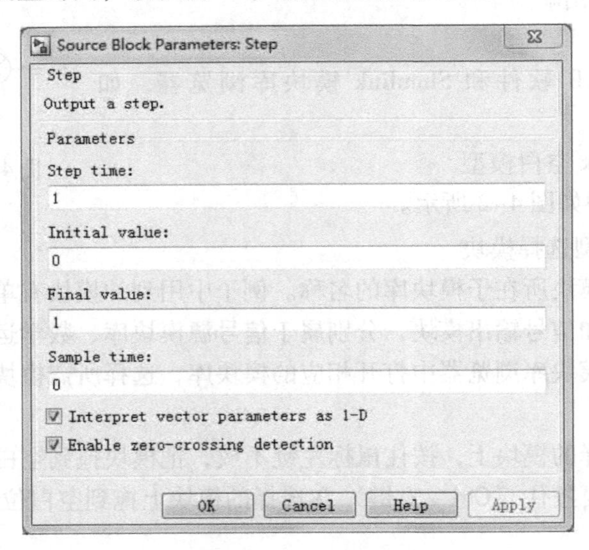

图 4-22　Step 模块参数设置

双击 Sum 模块，打开如图 4-23 的参数设置窗口，将“List of signs”设置为“| + -”，其中“|”用来定义加法器输入端标识符在图形外部的显示位置，输入端口数及操作符号由加减符号来确定，设置后的反馈连接为负反馈。

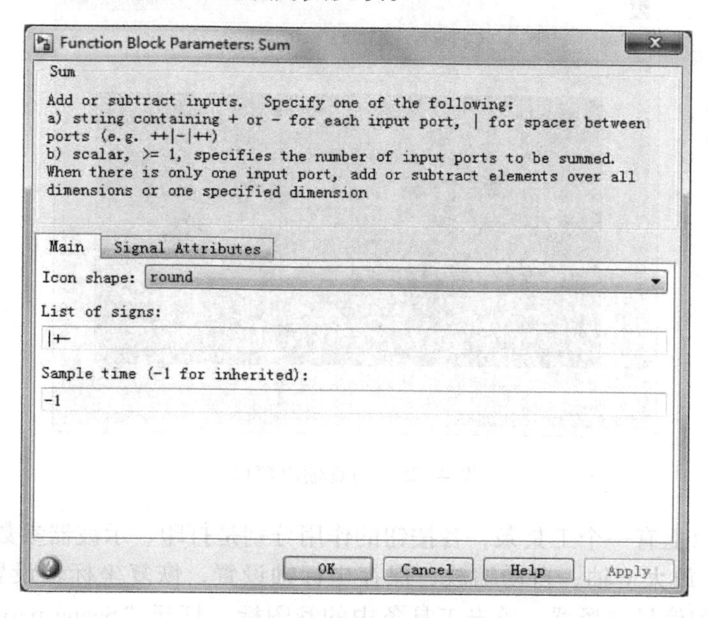

图 4-23　Sum 模块参数设置

接着修改传递函数模型，双击 Transfer Fcn 模块，弹出图 4-24 中的参数设置窗口，将分子多项式“Numerator coefficients”设置为[25]，分母多项式“Denominator coefficients”设置为[1 6 0]。

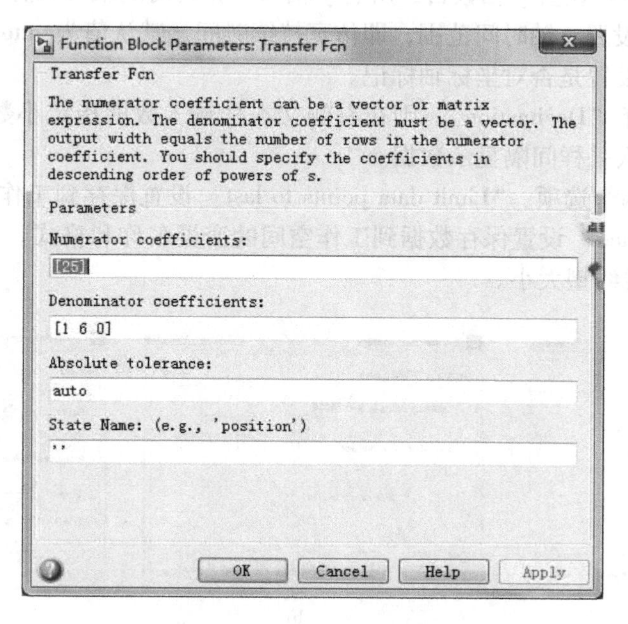

图 4-24　Transfer Fcn 模块参数设置

最后对 Scope 模块进行参数设置。双击 Scope 模块，弹出如图 4-25 所示的仿真数据输出窗口，窗口中标明了 x 和 y 轴坐标，用户可以根据需要改变坐标轴的显示参数。

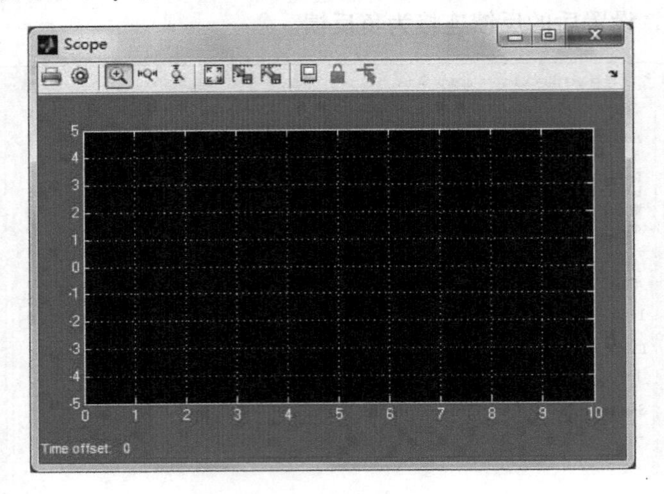

图 4-25　仿真输出窗口

在示波器窗口上有一个工具条，各按钮的作用分别是打印、示波器参数、同时放大 x 和 y 轴、放大 x 轴、放大 y 轴、自动缩放、保存坐标轴设置、恢复坐标轴设置、浮动示波器、释放坐标轴选项和信号选择器。单击工具条中的⚙图标，打开“Scope parameters”对话框，有三个面板，即“General”、“History”和“Style”，分别对应图 4-26a、b、c 所示。在“General”面板上可以设置坐标轴参数、时间范围以及坐标轴标记，也可以选择浮动示波器。可选参数有：

- Number of axes：设置 y 轴数目，所有 y 轴共有相同时间轴（x 轴），但 y 轴是独立的。
- Time range：设置 x 轴时间范围，即仿真持续时间，默认值为 auto。
- Tick labels：设置是否对坐标轴标记。
- Samples：选择“Decimation”，则在右侧文本框输入数值指定小数部分，选择“Sample time”输入采样间隔显示数据。

History 面板有两个选项：“Limit data points to last”设置保存到工作空间的数据点个数，“Save data to workspace”设置保存数据到工作空间的变量名称和格式。“Style”面板设置示波器背景颜色和曲线线型大小。

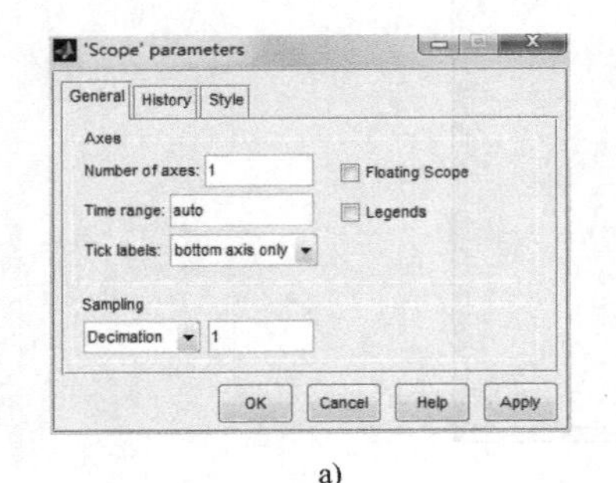

a)

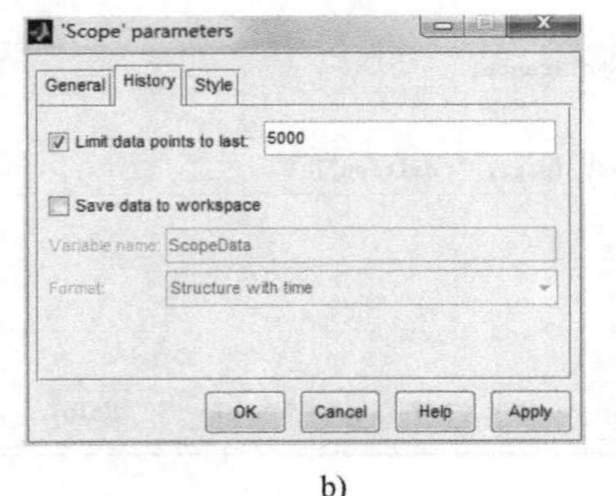

b)

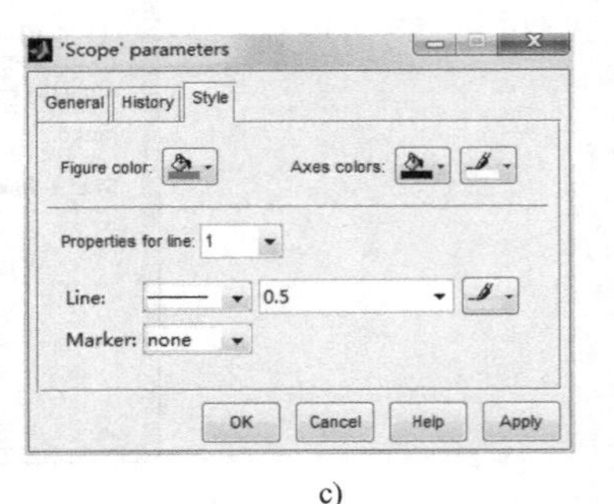

c)

图 4-26　“Scope parameters”对话框

4.2.3　运行仿真

单击模型文件工具栏的“Start simulation”按钮，开始仿真，在示波器上就显示出阶跃响应的曲线，如图 4-27 所示。单击图中工具栏 （Autoscale）按钮图标，将波形充满整个坐标框，显示效果最佳。

最后将建立的模型保存，存储格式为 .mdl 文件，选择“File”菜单下的“Save as”命令，弹出如图 4-28 所示的对话框，输入文件名，单击“保存”按钮即可。

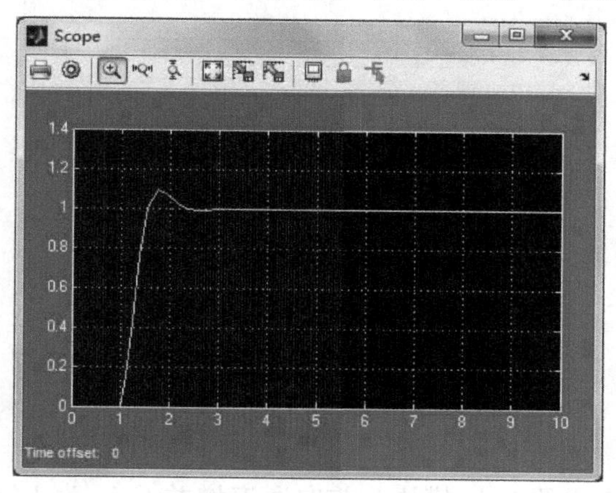

图 4-27　仿真结果

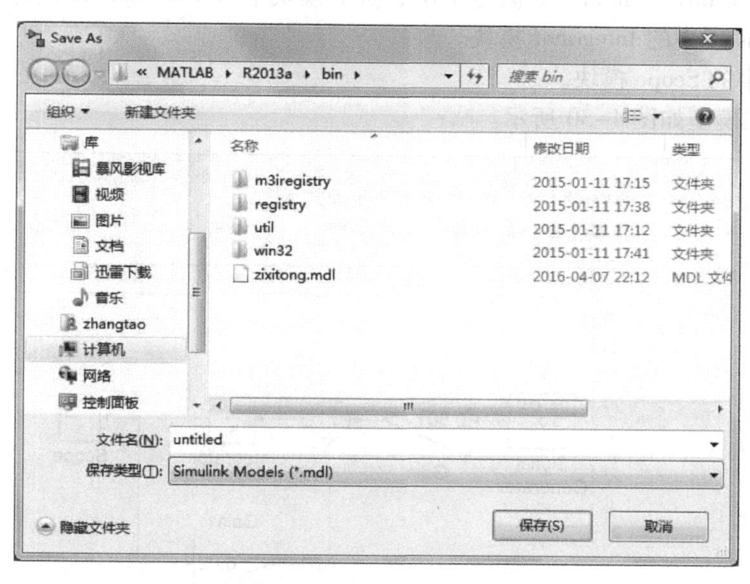

图 4-28　存储文件对话框

4.2.4　仿真示例

例 4.1　建立一个行驶控制系统，实现简单的汽车动力学系统。使用一个幅值为 500，频率为 0.002 Hz 的方波作为输入信号，汽车的质量 $m=1000\,\text{kg}$，阻尼因子 $b=20$。

根据动力学分析，其速度动力方程为：

$$F = m\dot{v} + bv$$

根据系统要求，选择的 Simulink 模块如下：

- Source 库中的 Signal Generator 模块，如图 4-29 所示，设置 Wave form 参数为 square，Amplitude 参数为 500，Frequency 参数为 0.002，Units 设置为 Hertz（Hz）。

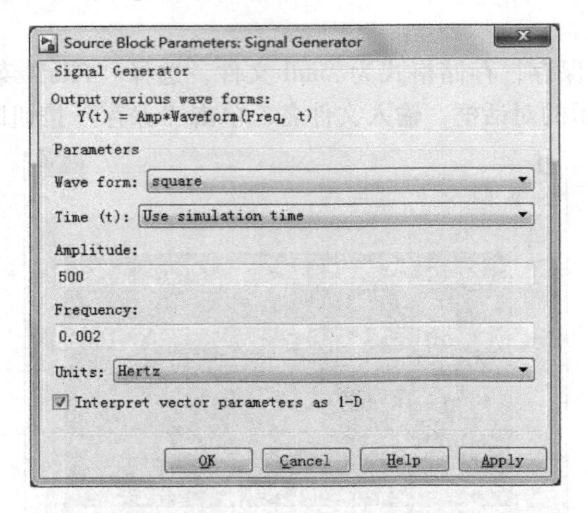

图 4-29　Signal Generator 模块参数设置

- Maths Operations 库中的 Gain 模块，前向通道增益 Gain 为 1/m，数值为 0.001；反馈通道增益 Gain1 为 b/m，数值为 0.02；Sum 模块中 List of signs 设置为“| + -”。
- Continuous 库中的 Integrator 模块。
- Sinks 库中的 Scope 模块。

建立的系统模型如图 4-30 所示。

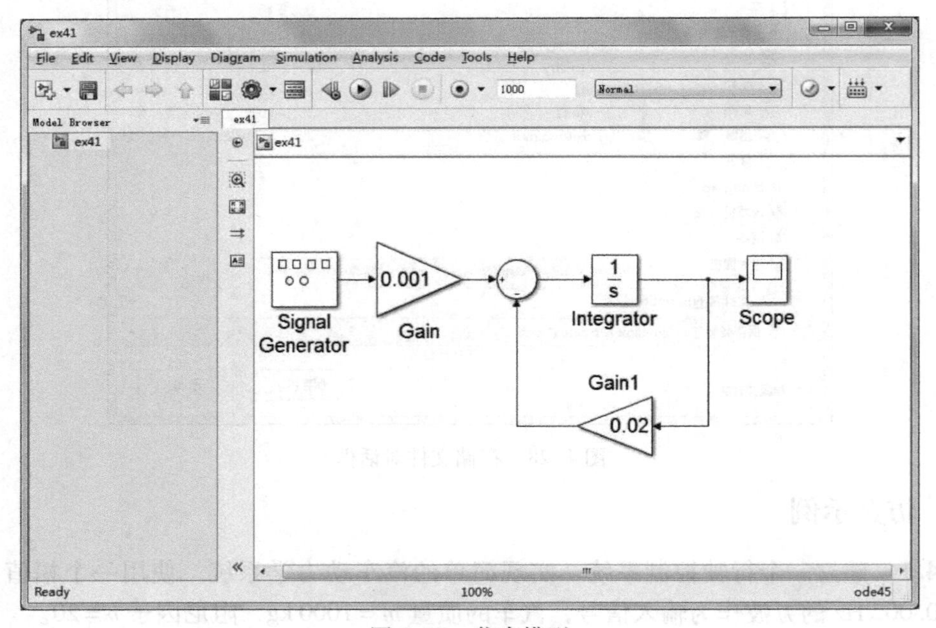

图 4-30　仿真模型

为了获得完整的方波信号，运行菜单“Simulation”→“Model Configuration Parameters”命令打开设置仿真参数对话框，将“Stop time”选项改为1000，初始条件为零。运行仿真，得到的输出速度曲线如图4-31所示。

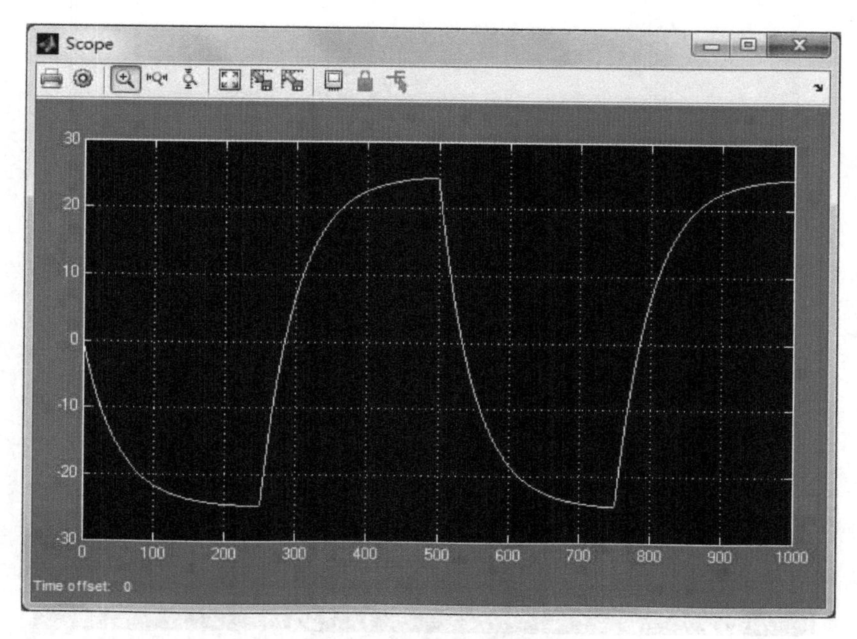

图4-31 仿真输出曲线

例4.2 创建一个全加器的仿真模型。

由全加器的工作原理可分析得到如下的逻辑表达式：

$$S_i = A_i \oplus B_i \oplus C_{i-1}$$

$$C_i = (A_i + B_i) C_{i-1} + AB$$

根据系统要求，需要的Simulink模块如下。

将Source库中的Pulse Generator模块，分别改名为Ai、Bi和Ci－1，参数Pulse type设置为“Timed based”，参数Time设置为“Use simulation time”，参数Amplitude设置为1.2。Ai中参数Period设置为9，Pulse Width设置为45，Phase delay设置为3.5。Bi中参数Period设置为3.5，Pulse Width设置为45，Phase delay设置为2。Ci－1中参数Period设置为1.5，Pulse Width设置为45，Phase delay设置为1。

在Logic and Bit Operations库中选择5个Logic Operator模块，其中两个作为XOR模块，分别命名为X1和S，将参数Operator设置为XOR。两个作为AND模块，分别命名为AN1和AN2，将参数Operator设置为AND。一个作为OR模块，命名为Ci，将参数Operator设置为OR。

Sink库中选择两个Scope模块，分别命名为input和output，将其坐标轴数设置为3和2。

建立的模型如图4-32所示。

运行仿真，得到的输入和输出速度曲线如图4-33和图4-34所示。

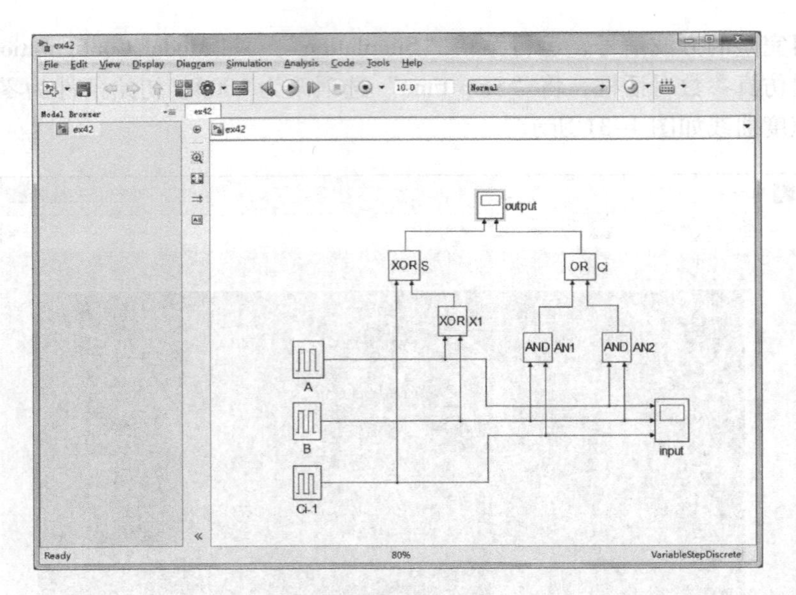

图 4-32　仿真模型

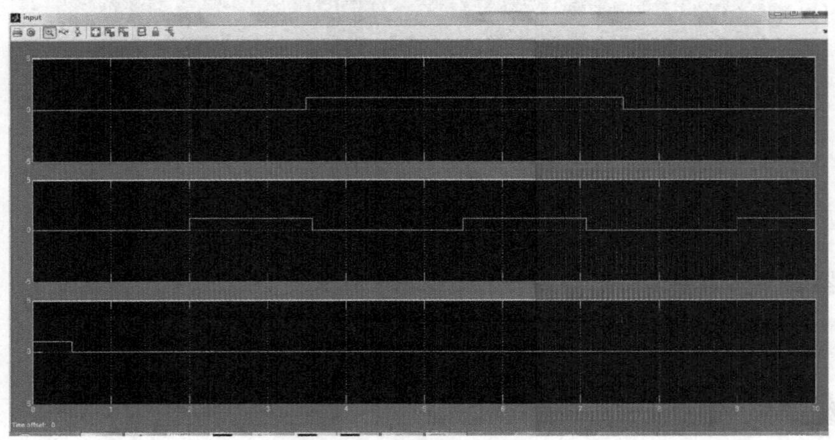

图 4-33　输入曲线

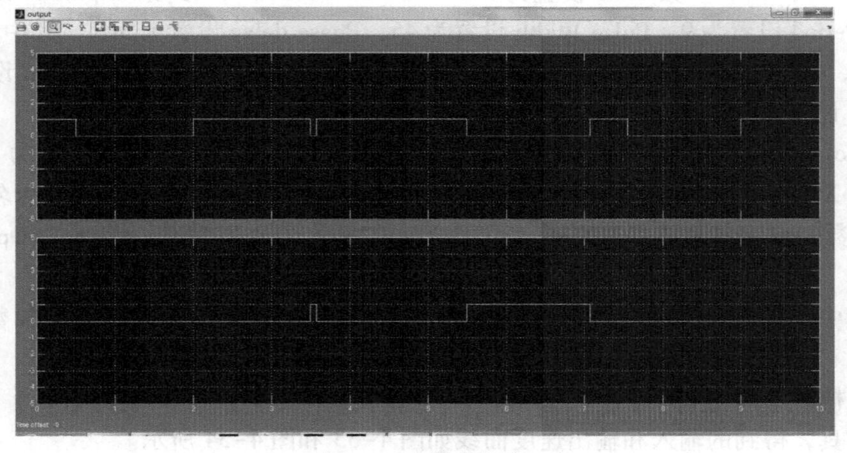

图 4-34　输出曲线

4.3 仿真器参数配置

在进行仿真前，需要对各种参数进行设置。可以通过运行菜单“Simulation”→“Model Configuration Parameters”命令打开设置仿真参数对话框，如图4-35所示。对话框左侧是树状列表选项区，选择不同的节点命令，将在对话框右侧出现该选项的设置面板。

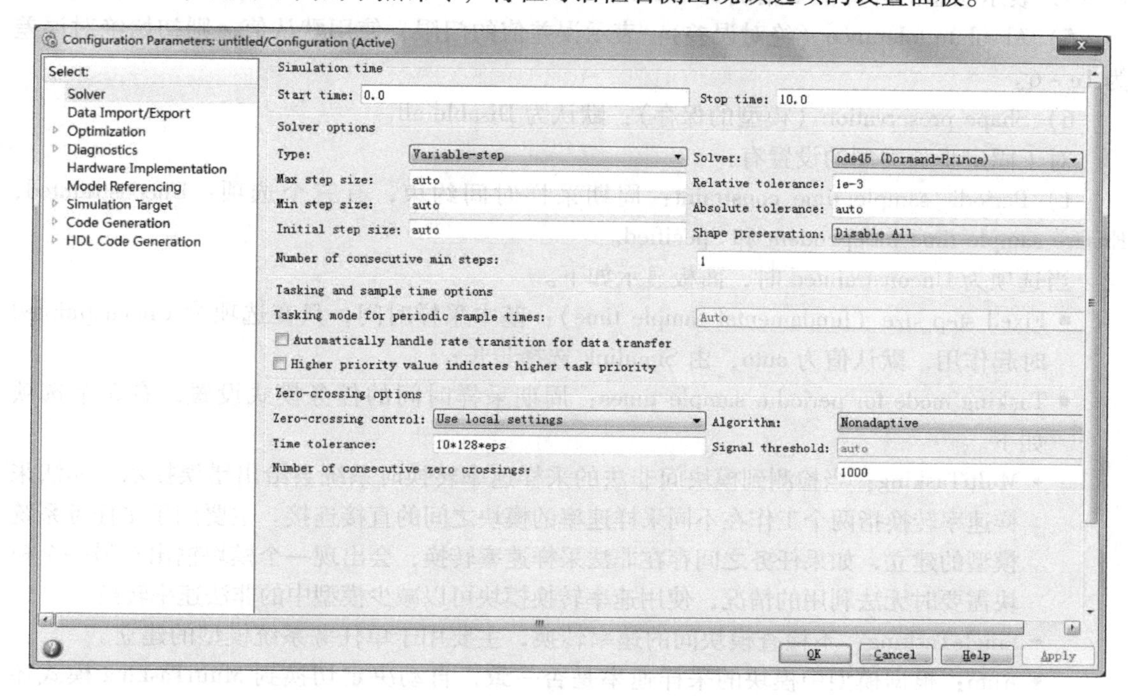

图4-35　仿真参数设置对话框

4.3.1 Solver 面板

Solver 面板用于设置仿真的起止时间和仿真算法等选项。仿真开始和结束时间在 Simulation time 栏设置，需要设置的有仿真开始时间（Start time）和结束时间（Stop time）。一般仿真开始时间设为0，而结束时间则视不同情况进行选择，默认值为10。

执行一次仿真要耗费的时间取决于很多因素，包括模型的复杂程度、解法器及其步长的选择、计算机时钟的速度等。

可以在 Solve Options 栏内 Type 下拉列表设置仿真步长，有 Variable - step（变步长）和 Fixed - step（固定步长）两种方式；Solver 下拉列表设置解法器类型。固定步长类型在仿真过程中提供固定的步长，不提供误差控制和过零检测；而变步长类型在仿真过程中可以改变步长，提供误差控制和过零检测选择。

对于变步长类型，用户常用的设置有：

1）Max step size（最大步长参数）：决定解法器能够使用的最大时间步长，默认值为“仿真时间/50”，即整个仿真过程中至少取50个取样点，但这样的取法对于仿真时间较长的系统则可能带来取样点过于稀疏的问题，继而使仿真结果失真。对于仿真时间不超过15 s

的一般采用默认值即可，超过 15 s 的每秒至少保证 5 个采样点，对于超过 100 s 的，每秒至少保证 3 个采样点。

2）Min step size（最小步长参数）：用来规定变步长仿真时使用的最小步长。

3）Initial step size（初始步长参数）：一般建议使用默认值。

4）Relative tolerance（相对误差）：误差相对于状态的值，是一个百分比，默认值为 1e－3，表示状态的计算值要精确到 0.1%。

5）Absolute tolerance（绝对误差）：表示误差值的门限，使用默认值，则初始绝对误差为 1e－6。

6）Shape preservation（模型的保存）：默认为 Disable all。

对于固定步长类型的设置有：

1）Periodic sample time constraint：周期采样时间约束，有三个选项：Unconstrainted，Ensure sample time independent 和 Specified。

当选项为 Unconstrainted 时，面板显示如下。

- Fixed step size（fundamental sample time）：基本采样时间，只在选项为 Unconstrainted 时起作用，默认值为 auto，由 Simulink 选择步长；
- Tasking mode for periodic sample times：周期采样时间的任务模式设置，有 3 个选项如下。
  - MultiTasking：当检测到模块间非法的采样速率转换时系统会给出错误提示。非法采样速率转换指两个工作在不同采样速率的模块之间的直接连接。主要用于多任务系统模型的建立，如果任务之间存在非法采样速率转换，会出现一个模块输出在另一个模块需要时无法利用的情况，使用速率转换模块可以减少模型中的非法速率转换。
  - SingleTasking：不检查模块间的速率转换，主要用于单任务系统模型的建立。
  - Auto：根据模型中模块的采样速率是否一致，自动决定切换到 MultiTasking 模式还是 SingleTasking 模式。

Automatically handle data transfers between tasks：自动在任务间执行数据转换。

Higher priority value indicates higher task priority：为较高优先级值的任务分配较高的优先权。

当选项为 Ensure sample time independent 时，Simulink 对模型进行检查，以确保模型能够继承引用模型采样时间，而且不改变模型的状态。

当选项为 Specified 时，面板设置如下。

2）Sample time properties：用来指定并分配模型采样时间的优先级；其他参数和 Unconstrainted 选项一致。

4.3.2 Data Import/Export 面板

Data Import/Export（工作空间数据导入/导出）面板主要在 Simulink 和 MATLAB 工作空间交换数值时进行有关选项设置，如图 4-36 所示。

- Load from workspace：设置从 MATLAB 工作空间向模型导入数据。
- Save to workspace：设置向 MATLAB 工作空间输出仿真时间、系统状态、输出和最终状态。

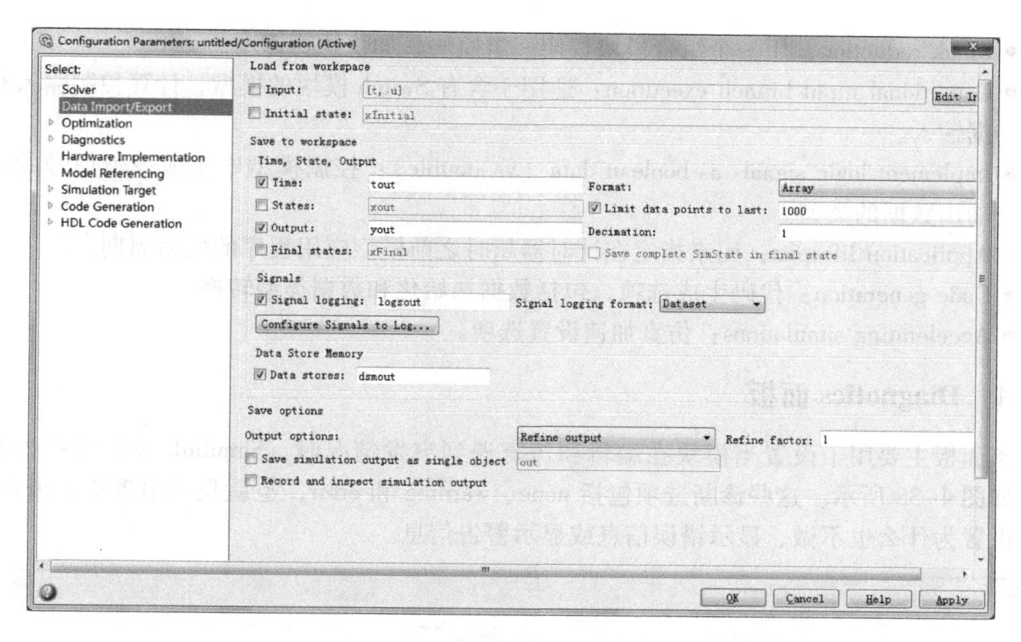

图 4-36　Data Import/Export 面板

- Signals：设置信号记录方式和格式。
- Data Store Memory：设置数据存储方式。
- Save options：设置向 MATLAB 工作空间输出数据。

4.3.3　Optimization 面板

通过设置各种选项来提高仿真性能和由模型生成代码的性能，效果如图 4-37 所示。

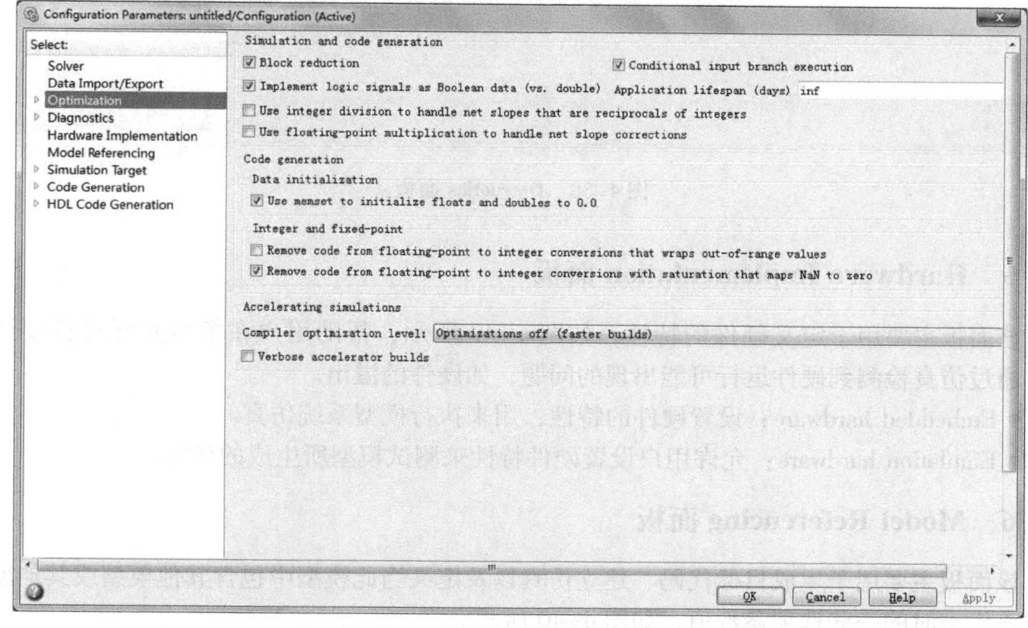

图 4-37　Optimization 面板

● Block reduction：用一个组合模块替换一组模块，加快执行速度。

● Conditional input branch execution：适用于含有 Switch 模块的模型，计算控制输入和数据输入。

● Implement logic signals as boolean data （vs. double）：控制模型中生成逻辑信号的模块输出数据的类型。

● Application lifespan：用来指定在计时器超时之前模型应用程序的生命周期。

● Code generation：代码生成选项，包括数据初始化和数据类型转换。

● Accelerating simulations：仿真加速设置选项。

4.3.4 Diagnotics 面板

该面板主要用于设置当模块在编辑和仿真遇到突发情况时，Simulink 采用哪种诊断动作，如图 4-38 所示。这些诊断选项包括 none、warning 和 error，也就是当出现指定事件时，可以设置为什么也不做、显示错误信息或显示警告信息。

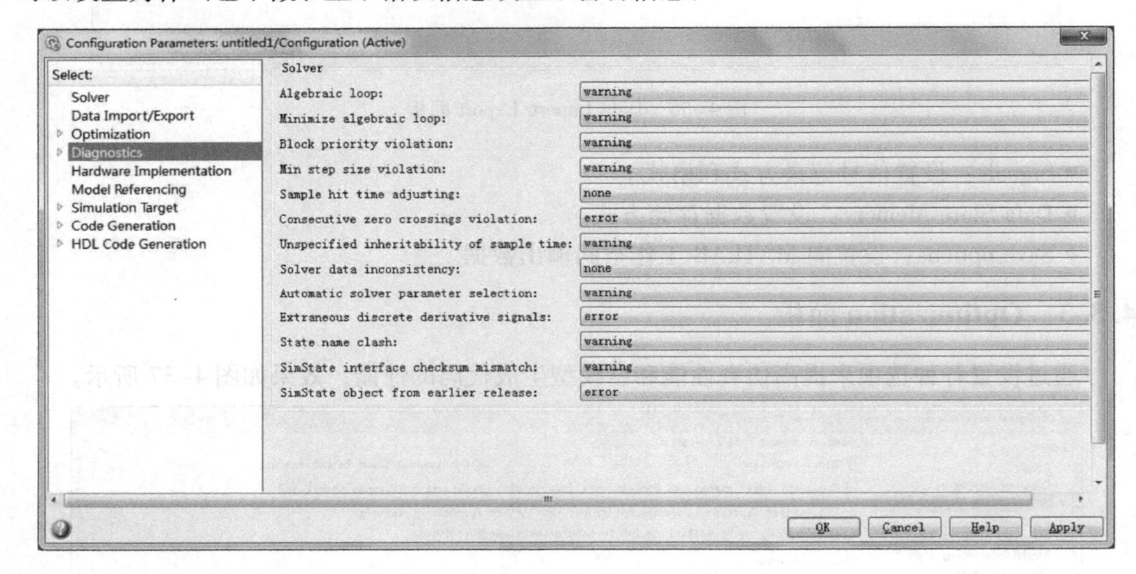

图 4-38 Diagnotics 面板

4.3.5 Hardware Implementation 面板

该面板主要用于定义硬件的特性，如图 4-39 所示，帮助用户在模型实际运行硬件之前，通过仿真检测到硬件运行可能出现的问题，如硬件的溢出。

● Embedded hardware：设置硬件的特性，用来执行模型系统仿真。

● Emulation hardware：允许用户设置硬件特性来测试模型所生成的代码。

4.3.6 Model Referencing 面板

该面板主要用于生成目标代码、建立仿真以及定义当此模型中包含其他模型或其他模型引用该模型时的一些选项参数值，如图 4-40 所示。

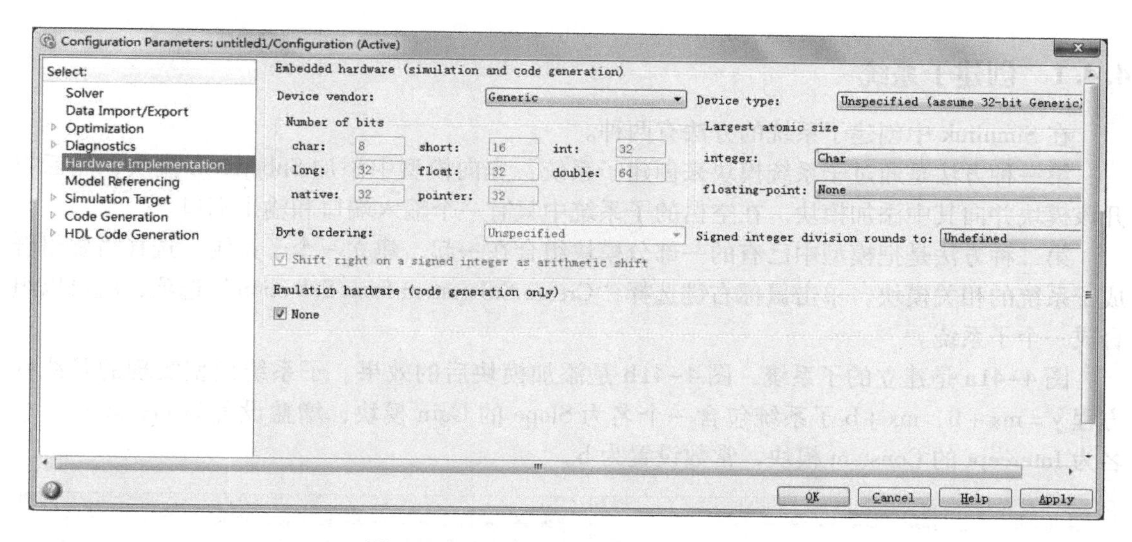

图 4-39 Hardware Implementation 面板

- Build options for all referenced models：允许用户为直接或间接引用的模型进行结构设置。
- Options for referencing this model：可为引用此模型进行选项设置。

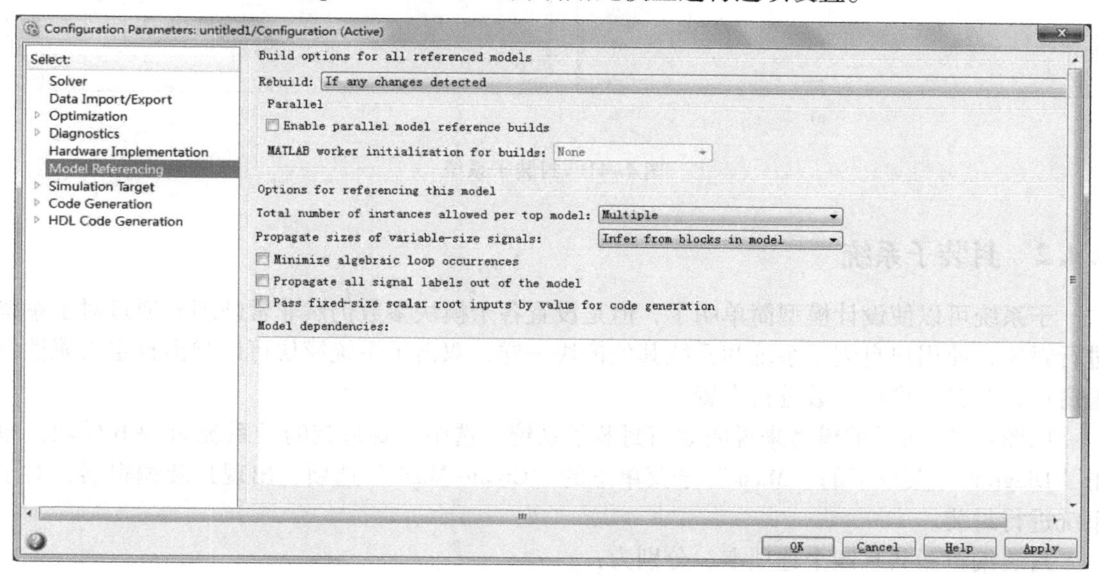

图 4-40 Model Referencing 面板

4.4 子系统创建和封装

当模型变得越来越大，越来越复杂，使用模块非常多，用户就很难轻易读懂模型。因此，可以将大的模型分成一些小的子系统，每个子系统非常简单、可读性好，能够完成某个特定的功能。通过子系统，可以采用模块化设计方法，层次非常清晰。有些常用的模块集成在一起，还可以实现复用。

4.4.1 创建子系统

在 Simulink 中创建子系统的方法有两种。

第一种方法是通过子系统模块来创建子系统：先向模型中添加 Subsystem 模块，然后打开该模块并向其中添加模块。在空白的子系统中只有一个输入端口和输出端口。

第二种方法是把模型中已有的一部分模块组合在一起，建立一个子系统。选择需要组合成子系统的相关模块，单击鼠标右键选择“Create Subsystem from Selection”选项，就可以组合成一个子系统。

图 4-41a 是建立的子系统，图 4-41b 是添加模块后的效果。子系统模型实现的是线性方程 y = mx + b，mx + b 子系统包含一个名为 Slope 的 Gain 模块，增益设置为 m；还有一个名为 Intercept 的 Constant 模块，常数设置为 b。

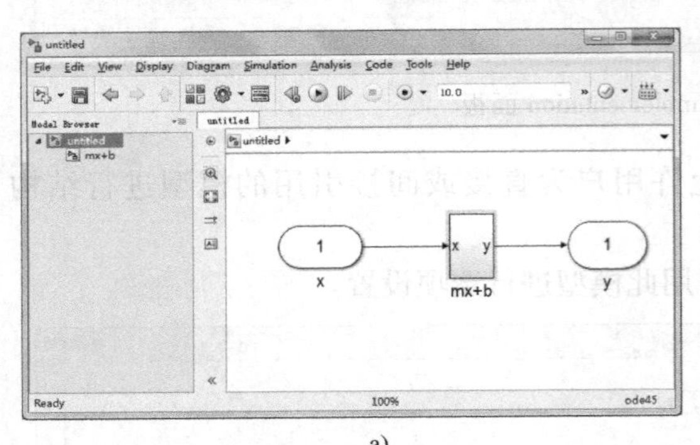

a)

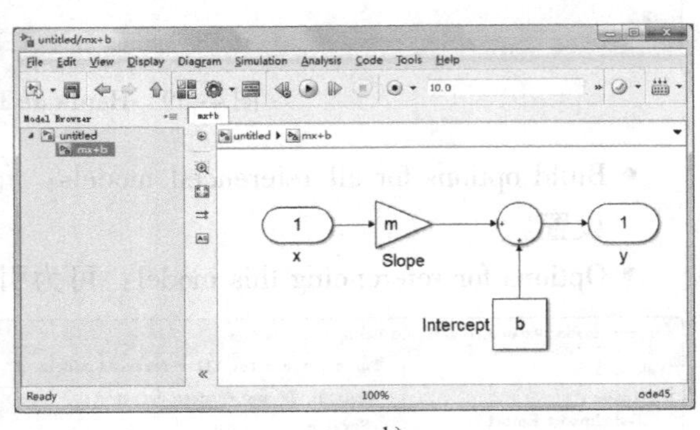

b)

图 4-41 封装子系统

4.4.2 封装子系统

子系统可以使设计模型简单明了，但是设置各个模块参数仍然非常烦琐。通过对子系统进行封装，使用户自创子系统和系统其他模块一样，双击子系统模块可以弹出自定义属性设置窗口，对各个模块参数进行设置。

以图 4-41 所示的模型来说明如何封装子系统。选中需要封装的子系统 mx + b 模块，单击“Diagram”菜单下的“Mask”子菜单下的“Create Mask”选项，出现封装编辑器，对子系统进行封装。

封装编辑器共有四个选项卡，分别为：

- Icon & Ports：定义模块图标；
- Parameters：定义和描述封装对话框中的参数提示和与参数相关联的变量名称；
- Initialization：指定初始化命令；
- Documentation：定义封装类型，并指定模块的说明和帮助文本。

Icon & Ports 选项卡包括三个选项区：Icon Drawing commands、Options 和 Examples of drawing commands，如图 4-42 所示。其中 Icon Drawing commands 输入绘制命令来绘制自定义的模块图标，这里输入命令 plot([0 1],[0 m]+(m<0))绘制的是从点(0,0)到点(1,m)的一条直线，如果斜率为负，则直线向上平移一个单位，以保证直线显示在模块的可见绘制

区域内；Examples of drawing commands 选项区说明了 Simulink 所支持的不同图标命令使用方法；Options 选项区指定模块图形的外观属性。

Parameters 选项卡包括了两个选项区：Dialog parameters 和 Dialog options for selected parameter，如图 4-43 所示。其中 Dialog parameters 设置要封装的参数，单击“Add parameter”图标，添加封装参数的文本标签、名称、控制类型等属性；Dialog options for selected parameter 设置已选择参数的附加选项。

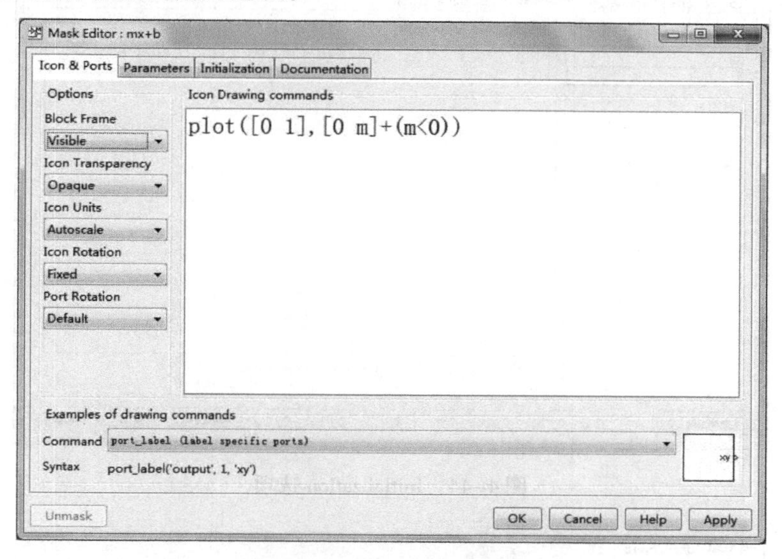

图 4-42　Icon & Ports 选项

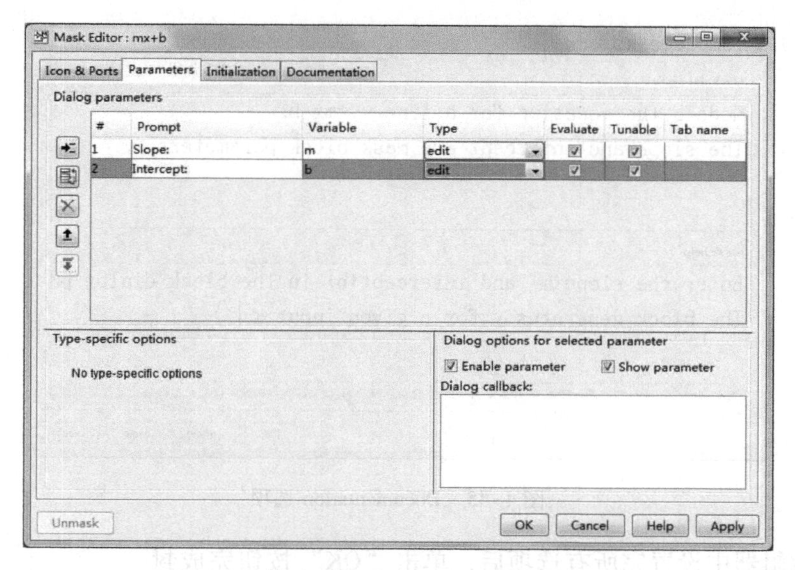

图 4-43　Parameters 选项

Initialization 选项卡用于初始化被封装子系统的 MATLAB 命令，如图 4-44 所示，其中 Dialog variables 显示封装参数变量名称；Initialization commands 用来输入封装参数的初始化命令。

Documentation 选项卡包括三个选项区：Mask type、Mask description 和 Mask help，如图 4-45 所示。其中 Mask type 设置模块的分类说明；Mask description 设置封装对话框的文本，对模块的作用和参数设置方式进行简要说明；Mask help 输入被封装模块的帮助文本。

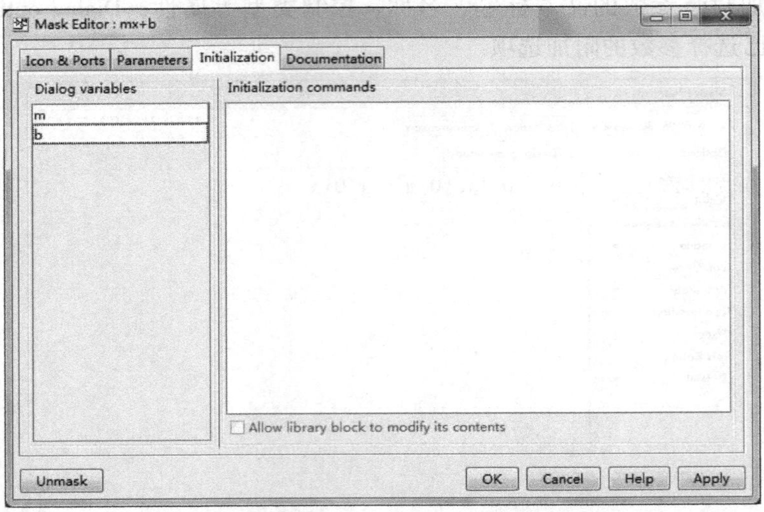

Mask Editor : mx+b

Icon & Ports | Parameters | Initialization | Documentation

Dialog variables

m

b

Initialization commands

Allow library block to modify its contents

Unmask　OK　Cancel　Help　Apply

图 4-44　Initialization 选项

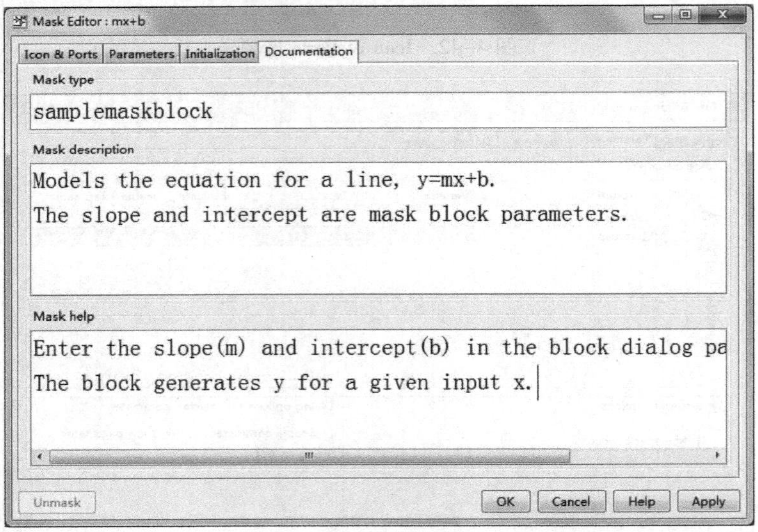

Mask Editor : mx+b

Icon & Ports | Parameters | Initialization | Documentation

Mask type

samplemaskblock

Mask description

Models the equation for a line, y=mx+b.

The slope and intercept are mask block parameters.

Mask help

Enter the slope(m) and intercept(b) in the block dialog pa

The block generates y for a given input x.

Unmask　OK　Cancel　Help　Apply

图 4-45　Documentation 选项

在封装编辑器中设置完所有选项后，单击“OK”按钮完成封装，生成封装模块图标如图 4-46 所示。双击封装好的模块，弹出其参数设置对话框，如图 4-47 所示。参数默认值都为 0，这里修改 Slope 为 3，Intercept 为 2，表明要做的曲线为 $y=3x+2$。单击参数设置对话框中的“Help”按钮，弹出如图 4-48 所示的帮助文件。

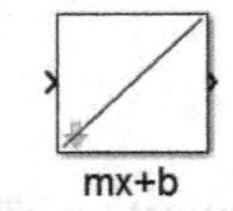

图 4-46　封装模块图标

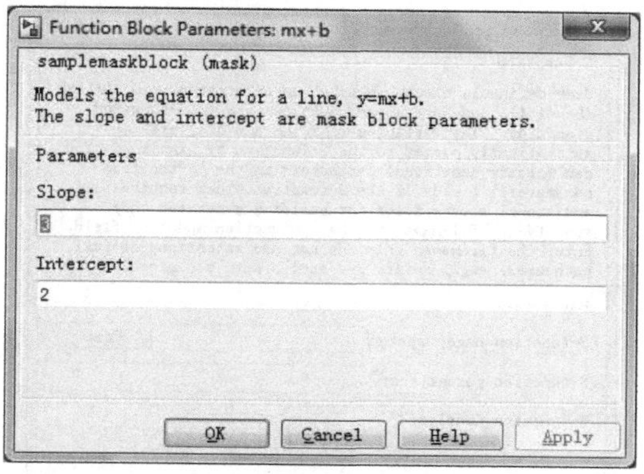

图 4-47　封装模块参数设置对话框

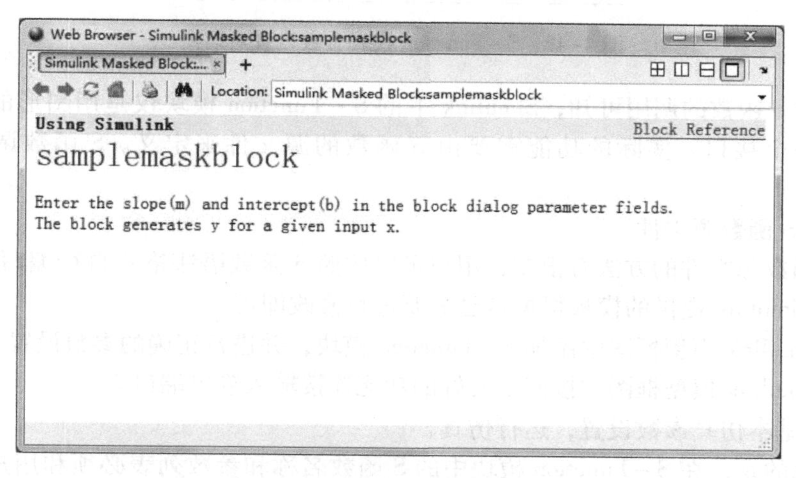

图 4-48　封装模块帮助文件

4.5　S 函数设计

MATLAB 中的 S 函数为用户提供了扩展 Simulink 功能的一种强大机制。通过编写 S 函数，用户可以向 Simulink 模块中添加自己的算法，该算法既可以采用 MATLAB 语言编写，也可以用 C 语言编写。只要遵循一定的规则，用户就可以在 S 函数中实现任意算法。

4.5.1　S 函数使用方法

在动态系统设计、仿真和分析中，用户可以使用 Simulink 浏览器中用户自定义模块库中的 S - Function 模块来调用已编写的 S 函数。S - Function 模块默认为是一个单输入单输出的系统模块，如果有多个输入输出信号，可以采用 Mux 模块和 Demux 模块对信号进行合成和分离。双击该模块弹出参数设置对话框，如图 4-49 所示。

在 “S - function name” 文本框中输入已编写的 S 函数文件名，输入完成后单击 “Edit” 按钮，弹出 S 函数文件编辑窗口。在 “S - function parameters” 文本框中输入用户添加的参数，“S - function modules” 文本框用来输入 C Mex - File 编写的 S 函数。

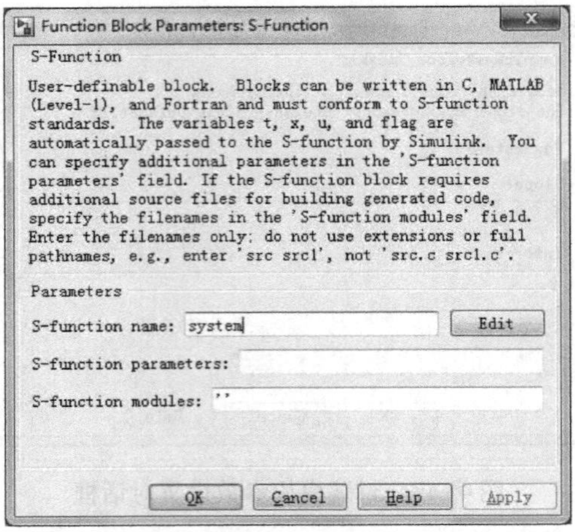

Function Block Parameters: S-Function

S-Function

User-definable block. Blocks can be written in C, MATLAB (Level-1), and Fortran and must conform to S-function standards. The variables t, x, u, and flag are automatically passed to the S-function by Simulink. You can specify additional parameters in the 'S-function parameters' field. If the S-function block requires additional source files for building generated code, specify the filenames in the 'S-function modules' field. Enter the filenames only; do not use extensions or full pathnames, e.g., enter 'src src1', not 'src.c src1.c'.

Parameters

S-function name: system　Edit

S-function parameters:

S-function modules: ''

OK　Cancel　Help　Apply

图 4-49　S - Function 模块参数设置对话框

由上面对 S 函数的调用可知，Simulink 下的 S - Function 模块仅是用图形的方式完成调用S 函数的一个接口。实际的功能需要由 S 函数的源文件来定义。S 函数调用的基本步骤为：

1）创建 S 函数源文件

创建 S 函数源文件的方法有很多，用户可以按照 S 函数语法格式自行编写每一行代码，也可以使用 Simulink 提供的模板根据自己需要进行修改即可。

2）在 Simulink 模型框图中添加 S - Function 模块，并进行正确的参数设置。

3）在 Simulink 模型框图中按照定义好的功能连接输入输出端口。

4）进行基本仿真参数设置，运行仿真。

需要注意的是，在 S - Function 模块中的 S 函数名称和参数列表必须和用户建立的 S 函数源文件的名称、函数参数名称和顺序完全一致，并且函数参数之间必须用逗号分开。此外，用户也可以使用子系统封装技术对 S 函数进行封装，以增强系统模型的可读性。

4.5.2　S 函数工作原理

在创建 S 函数之前，首先要了解 S 函数工作原理，包括 Simulink 模型是如何进行仿真的。Simulink 的每一个模块都包含了 3 个元素：输入向量、状态向量和输出向量，分别用 u、x 和 y 表示。输出向量可以表示为输入向量、状态向量和仿真时间的函数，它们的关系可以用下面的方程来表示。

输出：　$y = f_0(t, u, x)$

导数：　$x' = f_d(t, x, u)$

更新：　$x_{d_{k+1}} = f_u(t, x_c, x_d, u)$

其中　$x = [x_c; x_d]$

Simulink 把上面的方程对应为不同的仿真阶段，分别实现计算模块的输出、计算连续状态的微分和更新模块的离散状态。在 Simulink 模型中反复调用 S 函数的程序，以执行每一个阶段需要的任务。S - Function 函数的仿真过程可概括如下。

1）初始化。在进入仿真循环之前，Simulink 需要初始化 S 函数，确定输入输出端口的数目和数据类型，确定模块采样时间等。

2）计算下一个采样点。模块可以使用固定步长的解法器或可变步长解法器，需要在当前的仿真确定下一个采样点时刻。

3）计算当前仿真输出。更新模块的所有输出端口的值，模块的输出更新后才能作为其他模块的输入去改变其他模块的值。

4）更新当前主要时间步的离散状态。所有的模块都要为当前时间的仿真循环更新离散状态。

5）积分。对于S函数，Simulink按最小时间来调用S函数的输出和微分S函数。

4.5.3 S函数设计模板

为了方便用户编写和使用S函数，Simulink提供了丰富的S函数模板和示例。在打开的“Simulink Library Brower”的“User - Defined Function”模块库中，双击“S - Function Examples”模块，弹出如图4-50所示的“sfundemos”模块库，图中包含了用M文件、C语言、C ++和Fortran语言编写的S函数示例。

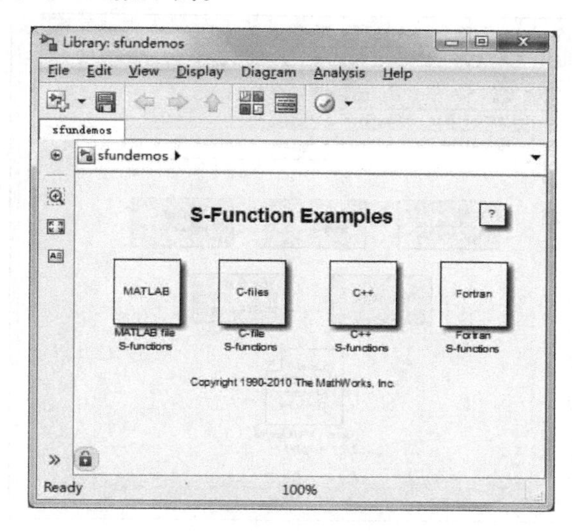

图4-50 sfundemos模块库

双击图4-50中的“MATLAB file S - functions”模块，弹出如图4-51所示的用M文件编写的S函数模块库，包含“Level - 1 MATLAB files”和“Level - 2 MATLAB files”，前者用于兼容以前版本的S函数仿真，后者用于扩展M文件的S函数仿真。

双击图4-51中的“Level - 1 MATLAB files”模块，弹出用M文件编写的S - Function模板的子模块库，如图4-52所示。其中有一个“Level - 1 MATLAB file S - function template”示例，是为编写S函数提供的一个模板。使用模板编写S函数时，可将S函数名换成期望的函数名，若需要额外的输入参数，还要在输入参数列表后增加参数。根据设计任务，用相应的代码替换模板中各个子函数的代码。

S函数M文件形式的标准模板名为“sfuntmpl. m”，由7部分组成，代码如下（为了方便观察，已经删除了源代码中的注释部分）：

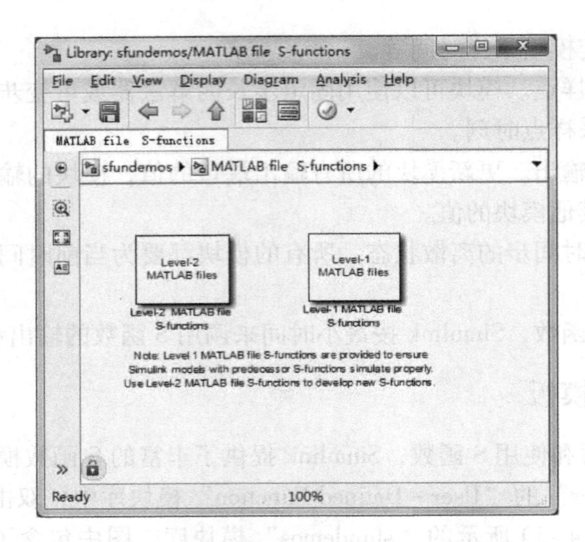

图 4-51　MATLAB file S－functions 模块库

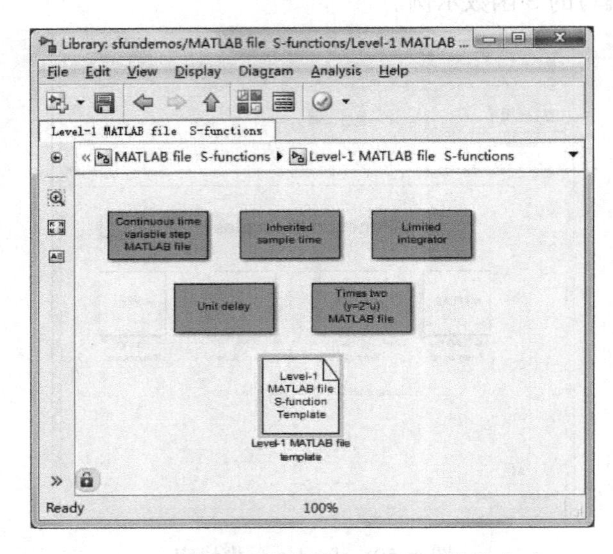

图 4-52　Level－1 MATLAB files 模块库

```
function [sys,x0,str,ts,simStateCompliance] = sfuntmpl(t,x,u,flag)
%输入参数有 t,x,u,flag
%t 为采样时间,x 为状态变量,u 为输入变量,flag 为标志变量,有 6 个取值,代表 6 个子函数
%返回参数有 sys,x0,str,ts,simStateCompliance
%sys 为返回直接结果的变量,随 flag 的不同而不同;x0 为初始状态;str 为保留参数,一般为空;ts 为 1*2 的采样时间矩阵,ts(1)为采样周期,ts(2)为偏移量;simStateCompliance 为仿真状态。
switch flag,
  case 0,            %初始化函数
    [sys,x0,str,ts,simStateCompliance] = mdlInitializeSizes;
  case 1,            %求导数
    sys = mdlDerivatives(t,x,u);
```

```
  case 2,      % 状态更新
    sys = mdlUpdate(t,x,u);
  case 3,      % 计算输出
    sys = mdlOutputs(t,x,u);
  case 4,      % 计算下一个采样时间
    sys = mdlGetTimeOfNextVarHit(t,x,u);
  case 9,      % 终止仿真程序
    sys = mdlTerminate(t,x,u);
  otherwise        % 错误处理
    DAStudio.error('Simulink:blocks:unhandledFlag',num2str(flag));
end
% 初始化函数
function [sys,x0,str,ts,simStateCompliance] = mdlInitializeSizes
sizes = simsizes;                  % 设置模块参数的结构体,调用 simsizes 函数生成
sizes.NumContStates   =0;          % 设置系统连续状态变量个数
sizes.NumDiscStates   =0;          % 设置系统离散状态变量个数
sizes.NumOutputs      =0;          % 设置系统输出变量个数
sizes.NumInputs       =0;          % 设置系统输入变量个数
sizes.DirFeedthrough  =1;          % 设置系统是否存在直通
sizes.NumSampleTimes =1;           % 模块采样时间个数,默认为 1
sys = simsizes(sizes);             % 初始化后的结构体 sizes 经过 simsizes 函数向 sys 赋值
x0   =[];                          % 初始化系统状态
str =[];                           % 系统阶字符串,为空
ts   =[0 0];                       % 初始化采样时间矩阵
simStateCompliance = 'UnknownSimState';
% mdlDerivatives 计算连续状态部分
function sys = mdlDerivatives(t,x,u)
sys =[];                   % 根据状态方程(微分部分)修改此处
% mdlUpdate 计算离散状态部分
function sys = mdlUpdate(t,x,u)
sys =[];                   % 根据状态方程(差分部分)修改此处
% mdlOutputs 计算输出信号
function sys = mdlOutputs(t,x,u)
sys =[];                   % 根据输出方程修改此处
% mdlGetTimeOfNextVarHit 计算下一采样点的时间,只在变采样时间条件下使用
function sys = mdlGetTimeOfNextVarHit(t,x,u)
sampleTime =1;             % 下一步仿真时间是 1 s 之后
sys = t + sampleTime;
% mdlTerminate 结束仿真任务
function sys = mdlTerminate(t,x,u)
sys =[];
% 程序结束
```

程序代码包含1个主程序和6个子程序，子程序供Simulink在仿真的不同阶段调用。在初始化阶段，通过标志变量flag=0调用S函数，并请求提供输入输出变量个数、初始状态和采样时间等信息。然后，仿真开始。通过修改标志变量flag=4，请求S函数提供下一步的采样时间（固定采样时间系统，不调用此函数）。接下来修改flag=3，计算模块的输出。然后修改flag=2，更新每一个采样时间的系统离散状态。对于连续系统，修改flag=2，求连续系统状态变量的导数。再通过修改flag=3，更新模块输出。这样就完成了一个仿真步长的计算。当仿真结束后，修改flag=9，调用结束处理函数，结束仿真。

4.5.4 S函数示例

在熟悉S函数的程序结构和工作原理，下面通过实例演示如何使用S函数实现控制系统。

例4.3 使用S函数设计 $y=\begin{cases}|u|, & |u|<3\\ 3, & |u|>3\end{cases}$，实现对输入取绝对值并且限幅输出。

由于函数不含有状态方程，不含参数，需要对模板做三处修改：

1）在主函数中修改函数名称，并修改文件名使其与函数名称对应。

```
function [sys,x0,str,ts] = sfuntmpl_abs(t,x,u,flag)
switch flag,
  case 0,                %初始化函数
    [sys,x0,str,ts] = mdlInitializeSizes;
  case {1,2,4,9}         %求导数
    sys = [];
  case 3,                %计算输出
    sys = mdlOutputs(t,x,u);
  otherwise              %错误处理
    DAStudio.error('Simulink:blocks:unhandledFlag',num2str(flag));
end
```

2）在初始化函数中，确定输入输出变量的个数，对于单输入单输出的简单系统，它是直接馈通。

```
function [sys,x0,str,ts] = mdlInitializeSizes
sizes = simsizes;                    %
sizes.NumContStates   =0;            %系统不存在连续状态变量
sizes.NumDiscStates   =0;            %系统不存在离散状态变量
sizes.NumOutputs      =1;            %系统输出变量个数为1
sizes.NumInputs       =1;            %系统输入变量个数为1
sizes.DirFeedthrough  =1;            %系统是直接馈通
sizes.NumSampleTimes =1;             %模块采样时间个数,默认为1
sys  = simsizes(sizes);
x0   = [];
str  = [];
ts   = [0 0];
```

3）编写输出方程，并通过变量 sys 返回。

```
function sys = mdlOutputs(t,x,u)
temp = abs(u);
if(temp >=3)
    sys =3;
else
    sys = temp;
end
```

根据需要，保存 sfuntmpl_abs 到当前目录，建立如图 4-53 所示的模型。双击图 4-53 中的“S - Function”模块，弹出模块参数设置对话框，如图 4-54 所示。运行模型，得到如图 4-55 所示的仿真结果。

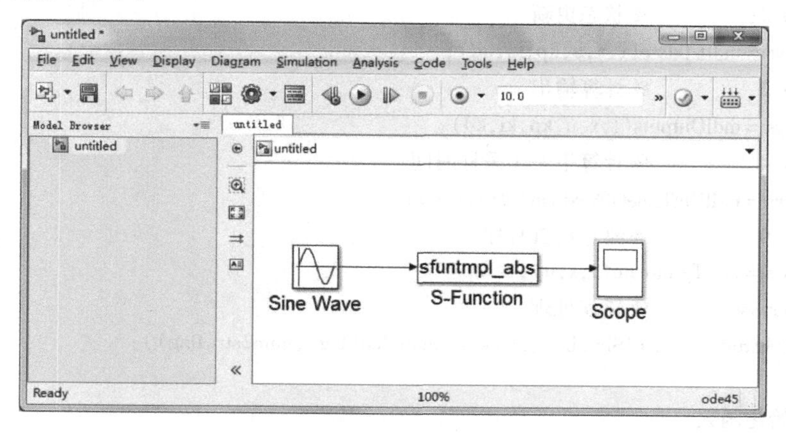

图 4-53　模型界面

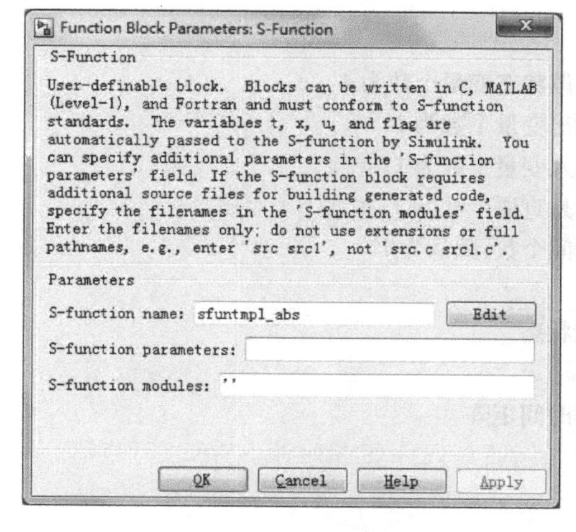

图 4-54　“S - Function”模块参数设置对话框

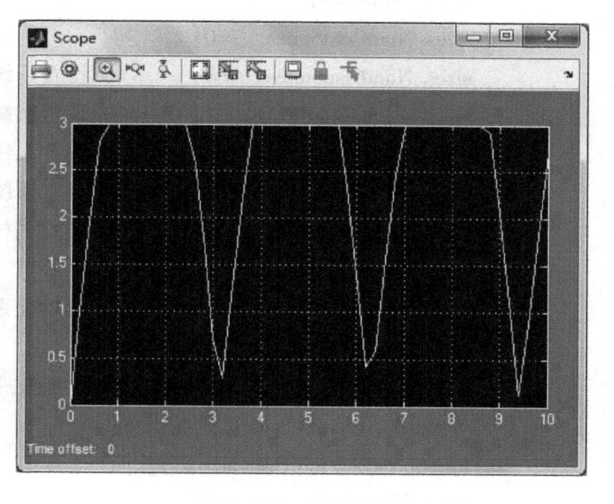

图 4-55　仿真结果

上面的例子中 S 函数不需要添加用户输入参数，直接运行即可。当 S 函数要添加用户参数时，须注意：在源代码中用到该参数的子函数，在函数声明部分应该添加该参数；在模型设置参数时，参数的名称和顺序须与源代码中的参数名称和顺序一致。

例 4.4 已知离散 PID 表达式为

$$U(k)=Kp\times e(k)+Ki\times T\times \sum_{m=0}^{k} e(k)+Kd\times [e(k-1)-e(k-2)]/T$$

使用 S 函数实现离散 PID 控制器，并建立实现其 Simulink 仿真模型。

首先打开 S 函数模板，建立离散 PID 的源文件，这里 *Kp*、*Ki*、*Kd* 为输入参数。

```
function [sys,x0,str,ts] = pid4_4(t,x,u,flag,kp,ki,kd)
switch flag,
  case 0,           %初始化函数
    [sys,x0,str,ts] = mdlInitializeSizes;
  case 1,           %求导数
    sys = mdlDerivatives(t,x,u);
  case 2,           %状态更新
    sys = mdlUpdate(t,x,u,kp,ki,kd);
  case 3,           %计算输出
    sys = mdlOutputs(t,x,u,kp,ki,kd);
  case 4,           %计算下一个采样时间
    sys = mdlGetTimeOfNextVarHit(t,x,u);
  case 9,           %终止仿真程序
    sys = mdlTerminate(t,x,u);
  otherwise         %错误处理
    DAStudio.error('Simulink:blocks:unhandledFlag',num2str(flag));
end
%初始化函数
function [sys,x0,str,ts] = mdlInitializeSizes
sizes = simsizes;
sizes.NumContStates   =0;
sizes.NumDiscStates   =4;      %设置系统离散状态变量个数为 4
sizes.NumOutputs      =1;      %设置系统输出变量个数为 1
sizes.NumInputs       =1;      %设置系统输入变量个数为 1
sizes.DirFeedthrough  =0;      %设置系统不是直通
sizes.NumSampleTimes = 1;      %模块采样时间个数,默认为 1
sys  = simsizes(sizes);
x0   =[0,0,0,0];               %初始化系统状态
str  =[];
ts   =[-2 0];                  %初始化采样时间矩阵
%mdlDerivatives 计算连续状态部分
function sys = mdlDerivatives(t,x,u)
sys = [];
%mdlUpdate 计算离散状态部分
function sys = mdlUpdate(t,x,u)
x(3) =x(2);
x(2) =x(1);
```

```
x(1) =u;
x(4) =u+x(4);
sys =x;
% mdlOutputs 计算输出信号
function sys = mdlOutputs(t,x,u)
sys = kp * x(1) + ki * 0.01 * x(4) + kd * (x(2) - x(3))/0.01;
% mdlGetTimeOfNextVarHit 计算下一采样点的时间,只在变采样时间条件下使用
function sys = mdlGetTimeOfNextVarHit(t,x,u)
sampleTime =0.01;
sys = t + sampleTime;
% mdlTerminate 结束仿真任务
function sys = mdlTerminate(t,x,u)
sys = [];
% 程序结束
```

建立 Simulink 模型，如图 4-56 所示。双击 S－Function 模块，弹出参数设置对话框，如图 4-57 所示，设置 S－function name 为 “pid4_4”，设置 S－function parameters 为 “6，5，0.5”，运行仿真结果如图 4-58 所示。

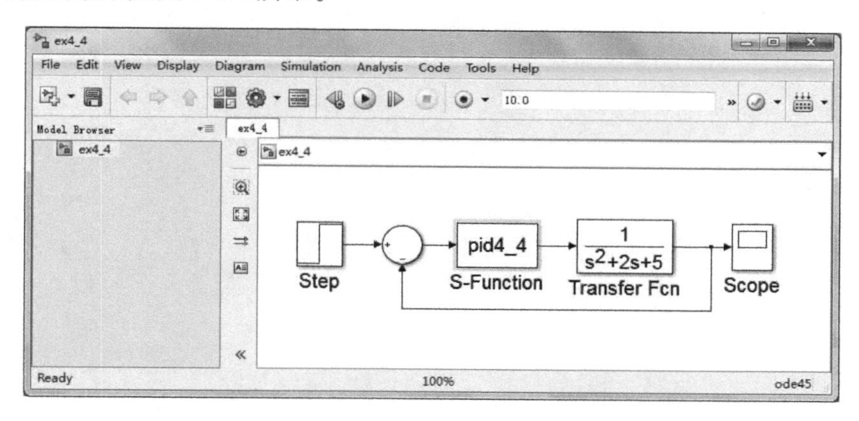

图 4-56　仿真模型

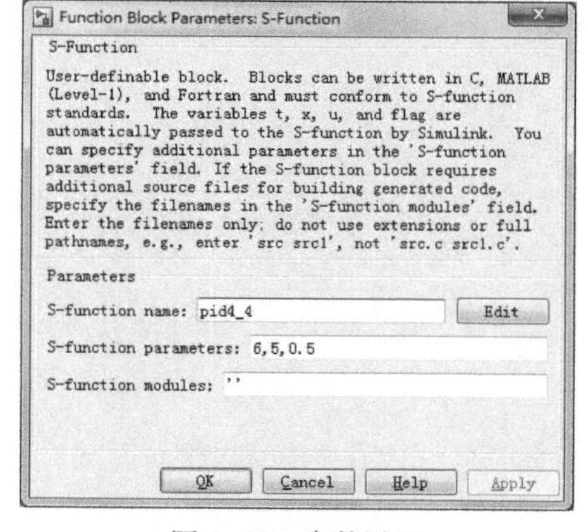

图 4-57　参数设置

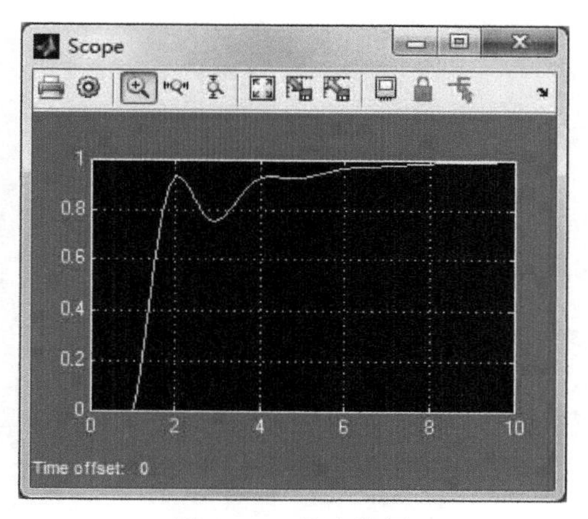

图 4-58　仿真结果

4.6 习题

1. 如何在 Simulink 中新建仿真模型文件?

2. 如何建立 PID 控制模型的封装子系统?

3. 设单位负反馈系统的开环传递函数为 $G(s)=\dfrac{300}{s^2(0.2s+1)(0.02s+1)}$，建立其 Simulink 模型，并仿真系统的阶跃响应曲线。

4. 有初始状态为 0 的二阶微分方程 $x''+0.2x'+0.4x=0.2u(t)$，其中 $u(t)$ 是单位阶跃函数，试建立系统模型并仿真。

5. 建立一个离散系统的仿真模型，控制部分为离散环节，被控对象为两个连续环节，其中一个有反馈环，反馈环引入了零阶保持器，输入为阶跃信号。

第5章　MATLAB 绘图

在科学研究和工程开发中，数据可视化的工作占据着非常重要的作用。MATLAB 作为一种通用技术计算平台，一向注重数据的图形可视化，提供了一系列方便的绘图命令。通过程序和绘图的结合，可以将结果计算以图形展示，有助于了解计算过程以及分析计算结果，更加具有说服力。

5.1　MATLAB 绘图基本流程

在 MATLAB 中绘制图形，通常要经过以下十个步骤：

1）准备数据。准备好绘图需要的坐标变量。

2）设置当前绘图区。在指定的位置创建新的绘图窗口，并自动以此窗口的绘图为当前绘图区。

3）绘制图形。创建坐标轴，指定叠加绘图模式，绘制函数曲线。

4）设置图形中曲线和标记点格式。设置图形中的线宽、线型、颜色和标记点的形状、大小和颜色等。

5）设置坐标范围和网格线属性。

6）设置颜色表。

7）设置光照效果。

8）设置视角。

9）在图形上添加标注。

10）保存或导出图形。

上述步骤中，第 6 ~ 8 步只在绘制三维图形中考虑，第 4 ~ 9 步的顺序可以随意调换。

例 5.1　绘制函数 $y=2e^{-5x}\sin(2\pi x)$，$x\in[0,2]$的曲线。

（1）准备绘图数据

```
x = 0:0.1:2
y = 2 * exp( -5 * x). * sin(2 * pi * x)
```

（2）设置当前绘图区

```
figure
```

（3）绘制图形

```
plot(x,y)
```

（4）设置曲线样式和标记格式

```
plot(x,y,'-. * r')
```

（5）设置坐标范围和网格线属性

```
axis([ -2 2  -1 1])
grid on
```

（6）添加标注

```
title('函数曲线')
xlabel('横坐标')
ylabel('纵坐标')
```

（7）保存图形

选择图形窗口 File 菜单的 Save 子菜单来保存图形为指定类型。绘制的图形如图 5-1 所示。

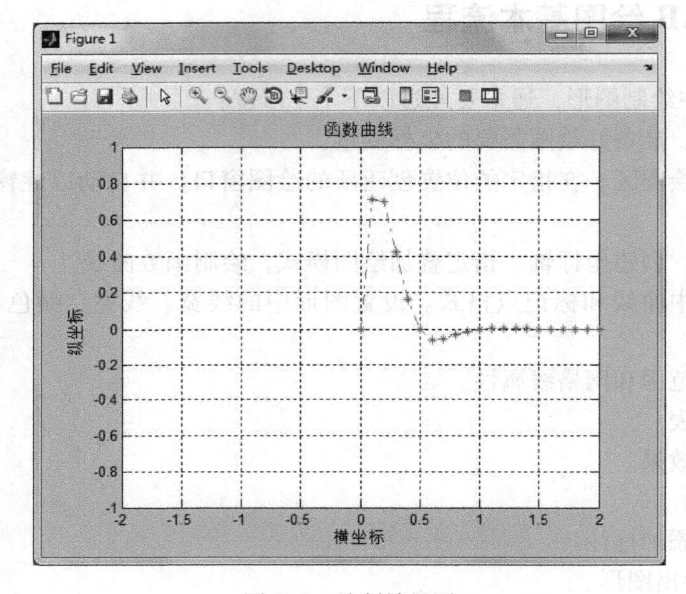

图 5-1　绘制效果图

5.2　二维绘图

二维图形是将平面坐标上的数据点连接起来的平面图形。可以采用不同的坐标系，如直角坐标、对数坐标、极坐标等。二维图形的绘制是其他绘图操作的基础。

5.2.1　基本二维绘图

MATLAB 提供多种二维图形的绘制函数，主要的二维绘图函数如下：

1. plot 函数

MATLAB 最基本的绘图函数为 plot 函数，用于绘制二维平面上的线性坐标曲线图。通过给出一组相对应的 x 和 y 坐标，可以绘制分别以 x 和 y 为横、纵坐标的二维曲线。plot 函数常用格式为：

```
plot(x,y)
```

其中 x，y 为长度相同的向量，存储 x 坐标和 y 坐标。

例 5.2 MATLAB 基本绘图指令 plot 函数的使用。

```
x = 0:pi/1000:2 * pi;
y = sin(2 * x + pi/4);
plot(x,y)
```

例 5.2 中有三条指令，前面两条是准备绘制的数据，x 和 y 两个变量为长度相同的行向量，其中 y 是利用三角函数处理的数据。而 plot 函数使用默认的设置将数据 x 和 y 绘制在图形窗体中。系统默认的设置为蓝色的连续线条。生成曲线如图 5-2 所示。

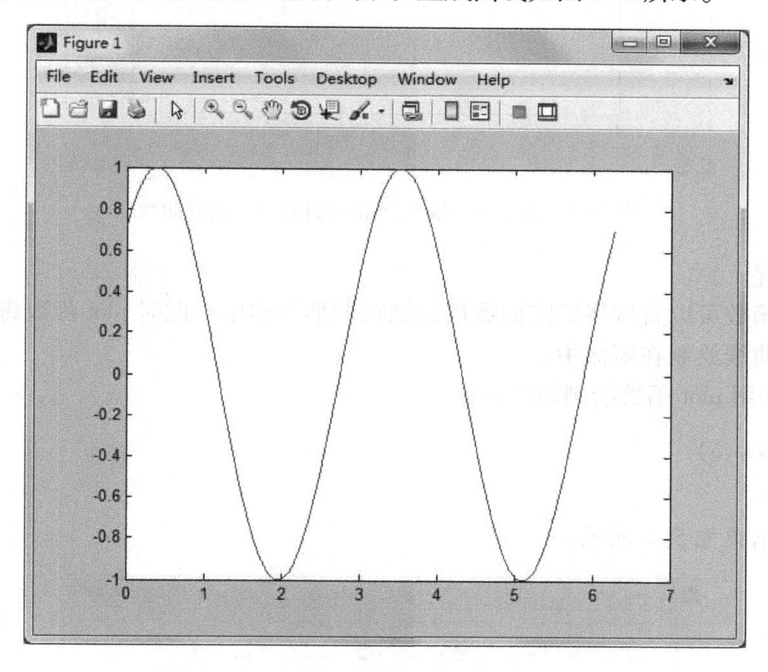

图 5-2 plot 函数绘图结果

2. 含多个输入参数的 plot 函数

plot 函数可以包含若干组向量对，每一组可以绘制出一条曲线。含多个输入参数的 plot 函数调用格式为：

```
plot(x1,y1,x2,y2,…,xn,yn)
```

其中 x1，y1，x2，y2，…，xn，yn 表示多条曲线的横纵坐标。

例 5.3 plot 函数绘制多条曲线。

继续例 5.2 的程序，添加一条指令 plot（x，y，x，y+1，x，y+2），绘制曲线如图 5-3 所示。在图形窗口中，由下至上分别为绘制的第一、二、三条曲线，根据系统的默认设置分别为蓝色、绿色和红色。

例 5.2 说明了 plot 函数的基本用法，同时也说明了 plot 函数的系统默认设置。不过例子中使用的数据是两个向量，分别作为 X 轴的数据和 Y 轴的数据。而对于矩阵数据，MATLAB

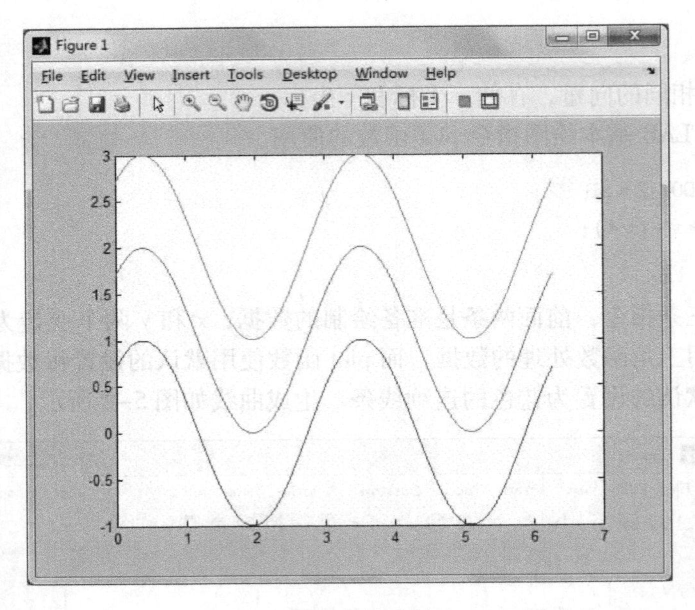

图 5-3　通过多个输入参数绘制的 plot 函数曲线

是如何处理的呢?

利用 plot 函数可以直接将矩阵的数据绘制在图形窗体中，此时 plot 函数将矩阵的每一列数据作为一条曲线绘制在窗体中。

例 5.4　利用 plot 函数绘制矩阵数据。

```
A = pascal(5)
plot(A)
```

绘制图形结果如 5-4 所示。

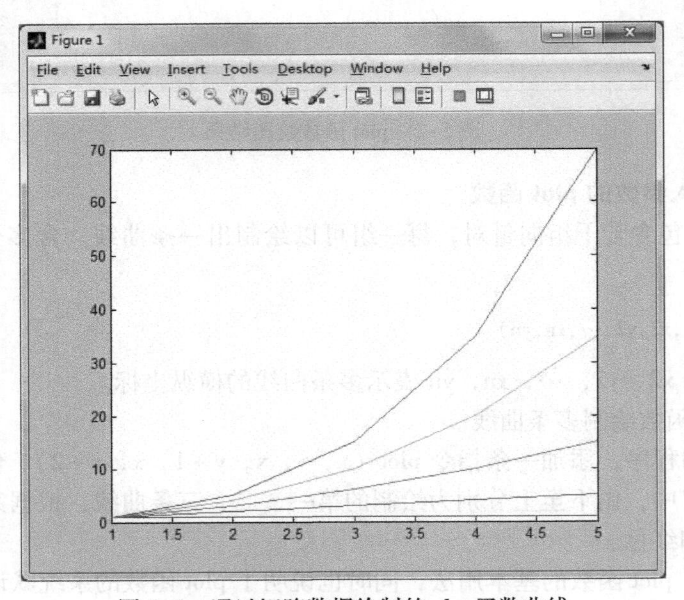

图 5-4　通过矩阵数据绘制的 plot 函数曲线

3. plotyy 函数

在实际中，如果两组数组的数据范围相差较大，而又希望放在同一图形中进行比较分析，则可以使用 plotyy 函数绘制双 y 轴图形，函数调用格式为：

```
plotyy(X1,Y1,X2,Y2)
```

在同一窗口绘制两条曲线(X1,Y1)和(X2,Y2)，曲线(X1,Y1)用左边的 y 轴，曲线(X2,Y2)用右边的 y 轴。

例 5.5 利用 plotyy 函数绘制图形。

```
x=0:.01:20;
y1=100*exp(-0.04*x).*sin(x);
y2=0.8*exp(-0.5*x).*sin(10*x);
plotyy(x,y1,x,y2)
```

绘制图形结果如 5-5 所示。

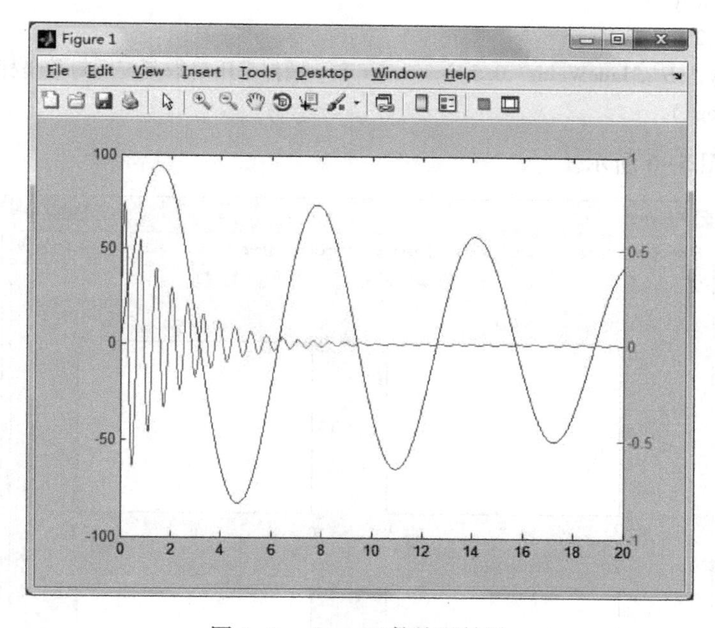

图 5-5 plotyy 函数绘图结果

4. 对数坐标系绘图

MATLAB 中绘图除了用标准的直角坐标系之外，还可以采用对数坐标系。表 5-1 列出了 MATLAB 中对数/半对数坐标系绘图函数。

表 5-1 对数/半对数坐标系绘图函数

函数	说明
semilogx	X 轴采用对数刻度的半对数坐标系函数
semilogy	Y 轴采用对数刻度的半对数坐标系函数
loglog	X 和 Y 轴都采用对数刻度的对数坐标系函数

三个函数的用法和 plot 函数相同，不同的是图形中的坐标轴。

例 5.6 分别用 semilogx、semilogy 和 loglog 绘制 $y=e^{-x}$ 的图形。

```
t=0:0.01*pi:2*pi;                      %定义坐标轴 t 的范围及刻度
x=0:0.01:10;                           %定义 x 坐标轴范围及刻度
y=exp(-x);                             %定义 y 与 x 之间的函数关系
subplot(2,2,1)                         %设置子图
plot(x,y,'r')                          %绘制图形
title('plot')                          %为当前图形添加标题
subplot(2,2,2)
semilogx(x,y,'--k')                    %x 轴采用对数刻度的半对数坐标系图形
title('semilogx')
subplot(2,2,3)
semilogy(x,y,'-.g','LineWidth',2)      %y 轴采用对数刻度的半对数坐标系图形
title('semilogy')
subplot(2,2,4)
loglog(x,y,':b','LineWidth',0.5)       %x 和 y 轴都采用对数刻度的对数坐标系图形
title('loglog')
```

输出结果如图 5-6 所示。

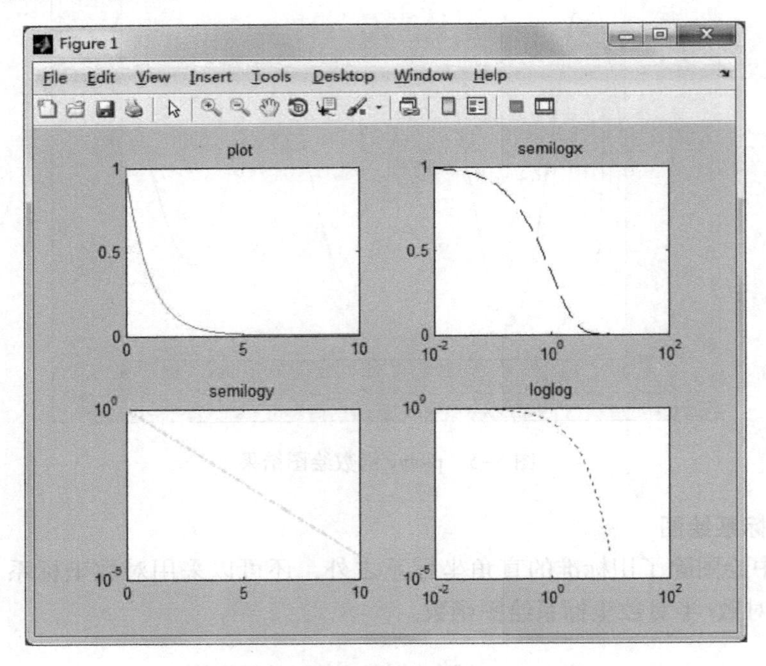

图 5-6　对数/半对数坐标系绘图

5. 极坐标系绘图

MATLAB 提供了极坐标绘图函数 polar，常用格式为：

```
polar(thera,rho,LineSpec)
```

其中 thera 表示各个数据点的角度向量，rho 表示各个数据点的幅值向量，这两个参数的长度必须一致；LineSpec 是一个选项参数，与 plot 选项参数含义相同。极坐标绘图与 plot 函数类似，但极坐标绘图不接受多参数输入。

例 5.7 利用函数 polar 在极坐标下绘制曲线 $r=2\sin(2(t-\pi/8))\times 2\cos(2(t-\pi/8))$ 的图形。

```
t=0:0.01*pi:2*pi;                              %定义坐标轴范围和刻度
r=2*sin(2*(t-pi/8)).*cos(2*(t-pi/8));          %定义 r 和 t 的函数关系
polar(t,r)                                     %绘制极坐标下的图形
```

输出结果如图 5-7 所示。

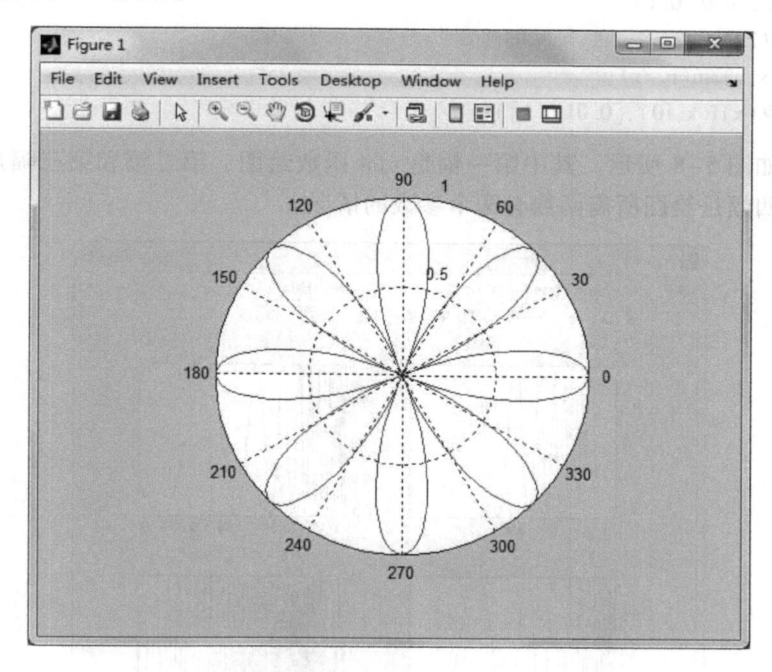

图 5-7 极坐标绘图

5.2.2 函数绘图

在 MATLAB 中，如果只知道某个函数的表达式，也可以绘制该函数的图形。下面介绍三种常用的函数绘图命令。

1. fplot 函数

前面的绘图函数中，自变量的坐标都是均匀增加的。函数 fplot 可以根据函数的表达式自动调整自变量的范围，无须给函数赋值，就能直接生成能反映函数变量规律的图形。在函数变化快的区域，采用小间距，否则采用大间距，使绘制图形效率提高，而且可以精确反映图形变化。fplot 函数一般在对横坐标取值间隔没有明确要求，仅在查看函数的大致变化规律的情况下使用。常用格式为：

```
fplot(FUN,LIMS)
fplot(FUN,LIMS,'LineSpec')
```

其中 FUN 为函数名，LIMS 为指定的范围，'LineSpec'为指定线型。

例 5.8 利用 fplot 函数绘图。

```
subplot(221)
x = 0.01:0.001:0.1;
plot(x,sin(1./x));
subplot(222)
fplot('sin(1/x)',[0.1 0.01]);
subplot(223)
sn = @(x)sin(1./x);
fplot(sn,[0.01 0.1]);
subplot(224)
f = @(x,n)sin(n./x);
fplot(@(x)f(x,10),[0.01 0.1]);
```

输出结果如图 5-8 所示。其中第一幅是 plot 函数绘图，第二幅和第三幅是 fplot 函数的不同形式，第四幅是绘图所需函数有两个参数的情况。

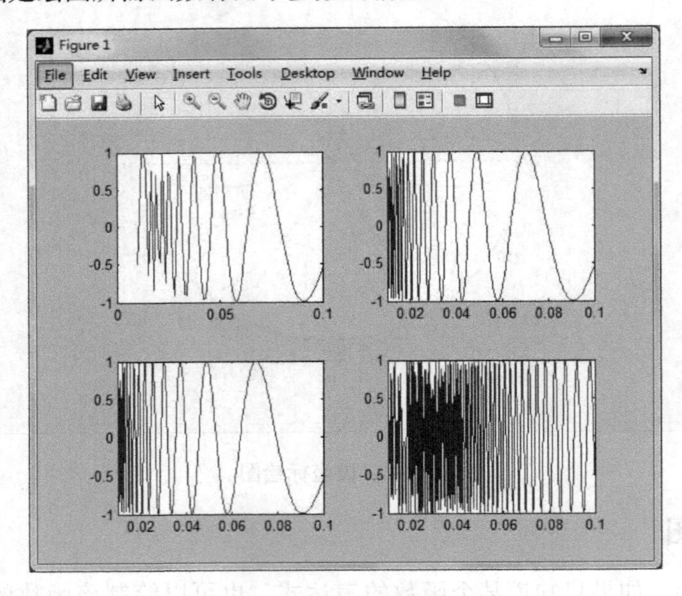

图 5-8 fplot 函数绘图

2. ezplot 函数

ezplot 函数和 fplot 函数的功能基本类似，不同的是函数表达式显示在图形上方，同时对坐标轴可以不加任何限制作图，常用格式为：

```
ezplot(FUN)
ezplot(FUN2)
ezplot(FUNX,FUNY,[TMIN,TMAX])
ezplot(FUN2,[XMIN,XMAX,YMIN,YMAX])
```

其中 FUN 为绘制函数；FUN2 为隐函数，且 FUN2(X,Y) = 0；第三种格式在区间

[TMIN,TMAX]绘制 x = FUNX，y = FUNY 的图形；第四种格式绘制 FUN2 在 x 区间[XMIN, XMAX],y 区间[YMIN,YMAX]上的图形。

例 5.9 利用 ezplot 函数绘图。

```
subplot(221)
ezplot('x^2 -2 * x +1 ')
subplot(222)
ezplot('x. * y + x. ^2 - y. ^2 - 1 ')
subplot(223)
ezplot('cos(5 * t)','sin(3 * t)',[0,2 * pi])
subplot(224)
ezplot('5 * x^2 +25 * y^2 =6 ',[ -1.5,1.5, -1,1])
```

输出结果如图 5-9 所示，四幅图分别对应函数四种格式。

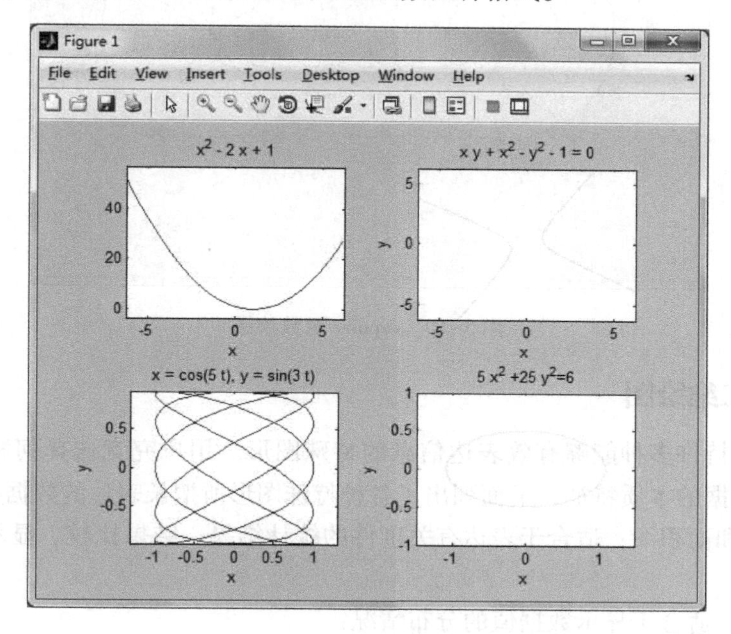

图 5-9 ezplot 函数绘图

3. ezpolar 函数

ezpolar 函数绘制函数的极坐标图，常用格式为：

```
ezpolar(FUN)
ezpolar(FUN,[A,B])
```

函数表示绘制 rho = FUN(theta)的极坐标图形，theta 为极角，rho 为极径，[A,B]为 theta 指定区间，默认区间为[0,2 * pi]。

例 5.10 利用 ezpolar 函数绘图。

```
figure
subplot(121)
```

```
ezpolar('sin(2 * t) * cos(3 * t)')
subplot(122)
ezpolar('sin(2 * t) * cos(3 * t)',[0 pi/2])
```

输出结果如图 5-10 所示，前者绘制在默认区间，后者设定极角范围。

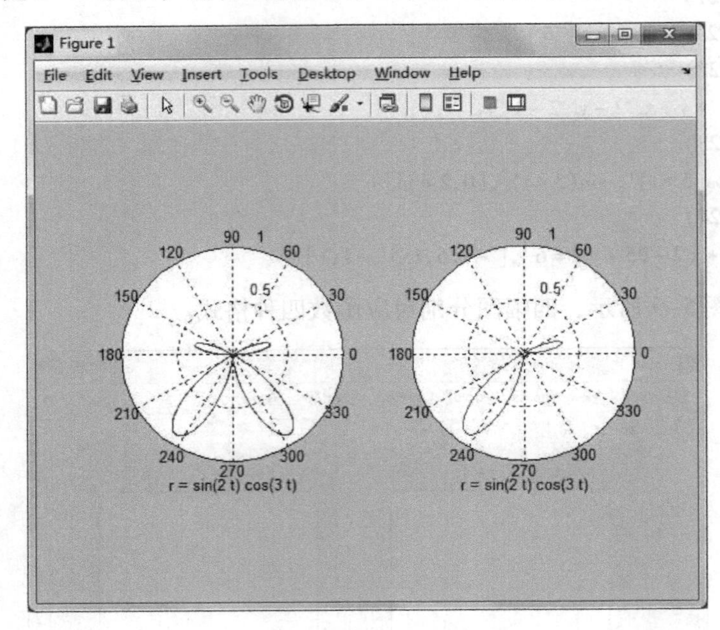

图 5-10　ezpolar 函数绘图

5.2.3　特殊二维绘图

MATLAB 支持许多种能够有效表达信息的特殊图形。用户究竟选择何种图形很大程度上依赖于用户数据的本质特征，下面列出了各种特殊图形所擅长表达的数据类型：

1）柱状图和面积图：适合于表达有关事件的统计结果、结果比较、显示总体中的个体分布情况；

2）直方图：适合于显示数据值的分布情况；

3）饼图：适合于显示总体中的个体分布情况；

4）离散数据图：适合于表示离散数据；

5）等值线图：适用于显示数据中的等值区域。

下面分别就各种图形进行介绍。

1. 柱状图和面积图

柱状图和面积图用来显示向量或矩阵数据。这两种图形在进行诸如观察某段时间的结果、比较两个不同数据集的结果以及表明个体在总体中是如何分布的情况下是非常有用的。柱状图比较适合显示离散数据，面积图则适合显示连续数据。绘制柱状图和面积图的函数如下：

bar：绘制二维垂直柱状图，将 m 行 n 列的矩阵绘制成 m 组，每组 n 个垂直条（bar），常用格式为 bar(data,'mode ')。其中 mode 用于设置绘图模式，默认情况为 grouped，函数把

data 的每一行看作一组，画在一个水平坐标位置；若设为 stacked，则把每一组的数据累叠起来绘图。

barh：绘制二维水平柱状图，将 m 行 n 列的矩阵绘制成 m 组，每组 n 个水平条（bar），用法与 bar 相同。

area：绘制面积图，将向量数据的相邻点用线条连接起来，围成的区域绘制成面积图，用默认颜色填充。

例 5.11 绘制柱状图和面积图。

```
data=[10 2 3 5;5 8 10 3;9 7 6 1;3 5 7 2;4 7 5 3];
subplot(2,2,[1 2]);bar(data);
title('垂直柱状图');
subplot(2,2,3);barh(data);
title('水平柱状图');
subplot(2,2,4);area(data);
title('面积图');
```

输出结果如图 5-11 所示。

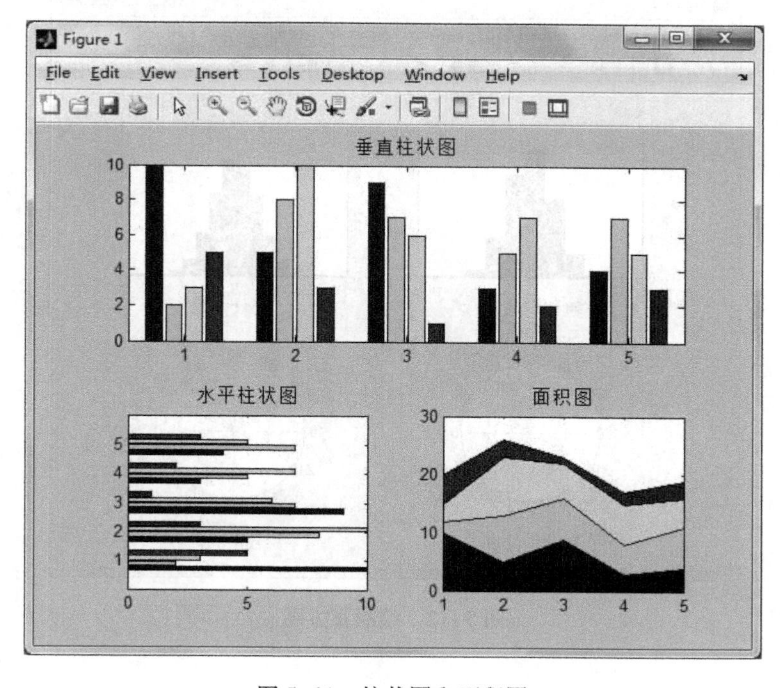

图 5-11 柱状图和面积图

2. 直方图

直方图用来显示数据的分布情况，比如显示一组数据的概率分布情况。直方图既可以绘制在普通的直角坐标下，使用函数为 hist，也可以绘制在极坐标下，使用函数为 rose。这两个函数分别计算输入向量中数据落入某一范围的数量，而绘制的柱状高度或者长度则表示落入该范围的数据个数。

函数 hist 的常用格式为：

```
hist(y,n)
```

将向量 y 的最大值和最小值的差平均分为 *n* 等份，默认为 10。

函数 rose 的常用格式为：

```
rose(thera,n)
```

将向量 thera 的最大值和最小值的差平均分为 *n* 等份，默认为 20。

例 5.12 绘制直方图

```
A = randn(100000,1);
subplot(2,2,1);hist(A);xlabel('默认均分值')
subplot(2,2,2);hist(A,15);xlabel('均分 15 份')
subplot(2,2,3);rose(A);xlabel('默认均分值')
subplot(2,2,4);rose(A,15);xlabel('均分 15 份')
```

输出结果如图 5-12 所示。

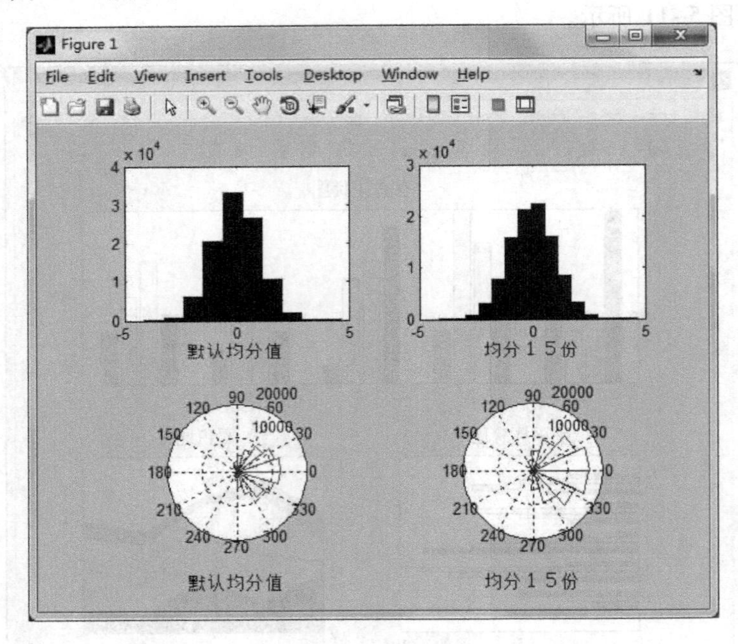

图 5-12　绘制直方图

3. 饼图

饼图用来显示向量或者矩阵元素占所有元素和的百分比。MATLAB 提供了绘制二维饼图的函数 pie，常用格式为：

```
pie(Y)
```

若 Y 为向量值，则该命令绘制出每一元素占全部向量元素总和的百分比饼图，若 Y 为矩阵值，则命令绘制出每一元素占全部矩阵元素总和值的百分比饼图。

例 5.13 绘制饼图。

```
A = sum(rand(5,5));
subplot(1,2,1);pie(A);
title('完整饼图');
B = [0.18 0.22 0.35];
subplot(1,2,2),pie(B);
title('缺角饼图');
```

输出结果如图 5-13 所示。

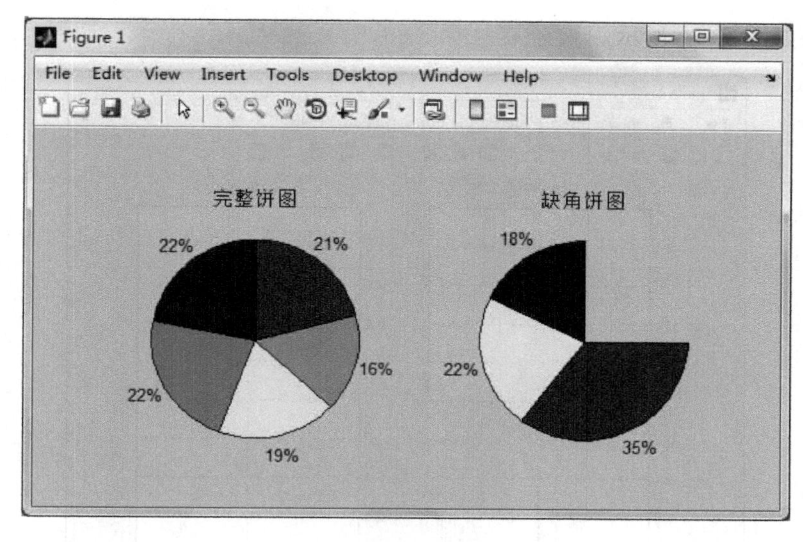

图 5-13 绘制饼图

4. 离散数据图

在数字信号处理领域经常处理一些离散数据，而 MATLAB 提供了相应的函数进行离散数据的绘制，例如常用的火柴杆图、阶梯图等。前面介绍的柱状图也是绘制离散数据的一种选择。绘制火柴杆图可使用 stem 函数，而阶梯图需要使用 stairs 函数。常用格式为：

```
stem(Y)
stem(X,Y)
stem(...,'fill')
stem(...,LineSpec)
stairs(Y)
stairs(X,Y)
stairs(...,STYLE)
```

其中 Y 是绘制点纵坐标，X 是绘制点横坐标，'fill'代表填充点颜色，LineSpec 设置火柴杆图的属性，STYLE 设置阶梯图曲线线型。

例 5.14 绘制离散数据图。

```
alpha = .01;beta = .5;t = 0:0.2:10;
```

```
y = exp( - alpha * t). * sin(beta * t);
subplot(121)
stem(t,y,'r');
grid on;
title('火柴杆图')
subplot(122)
stairs(t,y,'r');
grid on;
title('阶梯图')
```

输出结果如图 5-14 所示。

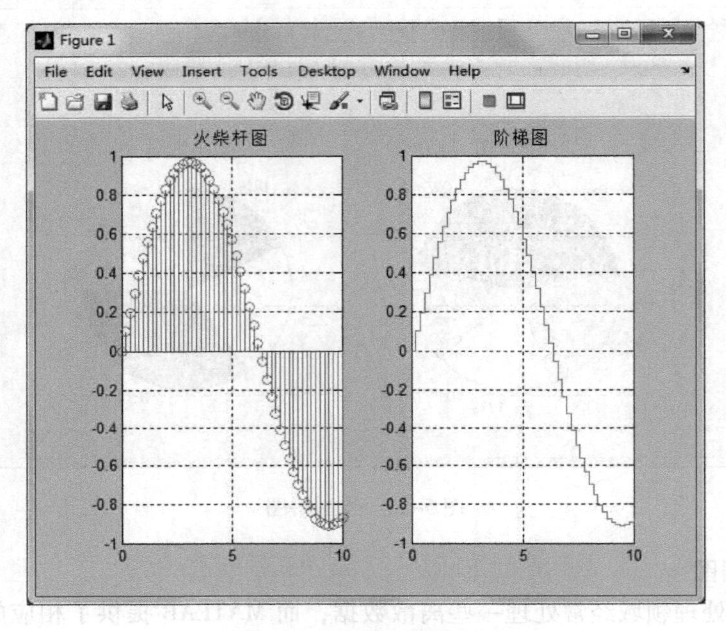

图 5-14 绘制离散数据图

5. 等值线图

等值线图将创建、显示并标注由一个或多个矩阵决定的等值线。MATLAB 提供了函数 contour 绘制等值线，常用格式为：

```
contour(z)
contour(z,n)
contour(z,v)
```

其中 z 是一个由平面位置数据决定的二维函数值，等值线是一个平面的曲线，n 为等值线条数，向量 v 为等值线数值。

```
[c,h] = contour(…)
```

返回等值线矩阵 c 和线句柄或块句柄列向量 h，这些可作为 clabel 命令的输入参量，每条线对应一个句柄。

函数 clabel 在二维等值线图中添加数值标签，一般与 contour 同时使用，常用格式为：

```
clabel(c,h)
```

把标签旋转到恰当的角度，再插入到等值线中。只有等值线之间有足够的空间时才加入，当然这决定于等值线的尺度。

函数 contourf 的作用是绘制填充的等值线图，用法与 contour 相同。

例 5.15 绘制等值线图。

```
z = peaks;                      % 绘制 peaks 图形
subplot(2,2,1)
contour(z)                      % 绘制 peaks 图形等值线图
subplot(2,2,2)
[c,h] = contour(z,[3.8 1.5]);
clabel(c,h)                     % 标注等值线图中的函数值
subplot(2,2,3)
[c,h] = contour(z,4);
clabel(c,h)                     % 标注等值线图中的函数值
subplot(2,2,4)
contourf(z,4)                   % 生成填充等值线图
```

输出结果如图 5-15 所示。

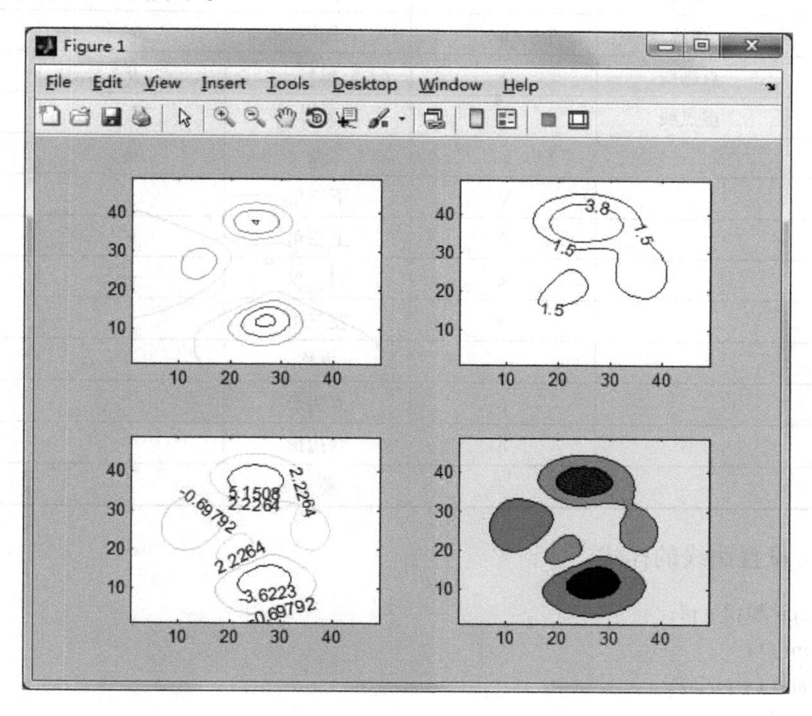

图 5-15 绘制等值线图

5.3 二维绘图显示设置

5.2 节中阐述了如何绘制图形，为了使用户更快地理解图形，提高图形的可视性，需要进一步对图形进行一些设置。

5.3.1 曲线格式设置

MATLAB 使用绘图命令绘制图形比较简单，但缺省产生的图形有些简单，无法突出细节和产生特殊效果。为了能够在绘图函数中控制曲线样式，MATLAB 预先设置了不同的曲线样式属性值，用户可以对曲线的属性加以控制。常用格式为：

```
plot(x,y,'s')
```

其中 s 为色彩、线型和数据点的控制字符，见表 5-2。

当指定了数据点标记符，不指定线型时，则表示只标记数据点，而不进行连线绘图。MATLAB 默认用颜色区分多组曲线，但在只能黑白打印或显示的情况下，个性化的设置曲线线型就成了唯一的区分方法。

表 5-2 绘图函数控制字符

线 型	意 义	数据点标记	意 义	颜 色	意 义
-	实线	+	加号	r	红色
--	虚线	o	圆圈	g	绿色
-.	点画线	*	星号	b	蓝色
:	虚点线	x	叉号	c	蓝绿色
		.	点	m	洋红色
		V	下三角	y	黄色
		Λ	上三角	k	黑色
		<	右三角	w	白色
		>	左三角		
		s	方格		
		p	五边形		
		h	六边形		
		d	菱形		

例 5.16 设置曲线的样式。

```
t=0:pi/20:2*pi;
y=sin(t);
y2=sin(t-pi/2);
y3=sin(t-pi);
plot(t,y,'-.rv',t,y2,'--ks',t,y3,':mp')
```

在同一个图形窗中绘制三条不同的曲线，分别使用了不同的时标、色彩和线型，输出结果如图 5-16 所示。

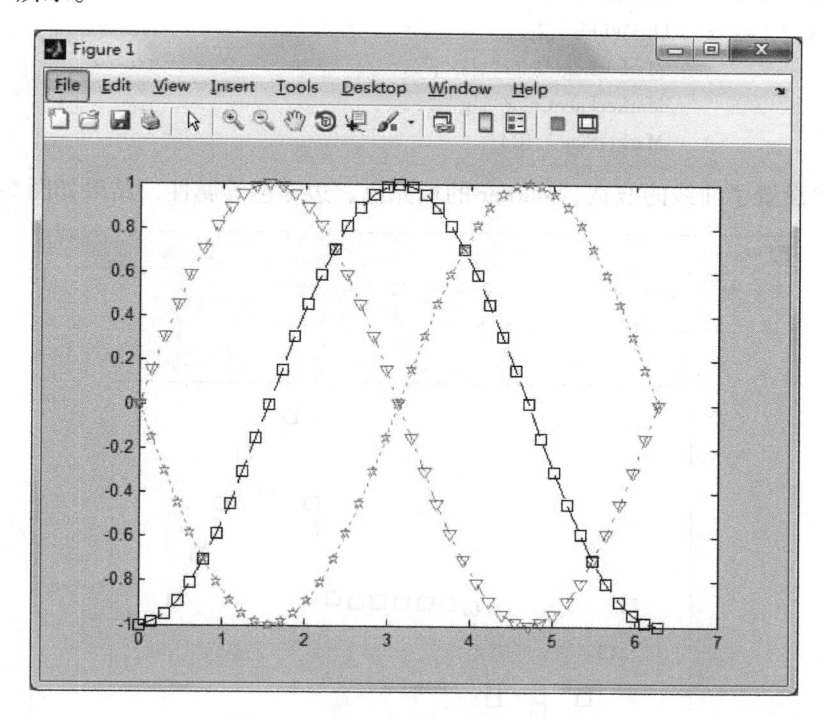

图 5-16　使用不同样式绘制的曲线

除了上述的设置，MATLAB 还允许对使用 plot 函数绘制的曲线进行更细致的控制，需要通过设置曲线的属性来完成。常用格式为：

```
plot(x,y,'s','PropertyName',PropertyValue,…)
```

其中运用属性名（PropertyName）和属性值（PropertyValue）对曲线属性进行设置，使所绘曲线更具个性化，属性名/属性值的设置方法比's'字符串方式设置方法更细腻，应用范围更广，常用的属性见表 5-3。

表 5-3　曲线常见属性

含　义	属 性 名	属 性 值
色彩	Color	[R,G,B]，每个元素在[0,1] 取任意值
线型	LineStyle	参见表 5-2
线宽	LineWidth	正实数，默认为 0.5
点形	Marker	参见表 3 - 1
点的大小	MarkerSize	正实数。默认为 6
点的边界色彩	MarkerEdgeColor	[R,G,B]，每个元素在[0,1] 取任意值
点的填充色彩	MarkerFaceColor	[R,G,B]，每个元素在[0,1] 取任意值

例 5.17　设置曲线的细节属性。

```
x = -pi:pi/10:pi;
```

```
y = tan(sin(x)) - sin(tan(x));
plot(x,y,'--rs','LineWidth',2,...
                 'MarkerEdgeColor','k',...
                 'MarkerFaceColor','g',...
                 'MarkerSize',10)
```

以上代码设置了曲线的线宽、Marker 的填充色、边缘色等属性，结果如图 5-17 所示。

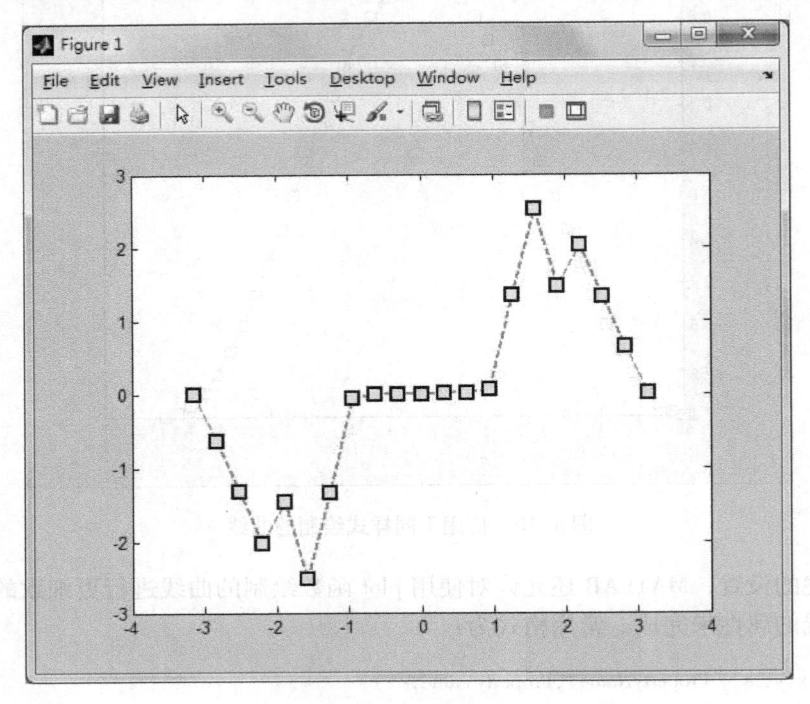

图 5-17　设置图形的细节属性

5.3.2　图形区域控制

所谓绘图区域是指图形窗体中的轴（Axes），所有图形对象都是绘制在轴的上面，所以控制绘图的区域也就是控制轴的显示区域。利用图形窗口绘制图形时，MATLAB 中使用一些函数对坐标轴的显示进行控制。

1. 坐标轴调整

MATLAB 自动根据绘制数据调整轴的显示范围，能够保证将数据以适当比例显示在轴上。用户在需要的情况下同样可以修改轴显示的范围，而且还可以修改轴的标注，修改这些特性时需要使用 axis 函数，常用格式为：

```
axis([XMIN XMAX YMIN YMAX])%修改二维图坐标轴显示范围,输入值为坐标轴极值
axis([XMIN XMAX YMIN YMAX ZMIN ZMAX])%修改三维图坐标轴显示范围
axis([XMIN XMAX YMIN YMAX ZMIN ZMAX CMIN CMAX])%与上式相比增加了颜色值限定
V = axis              %返回当前坐标范围参数
axis AUTO             %坐标返回到默认状态
```

```
axis MANUAL        % 固定当前坐标设置
axis TIGHT         % 使坐标范围适应数据范围
axis FILL          % 将坐标轴取值范围设置为绘图数据在相应方向上的极值
axis IJ            % 使用矩阵坐标系，原点在左上角、横坐标正方向向右，纵坐标正方向向下
axis XY            % 使用笛卡儿坐标系
axis EQUAL         % 使坐标轴在每个方向的数据单位都相同
axis IMAGE         % 效果与命令 axis EQUAL 相同，只是图形区域包围图像数据
axis NORMAL        % 设置当前图形为正方形
axis ON 或 axis OFF  % 显示或关闭坐标轴上的标记、单位和格栅
```

例 5.18　axis 函数使用示例。

```
x = 0:pi/100:pi/2;
y = tan(x);
plot(x,y,'ko')
grid on
```

代码输出结果如图 5-18 所示。由于 MATLAB 是根据 x 和 y 的数据范围自动调节图形显示比例，所以图 5-18 显示的结果并不是那么直观，绘制的数据几乎排成了一条直线，不满足使用要求，所以需要修改显示范围。

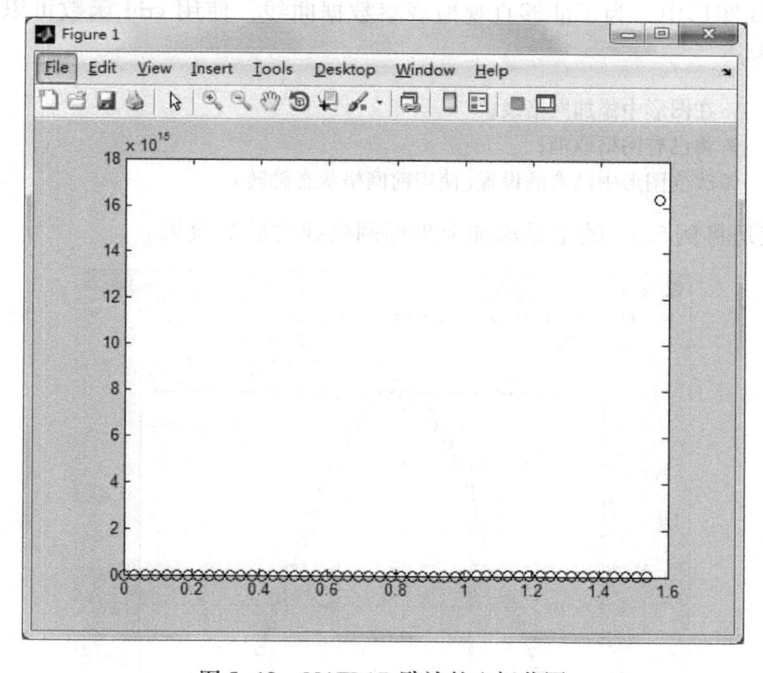

图 5-18　MATLAB 默认的坐标范围

在命令窗口再添加一行语句：

```
axis([0,pi/2,0,5])
```

该命令将坐标轴的范围缩小，这时，前面数据的细节就可以很容易地查看出来了，如图 5-19 所示。

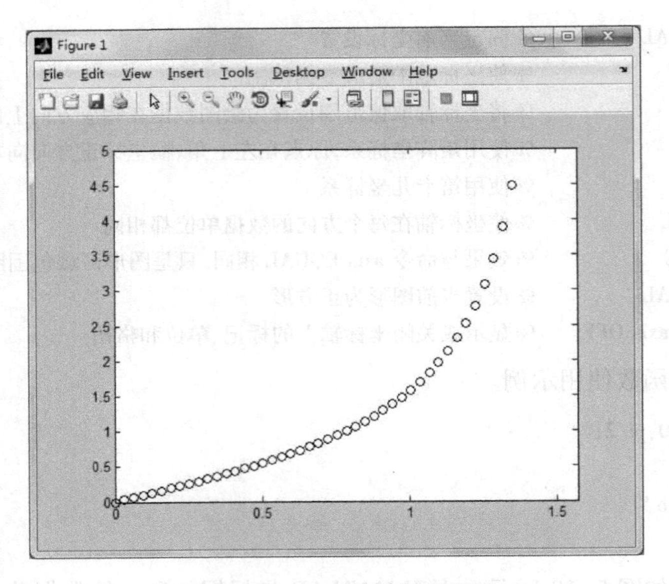

图 5-19　axis 函数设置的范围

2. 网格线设置

在 MATLAB 图形中，为了能够直观地观察数据曲线，使用 grid 函数可以添加和删除网格。常用格式为：

```
grid on    %在图形中添加网格线；
grid off   %将已有网格取消；
grid       %改变图形中已有的设置(使当前网格状态翻转)。
```

图 5-20 就是将例 5.16 的结果添加上坐标网格线之后的效果。

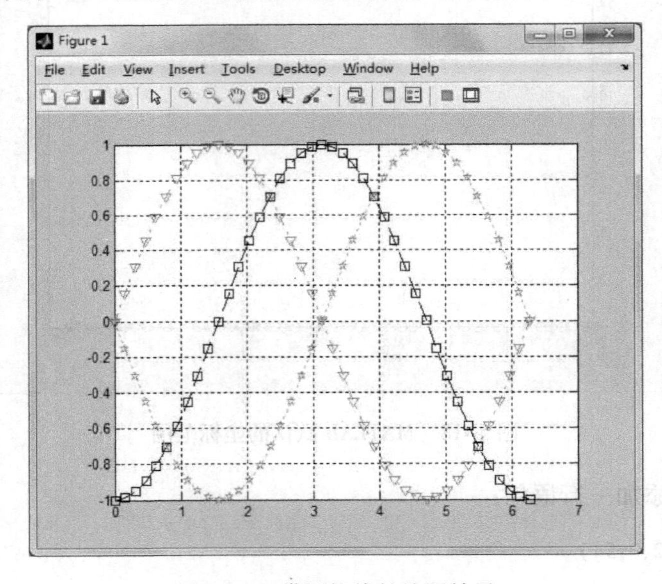

图 5-20　带网格线的绘图结果

3. 图形叠加

在绘图过程中，有时需要在一张图纸上绘制多幅图形，以便观看图形之间的关系。MATLAB 提供了函数 hold 可以使图像不被覆盖。常用格式为：

```
hold on   % 把当前图形保持在图形窗口不变,同时允许在坐标轴内绘制另一条曲线;
hold off  % 使新图覆盖旧图(MATLAB 默认状态);
hold      % 改变图形中已有的设置(相当于交替使用 hold on 和 hold off)。
```

例 5.19　绘制曲线 $y1=0.2e^{-0.5x}\cos(4\pi x)$ 和 $y2=2e^{-0.5x}\cos(\pi x)$.

```
x = 0:pi/100:2 * pi;
y1 = 0.2 * exp( -0.5 * x). * cos(4 * pi * x);
plot(x,y1);hold on
y2 = 2 * exp( -0.5 * x). * cos(pi * x);
plot(x,y2 ,'r');hold off
```

输出结果如图 5-21 所示。绘制第二条曲线时，第一条曲线没有被清除。

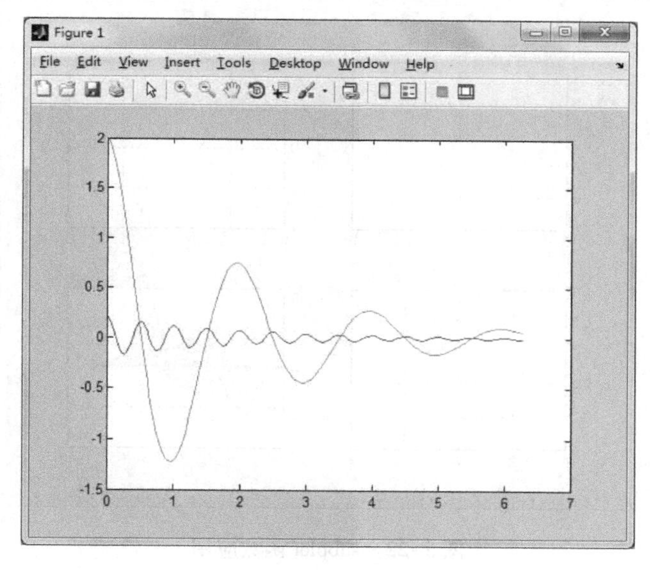

图 5-21　图形叠加

4. 子图绘制

图形窗体中不仅可以包含一个轴，还可以划分为多个显示区域，用户可以根据需要把数据绘制在指定区域中，这种特性就是利用子图功能来完成的。使用 subplot 函数选择绘制区域即可。subplot 函数把图形窗体分割成指定行数和列数的区域，在每个区域内都可以包含一个绘图轴，利用该函数可以选择不同的绘图区，然后所有的绘图操作都将结果输出到指定的绘图区中。常用格式为：

```
subplot(m,n,p)
```

其中，m 和 n 为将图形窗体分割成的行数和列数，p 为选定的窗体区域的序号，以行元素优先顺序排列。

例如，在命令行窗口中键入指令：

```
subplot(2,3,4)
```

将图形窗体分割成为二行三列，并且将第四个区域设置为当前的绘图区域。

例 5.20 子图函数 subplot 使用实例。

```
x = 0:.1:2 * pi;
figure(1);clf; %创建新的图形窗体
subplot(2,2,1);plot(1:10);grid on;
subplot(2,2,2);plot(x,sin(x));grid on;
subplot(2,2,3);plot(x,exp(-x),'r');grid on;
subplot(2,2,4);plot(peaks);grid on;
```

分隔窗体为 2 行 2 列，分别在不同的区域绘图，如图 5-22 所示。

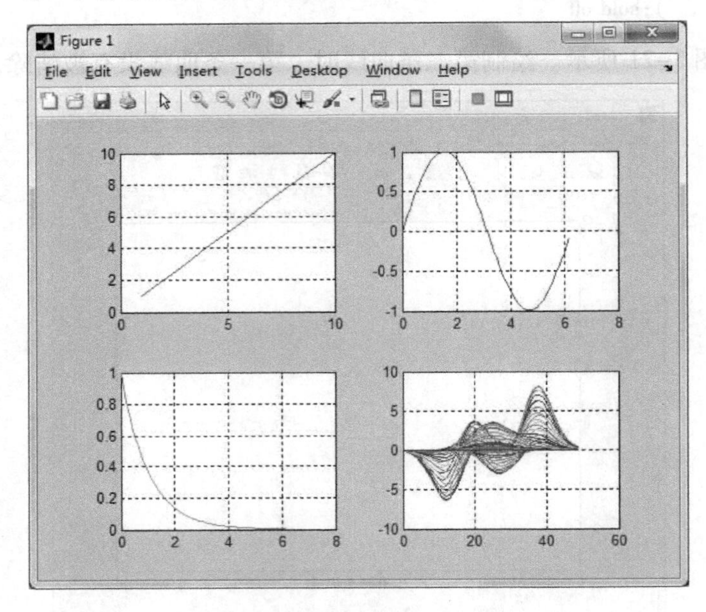

图 5-22 subplot 函数应用

5.3.3 图形标注信息

图形标注信息包括图形标题、文本注释、轴标签和图例等，专门对图形进行修饰，使其更加美观和人性化，便于使用者理解图形。图形增加标注信息可以在程序中添加，也可以在图形窗口 Insert 菜单中添加。下面是常用的几种标注信息。

1. 标题 title

使用 title 函数添加图形的标题，常用格式为：

```
title('string')
```

其中字符串 string 为图形标题，标题自动设置在轴的正中顶部。

例 5.21 在 $0 \leqslant x \leqslant 2\pi$ 区间内，绘制曲线 y1 = 2e - 0.5x 和 y2 = cos(4πx)。

```
x = 0:pi/100:2 * pi;
y1 = 2 * exp( -0.5 * x);
y2 = cos(4 * pi * x);
plot(x,y1,x,y2)
title('x from 0 to 2{\pi}'); % 加图形标题
```

输出结果如图 5-23 所示。

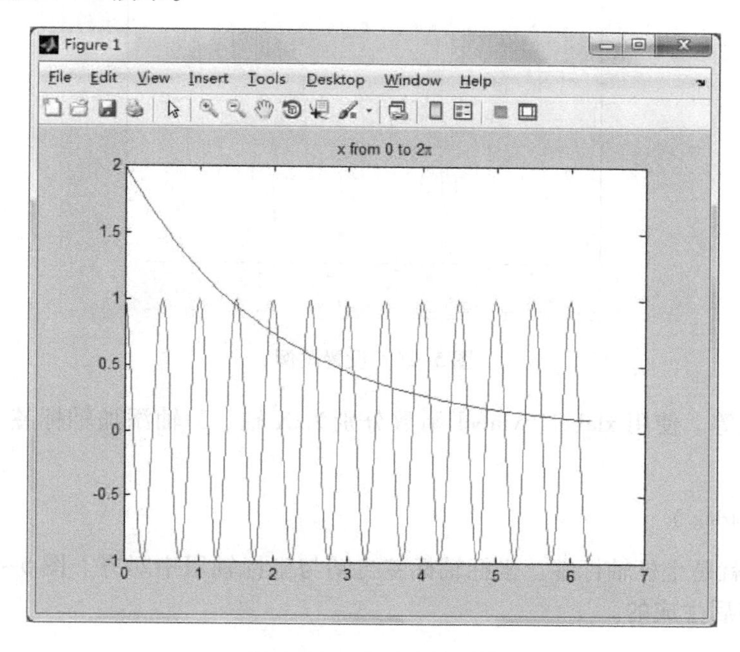

图 5-23　设置图形标题

2. 图例 legend

图例作为绘制数据曲线的说明，默认绘制在轴的右上角处，它包括了绘制曲线的色彩、样式和时标，同时为每一个曲线添加简要的说明文字。

MATLAB 使用函数 legend 添加图例，常用格式为：

```
legend('string1','string2'......)
```

其中 string1、string2 为图例的说明性文本，MATLAB 将自动地按照绘制次序选择相应文本作为图例。在例 5.21 的程序后加上一条语句：

```
legend('y1','y2')        % 加图例
```

输出结果如图 5-24 所示，通过图例可以了解绘制在图形窗体中的曲线的基本信息。图例所在的位置可以任意地挪动，可以用鼠标直接在图形窗体中移动图例的位置，也可以在创建图表的时候，直接利用 legend 函数设置图表的不同位置。另外，还可以使用图形句柄的方法设置图例的位置。

3. 坐标轴标签 label

坐标轴的标签可以用来说明与坐标轴有关的信息，坐标轴标签也可以包含坐标轴数据的

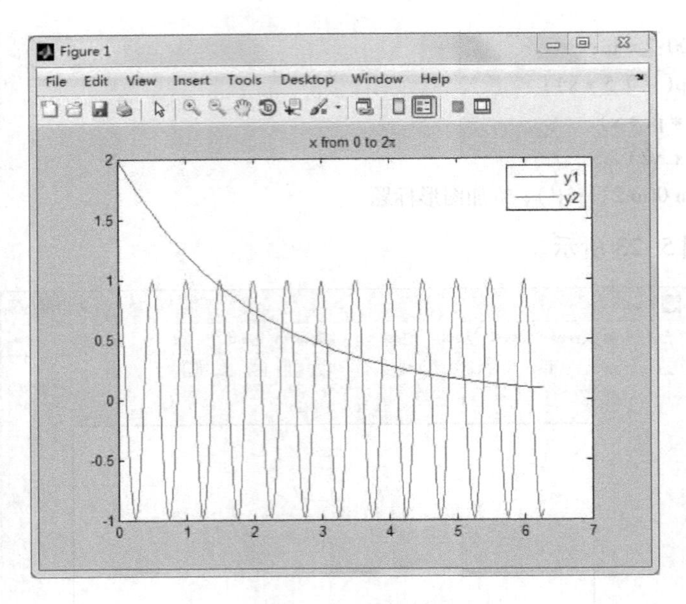

图 5-24　设置图例

单位、物理意义等。使用 xlabel、ylabel 函数分别为 X 轴、Y 轴添加轴标签。以 X 轴为例，常用格式为：

```
xlabel('string')
```

其中 string 就是坐标轴标签。坐标轴标签自动与坐标轴居中对齐。图 5-25 是在例 5.21 中添加以下语句后生成的。

```
xlabel('Variable X');                %加 X 轴说明
ylabel('Variable Y');                %加 Y 轴说明
```

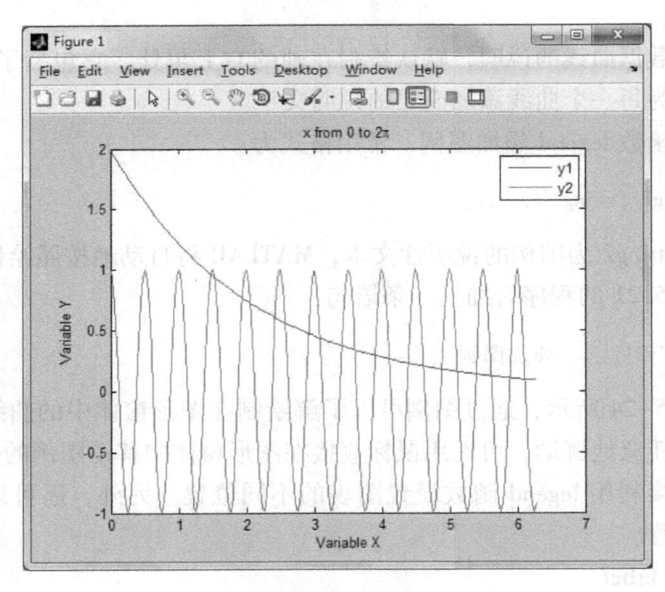

图 5-25　添加坐标轴标签

4. 文本注释 text

文本注释是由创建图形的用户添加的说明行文字，这些文字可用来说明数据曲线的细节特点。创建文本注释的时候可以将文本注释首先保存在元胞数组中，使用 text 函数完成向图形窗体添加文本注释的工作。常用格式为：

```
text(x,y,'string')
```

其中 x 和 y 是文本注释添加的坐标值，该坐标值使用当前轴系的单位设置，也就是文本起始点坐标。向图 5-25 的图形窗体中添加文本：

```
text(0.8,1.5,'曲线 y1 =2e^{ -0.5x}');        %在指定位置添加图形说明
text(2.5,1.1,'曲线 y2 = cos(4{\pi}x)');
```

通过调用 text 函数，把文本注释添加到了图形上，如图 5-26 所示。

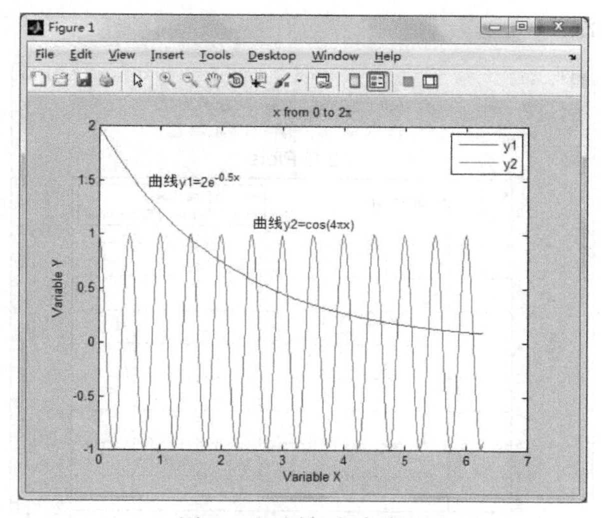

图 5-26　添加文本注释

在前面的例子中添加的各种标注信息使用了系统默认的字体、字号等属性设置，有时需要对图形标注信息的属性进行修改，MATLAB 使用 set 函数修改标注信息的属性，而前提是需要获取相应图形对象的句柄。

文本标注的字体属性可以在创建文本标注的时候进行设置，其中有关字体本身的属性包括：

1）FontName：字体名称，例如 Courier、隶书等。

2）FontSize：字体大小，整数值，默认为 10 points。

3）FontWeight：设置字体的加粗属性。

4）FontUnits：字体大小的度量单位，默认为 point。

set 函数的常用格式为：

```
set(handle,'PropertyName',PropertyValue,…)
```

其中 handle 是句柄值，PropertyName 为属性名，PropertyValue 为属性值。

例 5.22　修改文本信息设置。

```
x=0:.1:2*pi;y=sin(x);plot(x,y)
grid on;hold on
plot(x,exp(-x),'r:*');
%添加标注
title('2-D Plots','FontName','Arial','FontSize',16)        %修改字体和大小
xlabel('时间','FontName','隶书','FontSize',16)             %使用中文字体
h=ylabel('Sin(t)')%获得 ylabel 的句柄值
set(h,'FontWeight','Bold')                                  %设置加粗文本
text(pi/3,sin(pi/3),'<--Sin(\pi/3)','FontSize',12) %修改字号
legend('Sine Wave','Decaying Exponential')
hold off
```

输出结果如图 5-27 所示。除了使用 set 函数修改属性，还可以使用前面例 5.17 提到的属性名/属性值设置方法。

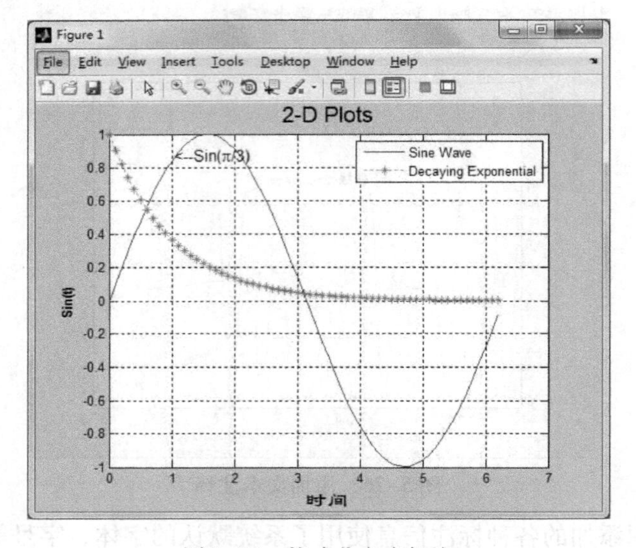

图 5-27　格式化文本标注

在绘图过程中，有时会使用到一些键盘无法输入的特殊字符，如字符 π，而显示字符 π 的方法就是利用了 LaTeX 字符集。利用这个字符集和 MATLAB 文本注释的定义，可以在图形文本标注中使用希腊字符、数学符号或者上标和下标字体等。所有文本标注中可以使用这些特殊文本，使用时一定要注意加“\”符号，否则会按照普通文本处理这些字符。还可用下面标识符组合完成更丰富的字体标注。

1）\bf：加粗字体。

2）\it：斜体字。

3）\sl：斜体字（很少使用）。

4）\rm：正常字体。

5）\fontname{fontname}：定义使用特殊的字体名称。

6）\fontsize{fontsize}：定义使用特殊的字体大小，单位为 FontUnits。

进行下标或上标文本的注释使用“_”和“^”字符。上标标注的常用格式为：

```
^{superstring}
```

其中 superstring 是上标内容，添加在大括号“{}”之中。

下标标注的常用格式为：

```
_{substring}
```

其中 substring 是下标内容，添加在大括号“{}”之中。

例 5.23 使用特殊文本标注。

```
alpha = -0.5;
beta = 3;
A = 50;
t = 0:.01:10;
y = A * exp(alpha * t).* sin(beta * t);
%绘制曲线
plot(t,y);
%添加特殊文本注释
title('\fontname{隶书}\fontsize{16}{隶书} \fontname{Impact}{Impact}')
xlabel('^{上标} and _{下标}')
ylabel('Some \bf 粗体\rm and some \it{斜体}')
txt = {'y = {\itAe}^{\alphax}sin(\beta\itt)',...
['\itA\rm',' =',num2str(A)],...
['\alpha =',num2str(alpha)],...
['\beta =',num2str(beta)]};
text(2,22,txt);
```

输出结果如图 5-28 所示。

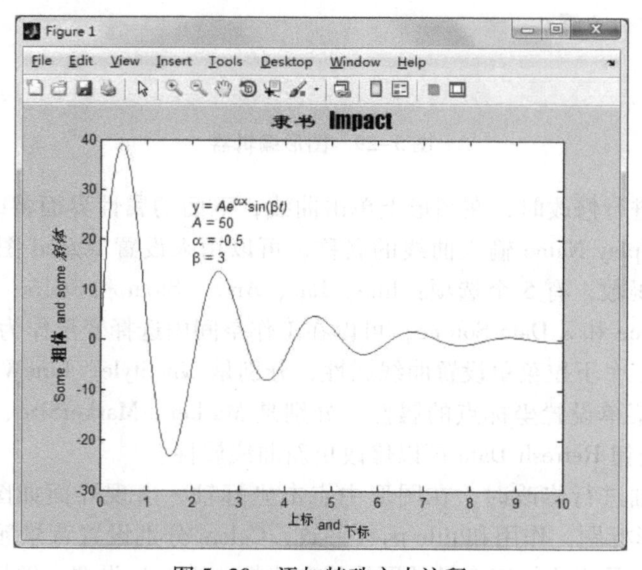

图 5-28 添加特殊文本注释

特殊文本注释可以放置在各种文本注释的内容中，在例 5.23 中分别在标题、坐标轴标签、文本注释内容中添加了特殊文本。注意，在需要添加多行文本注释的时候，需要将注释的内容保存在元胞数组中，元胞数组每一个元胞即为注释的一行。

5.3.4 图形编辑器

MATLAB 可以利用图形窗工具对图形对象进行编辑。在编辑模式下可向图形对象添加文本、箭头、直线等，还可利用编辑工具完成图形对象的编辑工作。

在图形窗口中执行"Edit"菜单下的 Figure Properties 命令，打开图形编辑器如图 5-29 所示。默认的界面是窗体设置，其中编辑框 Figure Name 设置图形窗体名称；取消勾选"Show Figure Name"选项，窗体名称不显示 Figure1，只显示"正弦曲线"；下拉菜单 Figure Color 设置曲线颜色；下拉菜单 Colormap 设置颜色映像值；单击 More Properties 按钮显示更详细的属性设置；单击 Export Setup 按钮显示图形输出设置。

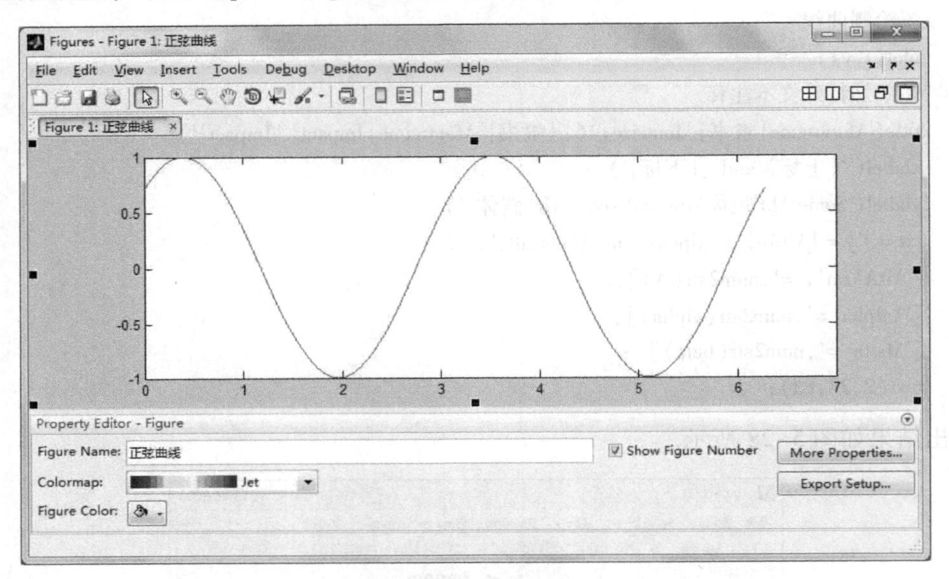

图 5-29 图形编辑器

当需要对曲线进行修改时，在图形上单击曲线，下面的属性界面将改变，如图 5-30 所示。其中编辑框 Display Name 输入曲线的名称，可以用来设置 legend 图例显示；下拉菜单 Plot Type 修改绘图函数，有 5 个选项：line、Bar、Area、Stem 和 Stairs；三个编辑框 X Data Source、Y Data Source 和 Z Data Source，可以在工作空间内选择变量作为 x 坐标、y 坐标和 z 坐标；Line 后面有三个下拉菜单设置曲线属性，分别是 LineStyle、LineWidth 和 Color；Marker 后面有四个下拉菜单设置坐标点的属性，分别是 Marker、MarkerSize、MarkerEdgeColor 和 MarkerFaceColor；按钮 Refresh Data 可以修改更新曲线属性。

当需要对坐标轴进行修改时，在图形中点击坐标轴，出现界面如图 5-31 所示。其中 Title编辑框设置图形标题，作用和 title 函数一致；Colors 分别设置背景颜色、坐标轴文本和线的颜色；Grid 设置是否添加三个轴的网格线和边框；X Axis 设置 x 轴标签、取值范围、选择直角坐标还是对数坐标，修改坐标显示数字；Y Axis 和 Z Axis 也分别设置 y 轴和 z 轴的属

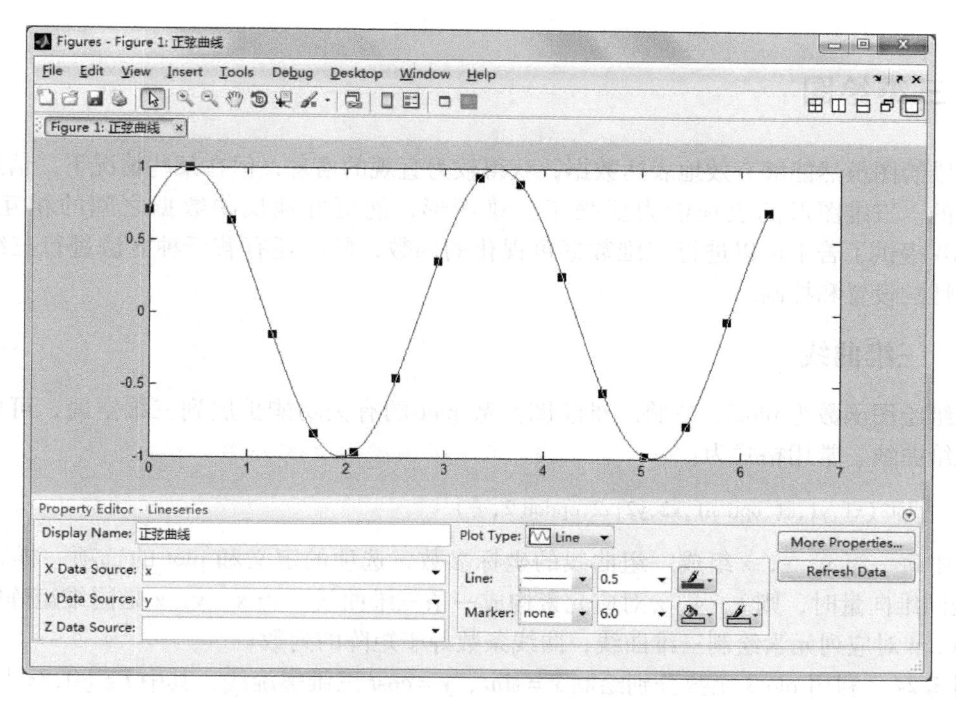

图 5-30　曲线设置

性；Font 设置文本字体和大小。

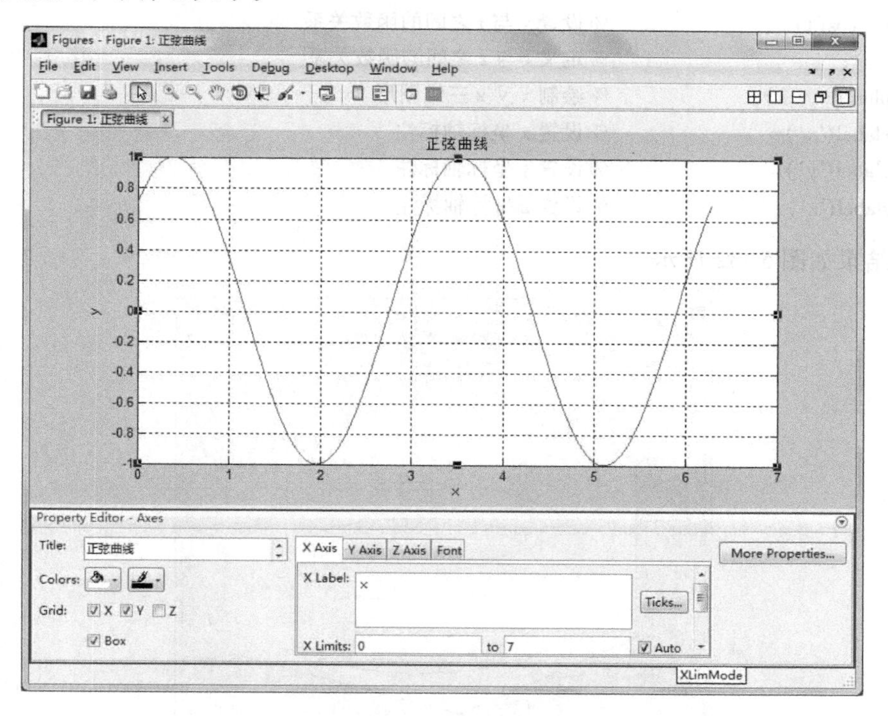

图 5-31　坐标轴设置

如果想插入图例、文本标注和其他注释，可以单击 Insert 菜单中的相关选项。

5.4 三维绘图

二维绘图虽然能够有效地表达数据，获得较为直观的信息，但在某些情况下，信息量还是不够的。三维图形的表现能力要强于二维图形，能更好地反映数据之间的相互规律。MATLAB 提供了若干可以进行三维数据可视化的函数，同时还有若干种方法进行三维图形对象属性的设置和控制。

5.4.1 三维曲线

三维绘图函数为 plot3，它将二维绘图函数 plot 的有关功能扩展到三维空间，可以用来绘制三维曲线。常用格式为：

```
plot3(x1,y1,z1,option1,x2,y2,z2,option 2,…)
```

其中每一组 x，y，z 组成一组曲线的坐标参数，选项的定义和 plot 的选项一样。当 x，y，z 是同维向量时，则 x，y，z 对应元素构成一条三维曲线。当 x，y，z 是同维矩阵时，则以 x，y，z 对应列元素绘制三维曲线，曲线条数等于矩阵的列数。

例 5.24 利用 plot3 函数分别绘制 $x=\sin t$、$y=\cos t$ 三维螺旋线，其中 $t\in[0,8\pi]$。

```
t=0:pi/50:8*pi;        %定义坐标轴 t 的范围及刻度
x=sin(t);              %设置 x 与 t 之间的函数关系
y=cos(t);              %设置 y 与 t 之间的函数关系
z=t;                   %定义 t 与 z 之间的函数关系
plot3(x,y,z)           %绘制 x、y、z 三维图形
xlabel('x')            %设置 x 坐标轴标注
ylabel('y')            %设置 y 坐标轴标注
zlabel('z')            %设置 z 坐标轴标注
```

输出结果如图 5-32 所示。

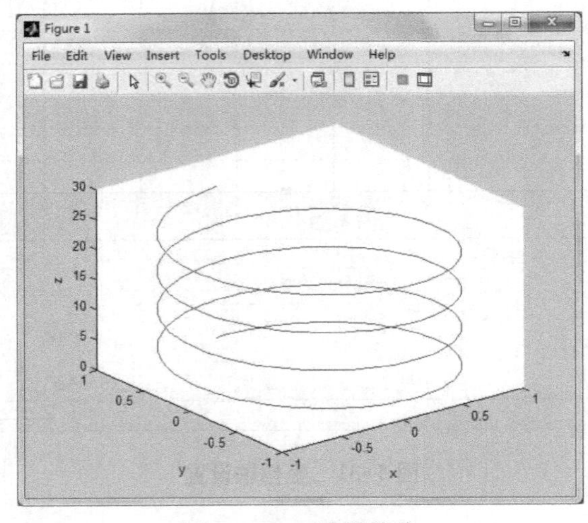

图 5-32 三维螺旋线

5.4.2 三维网格曲面

三维网格曲面是由一些四边形相互连接在一起所构成的一种曲面，这些四边形的4条边所围成的颜色与图形窗口的背景色相同，并且无色调的变化，呈现的是一种线架图的形式。

绘制三维网格曲面时，需要知道各个四边形顶点的(x,y,z)3个坐标值，然后再使用MATLAB所提供的网格曲面绘图函数mesh，meshc或meshz来绘制不同形式的网格曲面。

1. 三维网格点的生成

在绘制网格曲面之前，需要预知各个网格顶点的三维坐标值。绘制曲面的一般情况是，先知道四边形各个顶点的二维坐标(x,y)，然后再利用某个函数公式计算出四边形各个顶点的z坐标。MATLAB提供的meshgrid函数产生所使用的栅格数据点。常用格式为：

```
[X,Y] = meshgrid(x,y)
```

该命令的功能是由x向量和y向量值通过复制的方法产生绘制三维图形时所需的栅格数据X矩阵和Y矩阵。

在使用该命令的时候，需要说明以下两点：

1）向量x和y向量分别代表三维图形在X轴、Y轴方向上的取值数据点；

2）x和y分别是1个向量，而X和Y分别代表1个矩阵。

例5.25 meshgrid函数举例。

```
x = [1 2 3 4 5 6 7 8];
y = [3 5 7];
[X ,Y] = meshgrid(x,y)
```

输出结果如下：

```
X =
     1     2     3     4     5     6     7     8
     1     2     3     4     5     6     7     8
     1     2     3     4     5     6     7     8
Y =
     3     3     3     3     3     3     3     3
     5     5     5     5     5     5     5     5
     7     7     7     7     7     7     7     7
```

2. 网格曲面函数

MATLAB中可以通过mesh函数绘制三维网格曲面图，常用格式为：

```
mesh(X,Y,Z,C)
mesh(X,Y,Z)
mesh(x,y,Z,C)
mesh(x,y,Z)
mesh(Z,C)
mesh(Z)
```

在函数格式 mesh(X,Y,Z,C)和 mesh(X,Y,Z)中，参数 X，Y，Z 都为矩阵值，并且 X 矩阵的每一个行向量都是相同的，Y 矩阵的每一个列向量也都是相同的。参数 C 表示网格曲面的颜色分布情况，若省略该参数则表示网格曲面的颜色分布与 Z 方向上的高度值成正比。

在函数格式 mesh(x,y,Z,C)和 mesh(x,y,Z)中，参数 x 和 y 为长度 n×m 的向量值，而参数 Z 是维数为 m×n 的矩阵，命令相当于执行了下面两条命令：

```
[X,Y] = meshgrid(x,y)
mesh[X,Y,Z,C]
```

在函数格式 mesh[Z,C]和 mesh(Z)中，若参数 Z 是维数为 m×n 的矩阵，命令相当于执行了下面 5 条命令：

```
[m,n] = size(Z);
x = 1:n;
y = 1:m;
[X,Y] = meshgrid(x,y);
mesh(X,Y,Z,C)
```

例 5.26 在笛卡尔坐标系中绘制以下函数的网格曲面图：$f(x,y)=\dfrac{\sin(\sqrt{x^2+y^2})}{\sqrt{x^2+y^2}}$

```
x = -8:0.5:8;
y = x;
[X,Y] = meshgrid(x,y);
R = sqrt(X.^2 + Y.^2) + eps;
Z = sin(R)./R;
mesh(X,Y,Z)
grid on
axis([ -10 10  -10 10  -1 1 ])
```

输出结果如图 5-33 所示。

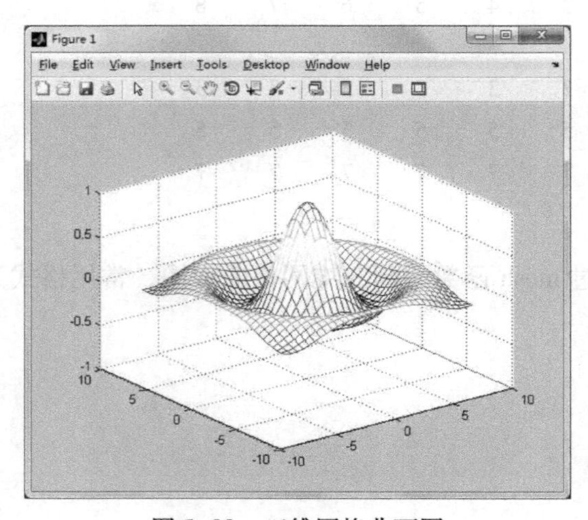

图 5-33　三维网格曲面图

另外，MATLAB 中还有两个 mesh 的派生函数：

1）meshc 在绘图的同时，在 x－y 平面上绘制函数的等值线；

2）meshz 则在网格图基础上在图形的底部外侧绘制平行 z 轴的边框线。

例 5.27 利用函数 mesh、meshc 和 meshz 绘制三维网格曲面图。

```
[X,Y] = meshgrid( -3:.125:3);
Z = peaks(X,Y);
subplot(2,2,1);
plot3(X,Y,Z)
axis([ -3 3  -3 3  -10 5]);title('plot3');
subplot(2,2,2);
meshc(X,Y,Z);
axis([ -3 3  -3 3  -10 5]);title('Meshc');
subplot(2,2,3);
meshz(X,Y,Z);
axis([ -3 3  -3 3  -10 5]);title('MeshZ');
subplot(2,2,4);
mesh(X,Y,Z);
axis([ -3 3  -3 3  -10 5]);title('Mesh');
```

输出结果如图 5-34 所示。从图 5-34 可以看到，plot3 只能画出 X、Y、Z 的对应列表示的一系列三维曲线，它只要求 X、Y、Z 三个数组具有相同的尺寸，并不要求(X,Y)必须定义网格点。

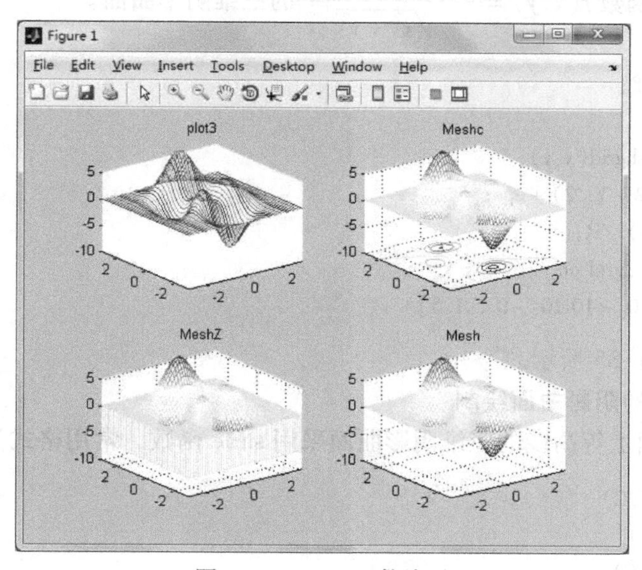

图 5-34　mesh 函数绘图

mesh 函数则要求(X,Y)必须定义网格点，并且在绘图结果中可以把邻近网格点对应的三维曲面点(X,Y,Z)用线条连接起来。

注意：plot3 绘图时按照 MATLAB 绘制图线的默认颜色序循环使用颜色区别各条三维曲线，而 mesh 绘制的网格曲面图中颜色用来表征 z 值的大小，可以通过 colormap 命令显示表示图形中颜色和数值对应关系的颜色表。

5.4.3 三维阴影曲面

在三维网格曲面中，各个小的曲面是由四边形组成的，这个四边形的4条边绘制有某一种颜色，但其内部却无颜色。本节将介绍另外一种三维曲面的表示方法——三维阴影曲面。这种曲面也是由很多个较小的四边形构成的，但是各个四条边是无色的（即为绘图窗口的底色），其内部却分布着不同的颜色，也可认为是各个四边形带有阴影效果。MATLAB 提供了3种用于绘制这种三类阴影曲面的函数：surf、surfc、surfl。

1. 阴影曲面函数

MATLAB 中可以通过 surf 函数绘制三维阴影曲面，常用格式为：

```
surf(X,Y,Z,C)
surf(X,Y,Z)
surf(x,y,Z,C)
surf(x,y,Z)
surf(Z,C)
surf(Z)
```

这6个 surf 函数与5.4.2节所介绍的6个 mesh 函数的使用方法及参数含义相同。surf 函数与 mesh 函数的区别是前者绘制的是三维阴影曲面，而后者绘制的是三维网格曲面。

例 5.28 绘制函数$f(x,y)=\dfrac{2\sin(\sqrt{x^2+y^2})}{\sqrt{x^2+y^2}}$的三维阴影曲面。

```
x = -8:0.5:8;
y = x;
[X,Y] = meshgrid(x,y);
R = sqrt(X.^2 + Y.^2) + eps;
Z = 2 * sin(R)./R;
surf(X,Y,Z);grid on
axis([-10 10 -10 10 -0.5 1.5])
```

输出结果如图5-35所示。

2. 带有等高线的阴影曲面绘制

绘制在 XY 平面上等高线的三维阴影曲面采用 surfc 函数，常用格式为：

```
surfc(X,Y,Z,C)
surfc(X,Y,Z)
surfc(x,y,Z,C)
surfc(x,y,Z)
surfc(Z,C)
surfc(Z)
```

surfc 函数与前面介绍的相应的 surf 函数的使用方法及参数含义相同；区别是前者除了绘制出三维阴影曲面外，在 XY 坐标平面上还绘制曲面在 Z 轴方向上的等高线，而后者仅绘

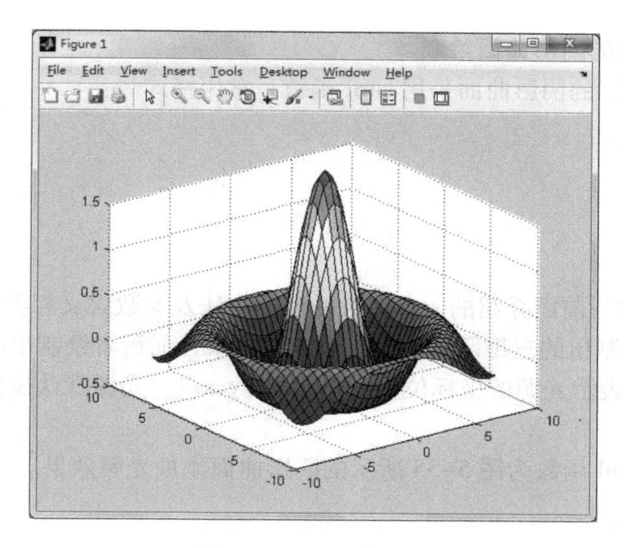

图 5-35　surf 函数绘图

制出三维阴影曲面。

例 5.29　利用 surfc 函数为图 5-35 所示的三维曲面添加等高线。

```
x = -8:0.5:8;
y = x;
[X,Y] = meshgrid(x,y);
R = sqrt(X.^2 + Y.^2) + eps;
Z = 2 * sin(R)./R;
surfc(X,Y,Z)
grid on
axis([-10 10 -10 10 -0.5 1.5])
```

输出结果如图 5-36 所示。

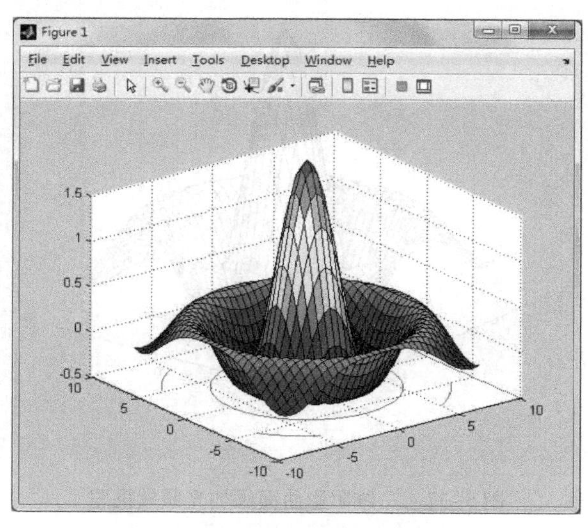

图 5-36　三维阴影曲面等高线

3. 具有光照效果的阴影曲面绘制

绘制具有光照效果的阴影曲面采用 surfl 函数，常用格式为：

```
surfl(X,Y,Z,s)
surfl(X,Y,Z)
surfl(Z,s)
surfl(Z)
```

这 4 种 surfl 函数与前面介绍的 surf 函数的使用方法及参数含义相类似；surfl 函数与 surf 函数的区别是前者绘制出的三维阴影曲面具有光照效果，而后者绘制出的三维阴影曲面无光照效果；向量参数 s 表示光源的坐标位置，s = [sx,xy,xz]，光源默认位置为观测角的逆时针 45 度处。

例 5.30 利用 sufl 函数为图 5-35 所示的阴影曲面添加光照效果。

```
x = -8:0.5:8;
y = x;
[X,Y] = meshgrid(x,y);
R = sqrt(X.^2 + Y.^2) + eps;
Z = 2 * sin(R)./R;
s = [0 -1 0];
surfl(X,Y,Z)
grid on
axis([ -10 10 -10 10 -0.5 1.5])
```

输出结果如图 5-37 所示。

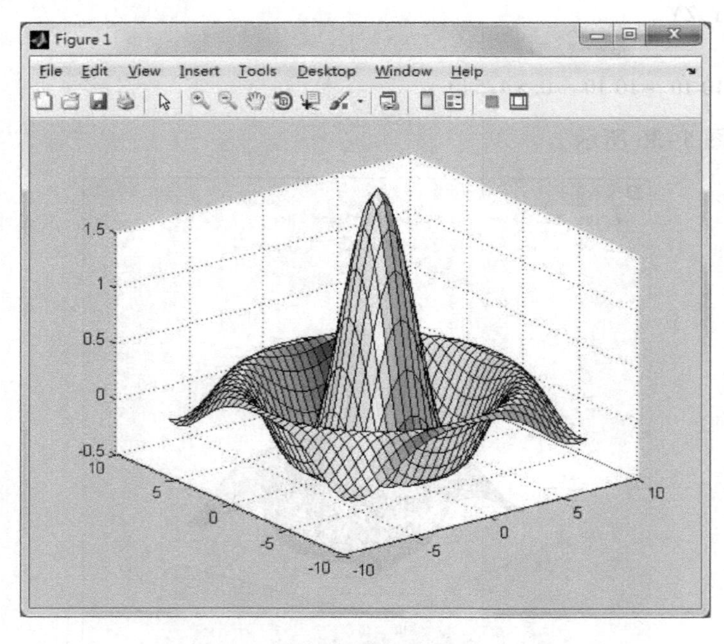

图 5-37　三维阴影曲面添加光照效果图

5.5 三维图形显示控制

在 MATLAB 中，当三维图形绘制结束后，还需要对三维图形进行显示控制，主要包括视角设置、颜色设置和光照设置等，为了方便用户更加清楚地观看三维图形。

5.5.1 视角设置

从不同位置和角度观察三维图形，可以发现图形有不同的效果，因此设置一个能够查看图形最主要特性的视角是非常必要的。MATLAB 提供的视角控制函数是 view，常用格式为：

```
view(AZ,EL) and view([AZ,EL])
view([X Y Z])
view(2)
view(3)
[AZ,EL] = view
```

其中 AZ 为方位角，EL 为仰角，[X Y Z]设置指向原点的视角方向，view(2)设置默认的二维视点，相当于视角为[0 90]，view(3)设置默认的三维视点，相当于视角为[-37.5 30]。

例 5.31 通过 view 函数设置视角。

```
[x,y,z] = peaks(30);
subplot(221);surf(x,y,z);axis tight;view( -37.5,30);
subplot(222);surf(x,y,z);axis tight;view([1 1 2]);
subplot(223);surf(x,y,z);axis tight;view(2);
subplot(224);surf(x,y,z);axis tight;view(3);
```

输出结果如图 5-38 所示。

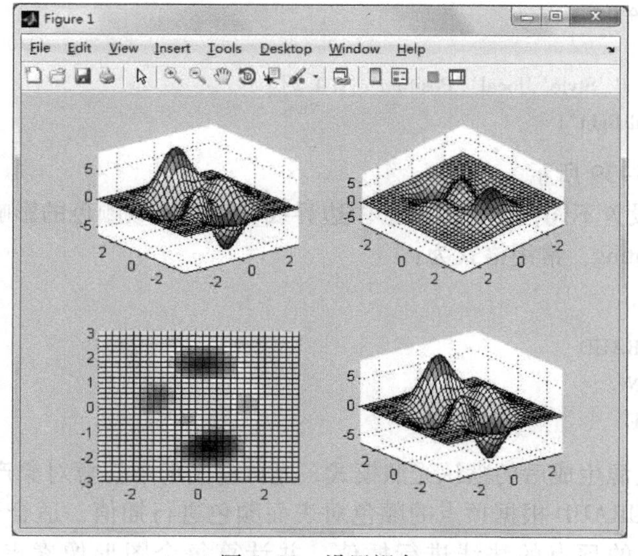

图 5-38 设置视角

5.5.2　光照设置

MATLAB 可以通过设置光照效果增强三维图形的美观和逼真程度，主要用在表面图和片块模型上。要给三维图形设置光照效果，首先要创建光源对象，然后选择光照模式。

MATLAB 中使用 light 函数来创建光源对象，常用格式为：

```
light(Param,Value,...)
```

其中 Param 为光源对象属性，Value 为对应的属性值。光源对象的属性总共有二十多种，常用的属性包括：Color 定义发射光的颜色；Style 定义光源类型，有平行光源（infinite）和点光源（local）；对于平行光源，Position 定义光线发射方向，对于点光源，Position 定义光源位置。

例 5.32　利用 light 函数为三维图形 $z=\sin(x\pi)+\cos(y\pi)$ 设置光源对象。

```
[x,y] = meshgrid( -1:0.1:1);
z = sin(x * pi) + cos(y * pi);
subplot(2,2,1)
surf(x,y,z)
title('no light')
subplot(2,2,2)
surf(x,y,z)
light('Color','r','Style','infinite','Position',[0 1 2])
title('red infinite light')
subplot(2,2,3)
surf(x,y,z)
light('Color','g','Style','infinite','Position',[0 1 2])
title('green infinite light')
subplot(2,2,4)
surf(x,y,z)
light('Color','r','Style','local','Position',[0 1 2])
title('red local light')
```

输出结果如图 5-39 所示。

随着光照模式设置不同，光源对图形中边界线和表面区域颜色的影响也将不同。设置光照模式的函数为 lighting，常用格式为：

```
lighting FLAT
lighting GOURAUD
lighting PHONG
lighting NONE
```

其中 FLAT 是光源生成后的默认光照模式，光源对图形中任意对象产生同样效果，适合于多表面图形；GOURAUD 根据顶点的颜色对表面颜色进行插值，适合于显示弯曲的图形；PHONG 对每个表面的顶点的法线进行插值，并计算每个图形像素点的反射系数，它比 GOURAUD 更逼真，但耗时长；NONE 为关闭光照效果。

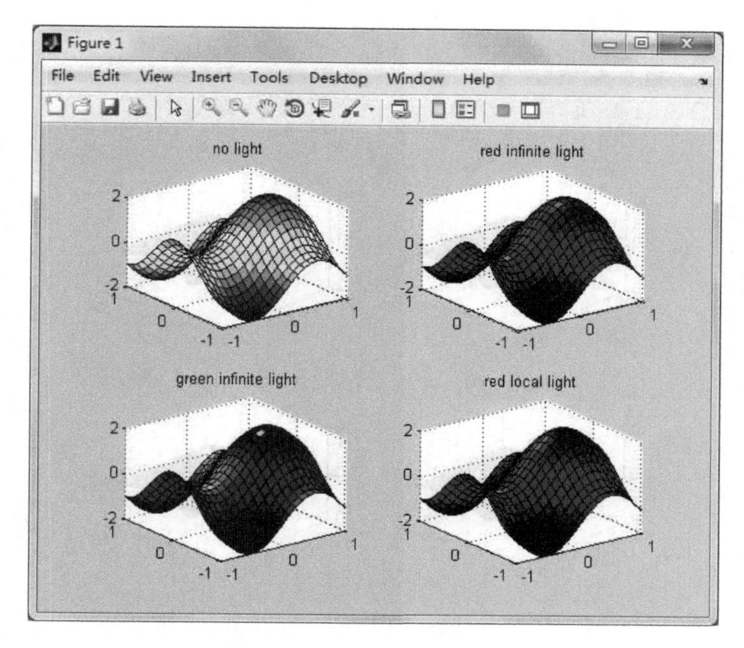

图 5-39　光源对象设置

例 5.33　利用 lighting 函数设置光照模式。

```
subplot(2,2,1)
surf(peaks)
light('Color','r','Style','infinite','Position',[1 -1 2])
lighting none
title('lighting none')
subplot(2,2,2)
surf(peaks)
light('Color','r','Style','infinite','Position',[1 -1 2])
lighting flat
title('lighting flat')
subplot(2,2,3)
surf(peaks)
light('Color','r','Style','infinite','Position',[1 -1 2])
lighting gouraud
title('lighting gouraud')
subplot(2,2,4)
surf(peaks)
light('Color','r','Style','infinite','Position',[1 -1 2])
lighting phong
title('lighting phong')
```

输出结果如图 5-40 所示。

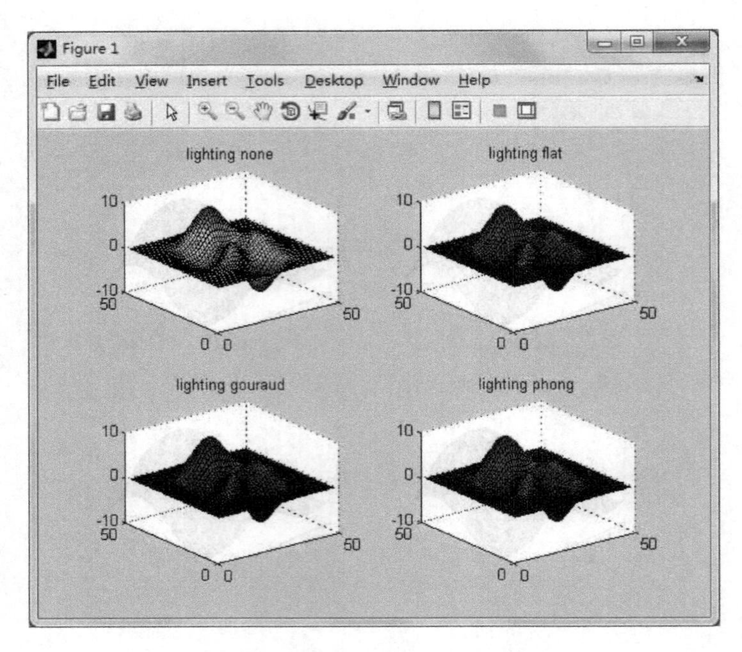

图 5-40　不同光照模式下的绘图效果

5.5.3　颜色设置

在 MATLAB 中，对数据点的着色处理一般有 3 种方式：

1）绘图时不指定数据点颜色，采用默认的颜色表；

2）给图形指定颜色映像表；

3）绘图时给每一个数据指定 RGB 真彩颜色表。

MATLAB 使用 colormap 函数指定当前窗口所使用的颜色表，可选择的颜色设置值有 jet、hot、cool、autumn、gray 等 17 种，系统默认设置为 jet。在指定数据点颜色后，还可以通过带参数的 shading 函数设置绘图的阴影模式。常用格式为：

```
shading FLAT
shading INTERP
shading FACETED
```

其中 FLAT 将图形对象显示为单色；INTERP 将区域图形对象显示为单色，而将线条对象显示为黑色；FACETED 将图像对象显示为颜色过渡模式。INTERP 为系统默认设置。

例 5.34　利用 shading 函数设置绘图的阴影模式。

```
[x,y] = meshgrid( -4:0.5:4);
z = x.^2 +2 * sin(x * pi) +2 * cos(y * pi);
subplot(2,2,1)
surf(x,y,z)
title('no shading')
subplot(2,2,2)
surf(x,y,z)
```

```
shading flat
title('shading flat')
subplot(2,2,3)
surf(x,y,z)
shading faceted
title('shading faceted')
subplot(2,2,4)
surf(x,y,z)
shading interp
title('shading interp')
```

输出结果如图 5-41 所示。

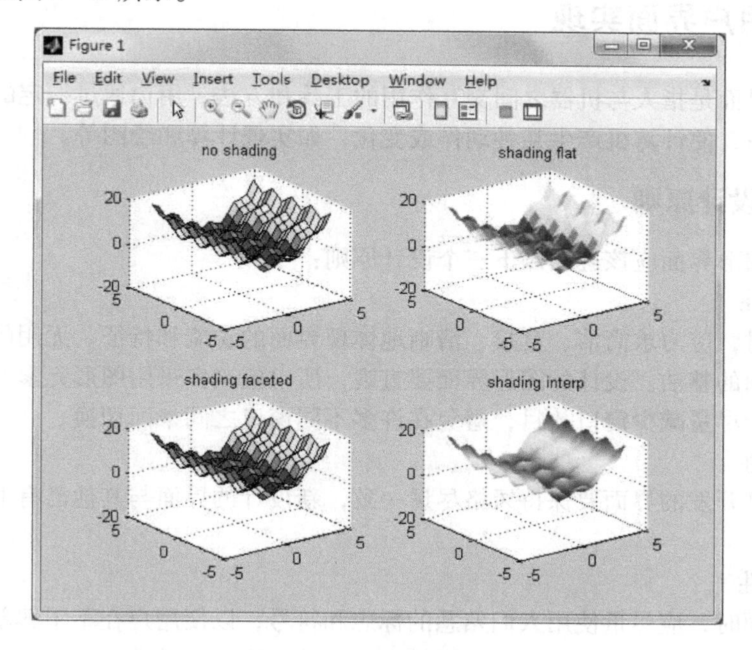

图 5-41　设置阴影模式

5.6　习题

1. 在 $0 \leqslant x \leqslant 2\pi$ 区间内，绘制曲线 $y=2e-0.5x\cos(4\pi x)$

2. 在同一坐标内，分别用不同线型和颜色绘制曲线 $y1=0.2e-0.5x\cos(4\pi x)$ 和 $y2=2e-0.5x\cos(\pi x)$，标记两曲线交叉点。

3. 分别以条形图、阶梯图、杆图和填充图形式绘制曲线 $y=2\sin(x)$。

4. 用 plot3 函数绘制 $x=\sin(t)$，$y=\cos(t)$，$z=t$ 的三维曲线。

5. 用曲面图表现函数 $z=x^2+y^2$。

第6章　GUI图形用户界面设计

MATLAB 提供的图形用户界面 GUI（Graphical User Interface），是用户与计算机程序之间的交互方式，是用户与计算机进行信息交流的平台。GUI 是一种基于事件或者事件驱动（event driven）的程序，类似于 Visual Basic 的开发方式。

6.1　图形用户界面实现

图形用户界面是指人与机器之间交互作用的工具和方法。用户通过一定的方法选择和激活这些图形对象，使计算机产生某种动作或变化，如实现计算和绘图等。

6.1.1　GUI 设计原则

一个好的图形界面应该遵循以下三个设计原则：

（1）简单性

设计界面时，应力求简洁、直接、清晰地体现界面的功能和特征。无用的功能应尽量删去，以保持界面的整洁。设计的图形界面要直观，所以应该多采用图形元素，而尽量避免数值。设计界面应尽量减少窗口数目，避免在许多不同窗口之间来回切换。

（2）一致性

开发者自己开发的界面要保持风格尽量一致，新设计的界面与其他已有的界面风格不要截然相左。

（3）习常性

设计新界面时，应尽量使用人们熟悉的标志和符号，以便用户在不了解新界面的具体含义及操作方法的时候，能根据熟悉的标志做出正确的猜测，容易自学。

（4）其他原则

除了以上原则，还要注意界面的动态性能，如界面对用户操作的响应要迅速和连续；对持续时间较长的运算，要给出等待时间提示，允许用户中断运算，尽量做到人性化。

界面制作包括界面设计和程序实现。具体步骤如下：

1）分析界面所要求实现的主要功能，明确设计任务；

2）绘出草图，并站在使用者的角度来审查草图；

3）按照构思的草图在电脑上制作界面；

4）编写界面实现动态功能的程序，对功能进行调试和检查。

6.1.2　利用 GUIDE 工具实现图形界面设计

MATLAB 的 GUI 编程可以用两种方式实现，一是利用 M 文件代码构建界面，二是借助 GUI 设计工具 GUIDE。第一种方法需要牢记很多 GUI 设计函数与属性设置函数，提升了本来就复杂的 GUI 设计难度。第二种方法直观方便，所有 MATLAB 支持的控件集成在一个环境下，提供了界面外观、属性和行为响应方式的设置方法。用户界面框架编程直接自动生成，使用者只需要编写相应的回调函数即可，适于大型程序编写。本节主要介绍 GUI 设计工具的使用，第一种方法可以参考相关资料学习。

用户可以在“HOME”栏中“new”下拉菜单中选择“Graphical User Interface”选项启动 GUIDE 或者在命令窗口输入 GUIDE 启动，生成图形界面如图 6-1 所示。

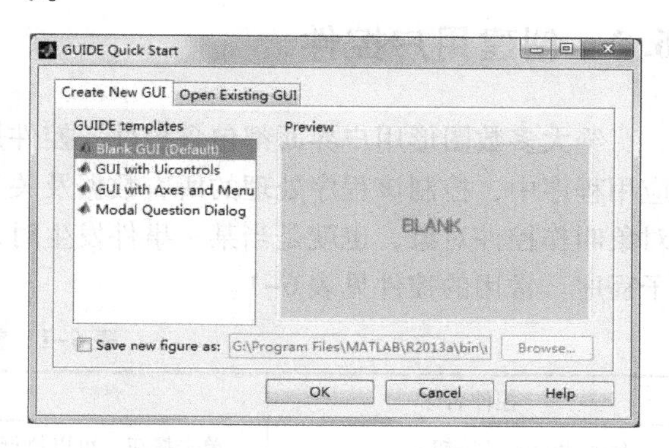

图 6-1　GUIDE 启动窗口

创建新的 GUI，有四个模板可以选择。

- Blank GUI（Default）：空白样板，打开后在编辑区不会有任何对象存在，必须由用户自行加入对象；
- GUI with Uicontrols：带有 Uicontrols 对象的模板；
- GUI with Axes and Menu：带有坐标轴和菜单的模板；
- Modal Question Dialog：问答式对话框。

当用户在 GUIDE templates 里选择需要创建的模板时，在右侧的“Preview”框中会出现相应的 GUIDE 模板预览，以增加用户对相关模板的直观认识，从而使用户更易做出选择。

如果用户选中“Save new figure as”复选框，并且在文本框中输入文件名后，则是通过编辑器打开该文件，GUIDE 就会将该文件存储一次；如果没有选中，则会在用户执行该文件时提醒用户是否要存储该文件。

使用时一般是选择 Blank GUI 后单击“OK”按钮，打开如图 6-2 所示的编辑界面。用

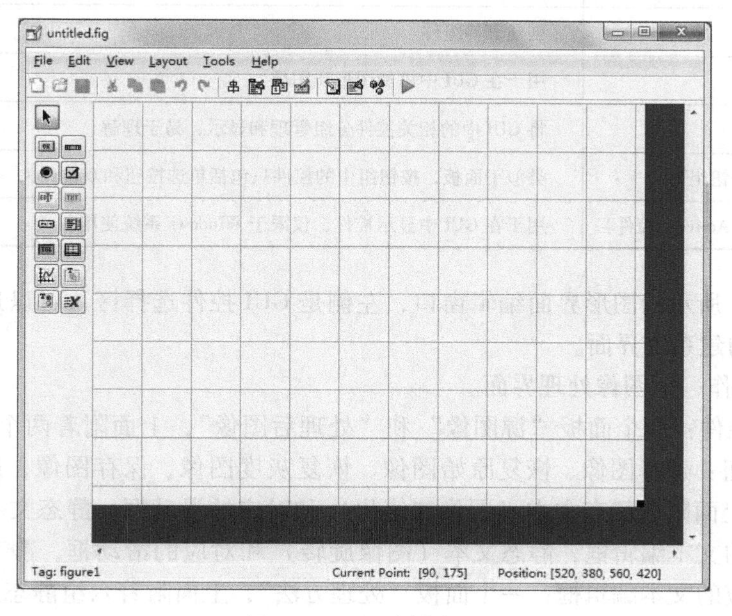

图 6-2　GUI 编辑窗口

户可以直接用鼠标选择左方的GUI对象并拖到指定位置建立模型。如果是打开已存在的GUI文件，在图6-1中单击“Open Existing GUI”按钮，搜索已有文件打开。GUI编辑界面主要包括四部分，即菜单栏、工具栏、GUI控件和设计区。

6.2 创建用户控件

绝大多数图形用户界面都包含控件。控件是图形的对象，作为一种可视构件块，包含在应用程序中，控制该程序处理的所有数据及关于这些数据的交互操作。事件响应的图形界面对象叫作控件对象，也就是当某一事件发生时，应用程序会做出响应并执行某些预定的功能子程序。常用的控件见表6-1。

表6-1 常用控件

控件名称	功能说明
Push Button（按钮）	单击按钮，可以执行某个操作，松开后，恢复到原位
Slider（滑动框）	用于从一个数据范围中选择一个数据值
Radio Button（单选按钮）	单个按钮用来在两种状态之间切换，当多个单选按钮成组时，通常只能从一组选择对象中选择单个对象
Check Box（复选框）	单个复选框用来在两种状态之间切换，当多个复选框成组时，可使用户在一组状态中做多项选择
Edit Text（文本编辑框）	用户可以动态地修改或替换文本框中的内容
Static Text（静态文本）	显示文本字符串，不能进行编辑，用于显示标题、标签和用户信息
Pop - up Menu（弹出菜单）	可以从菜单的多个选项中选择一个
List Box（列表框）	产生的文本可以用于选择，不能编辑
Toggle Button（双位开关）	产生一个动作并指示一个二进制状态，当单击它时，按钮按下，执行指令，再次单击，按钮弹起，再次执行指令
Table（表格）	创建表格组件
Axes（坐标轴）	用于在GUI中添加图形和图像
Panel（面板）	将GUI中的相关控件分组管理和显示，易于理解
Button Group（按钮组）	类似于面板，按钮组中的控件只包括单选按钮和双位开关
ActiveX Control（ActiveX 控件）	用于在GUI中显示控件，仅限于Windows系统使用

在如图6-2所示的图形界面编辑窗口，左侧是GUI控件选择区，可以选择相应的控件到编辑区域，构建系统界面。

例6.1 制作一个图像处理界面。

首先选择控件：两个面板“源图像”和“处理后图像”，上面附着两个坐标轴axes1和axes2；五个按钮：选择图像、恢复原始图像、恢复灰度图像、保存图像、退出；一个面板“动态控制”，上面附着静态文本（图像二值化）和对应的滑动框，静态文本（二值化动态阈值）和对应的文本编辑框，静态文本（图像旋转）和对应的滑动框，静态文本（图像旋转角度）和对应的文本编辑框；一个面板“处理方法”，上面附着六组静态文本+弹出菜单组合，分别代表几何变换、图像变换、图像预处理、伪彩色处理、图像增强及复原、图像分割。界面布局效果如图 6-3 所示。

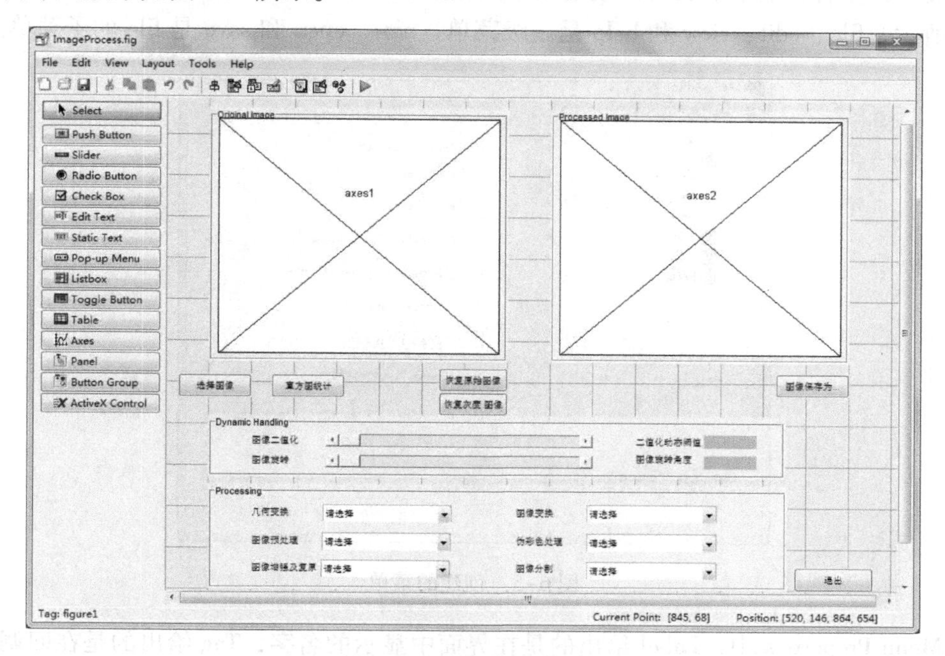

图 6-3 控件布局及设置

6.3 编辑菜单

在图形界面程序中，菜单操作是必不可少的。单击编辑窗口工具栏中的按钮，弹出如图 6-4 所示的菜单编辑器界面。

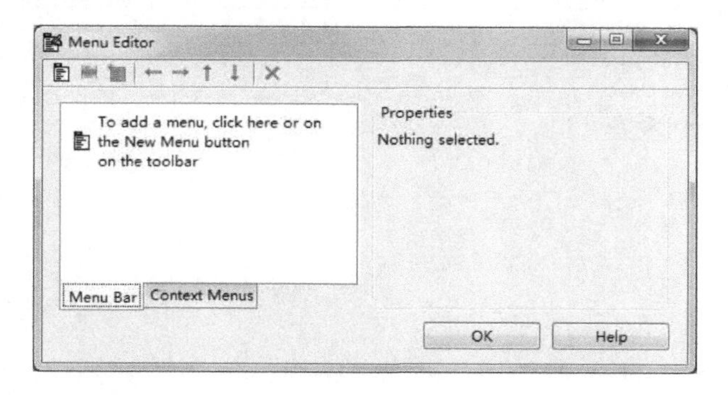

图 6-4 菜单编辑界面

菜单编辑界面打开后系统默认的界面是 Menu Bar，用来创建下拉菜单，单击“Content Menus”按钮，用来创建右键弹出菜单。

6.3.1 设计下拉菜单

单击图 6-4 中的图标可以创建下拉菜单的一级菜单，而单击图标可以创建选中菜单项的子菜单，左右和上下箭头可以改变菜单的级别和上下位置，图标✕用来删除菜单项。如图6-5所示，file、edit、view和help是一级菜单，new、open和save是file的子菜单。

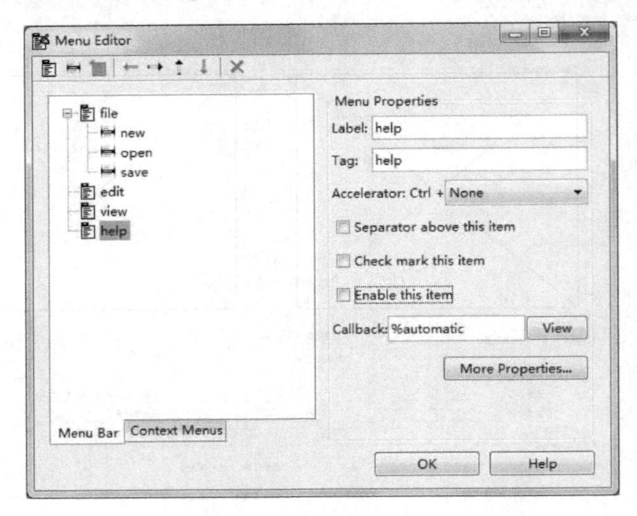

图6-5　创建的菜单

在Menu Properties中，Label给出的是在界面中显示的名字，Tag给出的是在回调函数中使用的标识值；Accelerator给出的是快捷方式"Ctrl+任意字母数字"；选中Separator above this item可以设置分割线，位于选中的菜单项之上，如save菜单项；选中Check mark this item可以标识菜单项，如open菜单项；选择框Enable this item默认为选中，取消选中则菜单项首次打开时不可用，如help菜单项。View按钮可以进行回调函数的编辑，More Properties按钮打开属性对话框进行菜单详细属性设置。生成界面如图6-6所示。

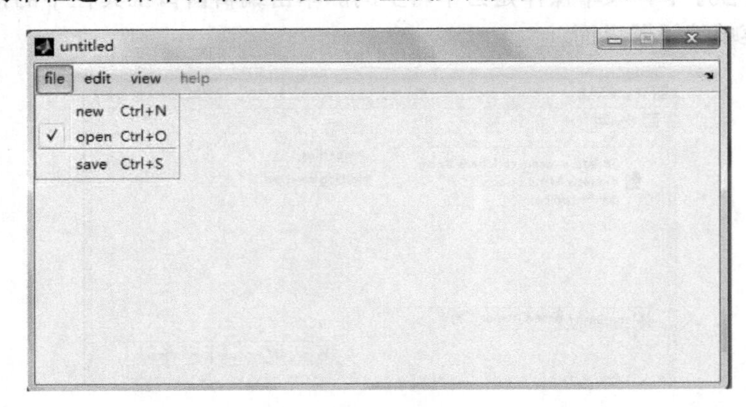

图6-6　生成界面

例6.2　在例6.1的界面上添加下拉菜单。

下拉菜单如图6-7所示，含有四个一级菜单项，即文件、编辑、帮助和关于。

"文件"项中有选择图像、保存图像和退出三个二级菜单项。

"编辑"项一共有十二个二级菜单项，即图像灰度化、图像二值化、几何变换、添加噪声、噪声处理、图像锐化、边缘提取、图像变换、伪彩色处理、边界转换、比特率计算和形

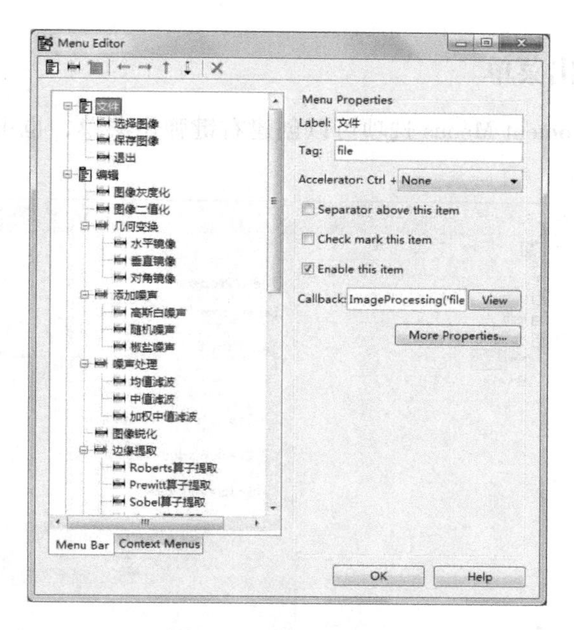

图 6-7　系统菜单编辑

态学处理，其中除了图像灰度化、图像二值化和图像锐化三项没有子菜单，其他九项都有三级菜单。

“帮助”项有三个二级菜单项，即查看源代码、算法原理和实例演示，其中“实例演示”有一个三级菜单项，即噪声添加与处理。

“关于”项有两个二级菜单项，即软件说明和关于。

生成的系统界面（控件 + 菜单）如图 6-8 所示。

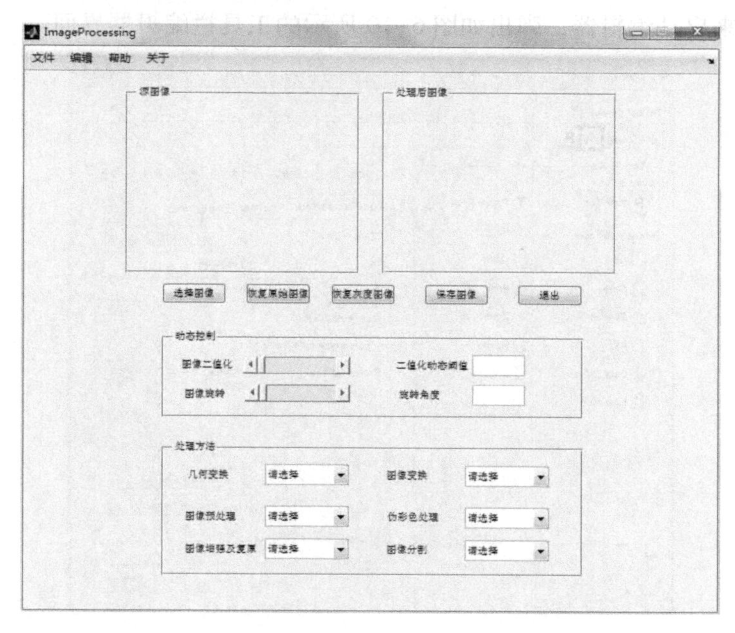

图 6-8　系统界面

6.3.2 设计右键弹出菜单

单击图 6-5 中的 Content Menus 选项可以创建右键弹出菜单，也可以修改属性和编写回调函数，如图 6-9 所示。

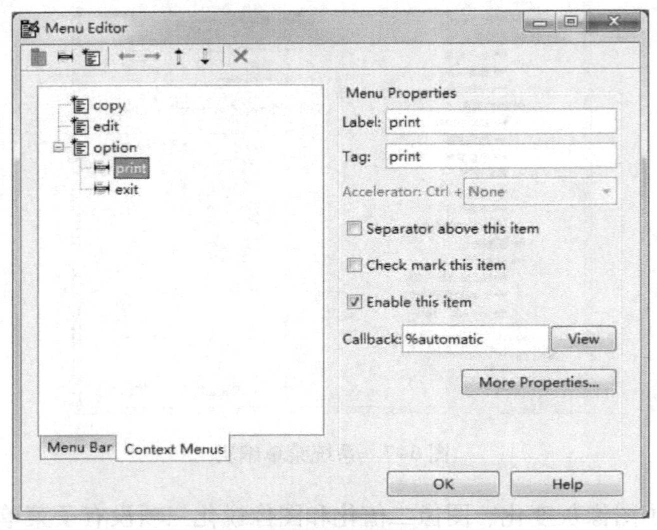

图 6-9 创建右键弹出菜单

6.4 设计工具栏

MATLAB 提供了一个 Toolbox Editor，当需要对 GUI 中的工具进行布局时，可以单击编辑窗口中图标来启动编辑器，弹出如图 6-10 所示的工具栏编辑器界面。

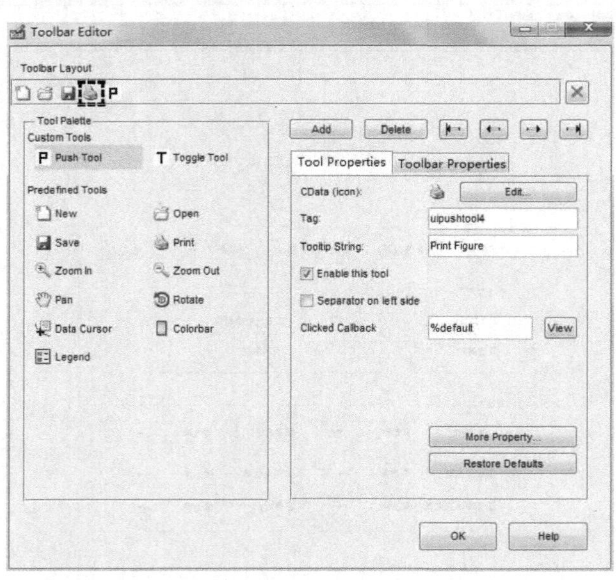

图 6-10 工具栏编辑器界面

Tool Palette 提供了两种工具，一种是 Custom Tools，有单选按钮和双位按钮两种类型，可以自己编辑设计工具外形和回调函数；另一种是 Predefined Tools，系统已经定义好的常用工具栏按钮。选择需要添加的工具，单击 Add 按钮，可以将其添加到 Toolbar Layout 中的工具栏，如不需要，也可以单击 Delete 删除，四个箭头按钮可以调节工具栏中工具的前后位置。Tool Properties 和 Toolbar Properties 可以设置工具和工具栏的属性，生成的工具栏效果如图 6-11 所示。

图 6-11　生成的工具栏

6.5　生成对话框

对话框是用来要求用户输入某些信息或给用户提供某些信息而出现的一类窗口，也是用户和电脑之间进行交互操作的一种手段，它能够显示信息字符串，可包含按钮和各种选项以供用户选择判断。对话框由 dialog 函数创建，可以完成特定命令和任务。

6.5.1　文件打开和保存对话框

在 MATLAB 中，uigetfile 函数用于打开文件，uiputfile 函数用于保存文件，常用格式为：

```
[FILENAME,PATHNAME,FILTERINDEX] = uigetfile(FILTERSPEC,TITLE)
[FILENAME,PATHNAME,FILTERINDEX] = uiputfile(FILTERSPEC,TITLE)
```

其中 TITLE 为对话框标题，FILTERSPEC 指定打开或保存文件的类型。

例 6.3　文件打开示例。

```
[filename,pathname,filterindex] = uigetfile( ...
        {'*.m;*.fig;*.mat;*.mdl','All MATLAB Files (*.m,*.fig,*.mat,*.mdl)';
         '*.m',  'MATLAB Code (*.m)'; ...
         '*.fig','Figures (*.fig)'; ...
         '*.mat','MAT-files (*.mat)'; ...
         '*.mdl','Models (*.mdl)'; ...
         '*.*',  'All Files (*.*)'},...
         'Pick a file');
```

运行程序，仿真结果如图 6-12 所示。

从函数调用格式可以看出，参数 FILTERSPEC 的值为一个 cell 类型的数据，cell 内部定

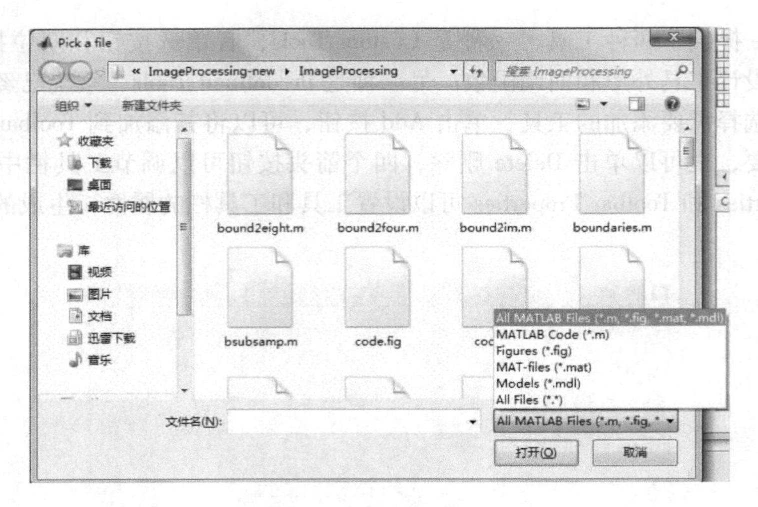

图 6-12　打开文件窗口

义了文件类型过滤器（单击后弹出的下拉菜单）显示的文件类型，界面中显示的文件是下拉菜单前置显示文件类型所能识别的文件。

6.5.2　输入对话框

输入对话框用于输入信息，创建函数为 inputdlg，常用格式为：

```
ANSWER = inputdlg(PROMPT,NAME,NUMLINES,DEFAULTANSWER,OPTIONS)
```

其中 PROMPT 用来定义输入数据窗口的个数和显示提示信息，NAME 确定对话框标题，NUMLINES 确定输入窗口的行数，DEFAULTANSWER 为数据窗口默认值，OPTIONS 为设置参数。

例 6.4　创建输入对话框。

```
prompt = {'Enter the matrix size for x^2:','Enter the colormap name:'};
name ='Input for Peaks function';
numlines = 1;
defaultanswer = {'20','hsv'};
answer = inputdlg(prompt,name,numlines,defaultanswer);
```

运行程序，仿真结果如图 6-13 所示。

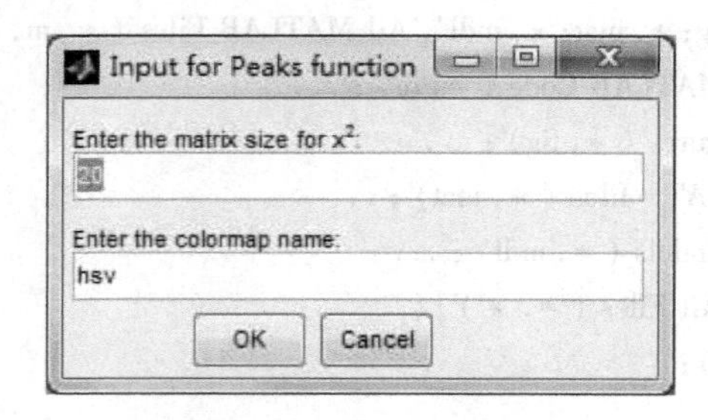

图 6-13　输入对话框

6.5.3 问题对话框

问题对话框用来向用户提出问题，创建函数为 questdlg，可以显示两个或三个按钮，返回用户所选按钮标志字符串，常用格式为：

```
ButtonName = questdlg(Question,Title,Btn1,Btn2,Btn3,DEFAULT);
```

其中 Question 确定提示信息，Title 确定对话框标题，Btn1，Btn2，Btn3 为选择按钮的文本，也可以设为两个按钮，DEFAULT 为默认选中值，必须是 Btn1，Btn2，Btn3 之一。

例 6.5 创建问题对话框。

```
ButtonName = questdlg('What is your favorite color? ',...
                      'Color Question',...
                      'Red','Green','Blue','Green');
```

运行程序，仿真结果如图 6-14 所示。

图 6-14 问题对话框

6.5.4 消息对话框

消息对话框用来显示程序运行过程中的相关信息，创建函数为 msgbox，常用格式为：

```
msgbox(Message,Title,Icon)
```

其中 Message 为显示信息，Title 为对话框标题，Icon 为图标，参数为 none，error，help，warn 或 custom 之一，默认值为 none。

例 6.6 创建消息对话框。

```
h = msgbox('有错误请检查','消息对话框','warn')
```

运行程序，仿真结果如图 6-15 所示。

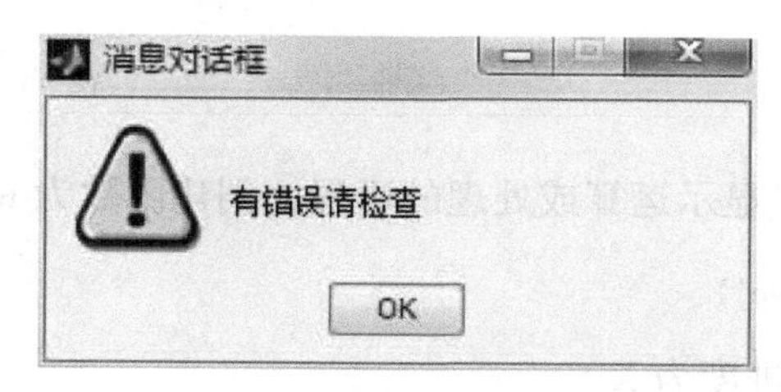

图 6-15 消息对话框

6.5.5 错误对话框

错误对话框提示程序运行出错信息，创建函数为 errordlg，常用格式为：

```
h = errordlg(ERRORSTRING,DLGNAME)
```

例 6.7 创建错误对话框。

```
f = errordlg('This is an error string. ','My Error Dialog');
```

运行程序，仿真结果如图 6-16 所示。

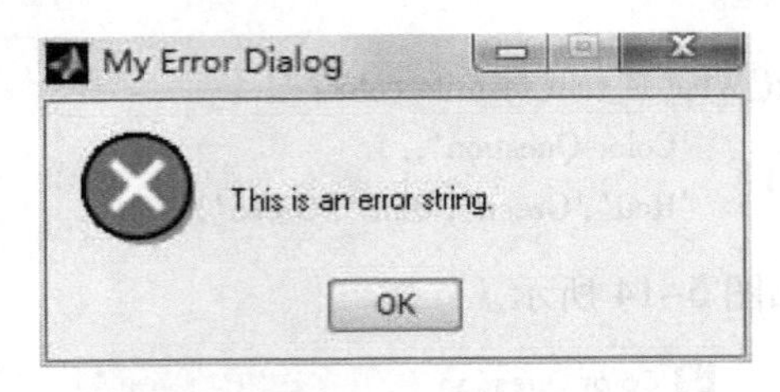

图 6-16 错误对话框

6.5.6 警告对话框

警告对话框用于提示警告信息，创建函数为 warndlg，常用格式为：

```
h = warndlg(WARNSTRING,DLGNAME)
```

例 6.8 创建警告对话框

```
h = warndlg('This is an error string. ','My Error Dialog');
```

运行程序，仿真结果如图 6-17 所示。

图 6-17 警告对话框

6.5.7 进程条

进程条用于以图形方式显示运算或处理的进程，创建函数为 waitbar，常用格式为：

```
H = waitbar(X,'message')
```

其中标题为 message，进度为 X。

例 6.9 创建进程条。

```
h = waitbar(0,'Please wait...');
for i = 1:1000
    waitbar(i/1000,h)
end
```

运行程序，仿真结果如图 6-18 所示。

图 6-18　进程条

6.5.8　列表对话框

列表对话框用于在多个选项中选择需要的值，创建函数为 listdlg，常用格式为：

```
[SELECTION,OK] = listdlg('ListString',S)
```

其中 ListString 为对话框内容，其属性设置为 S，用户单击“OK”按钮，选择序号保存在输出参数 SELECTION，参数设置为 1。

例 6.10　创建列表对话框。

```
d = dir;
str = {d.name};
[s,v] = listdlg('PromptString','Select a file:',...
                'SelectionMode','single',...
                'ListString',str)
```

运行程序，仿真结果如图 6-19 所示。

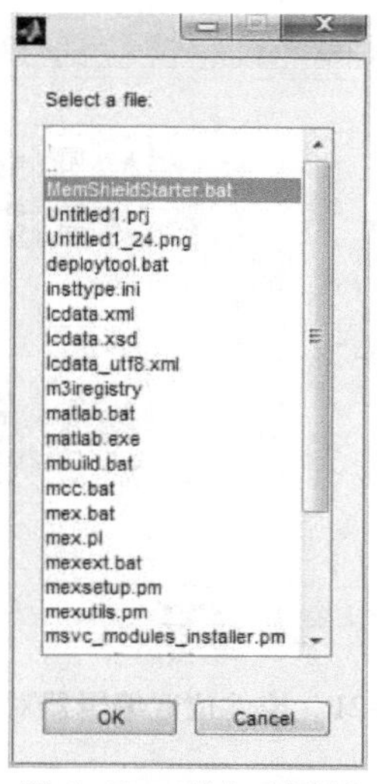

图 6-19　列表对话框

6.5.9 帮助对话框

帮助对话框是为用户提供操作指南或进行故障排除答疑的提示，创建函数为 helpdlg，常用格式为：

```
helpdlg(HELPSTRING,DLGNAME)
```

其中 HELPSTRING 表示提示内容，DLGNAME 表示对话框标题。

例 6.11 创建帮助对话框。

```
h = helpdlg('This is a help string','My Help Dialog');
```

运行程序，仿真结果如图 6-20 所示。

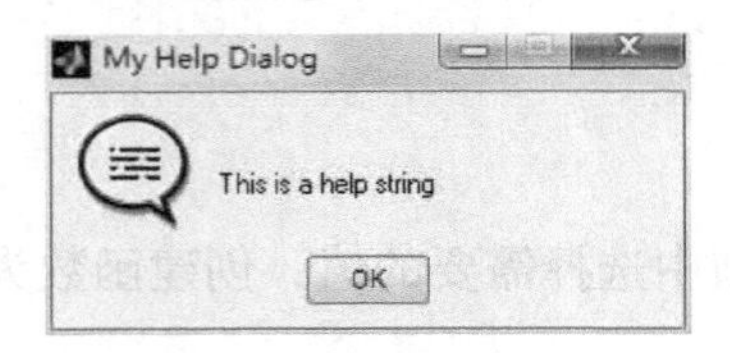

图 6-20 帮助对话框

6.6 其他设计工具

为了提高系统界面的可操作性，在创建好界面需要的对象后，需要利用一些设计工具设置对象的属性。

6.6.1 控件位置编辑器

在 GUI 设计中，为了使设计出来的界面更加美观、规范、统一以及协调，MATLAB 提供了控件位置编辑器，在编辑窗口单击串按钮，可以弹出如图 6-21 所示的编辑器对话框。

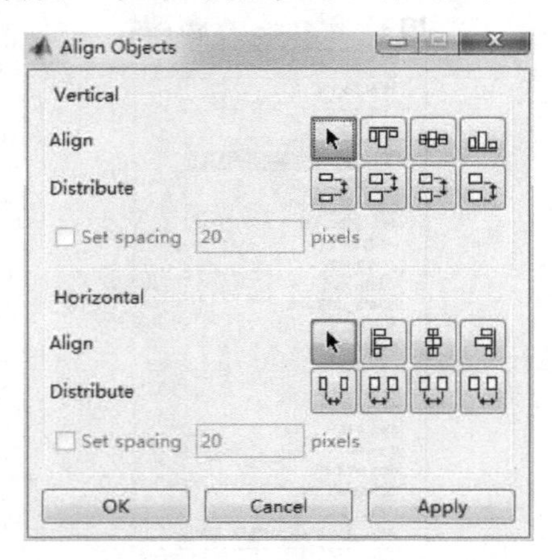

图 6-21 控件位置编辑器对话框

控件位置编辑包括垂直位置调整 Vertical 和水平位置调整 Horizontal，选择 Align 属性右边的按钮，可以使控件按照某一基准对齐，选择 Distribute 属性右边的按钮，然后可以在 Set spacing 中调整控件之间的间距，单位为像素。

6.6.2 Tab 顺序编辑器

MATLAB 提供了一个 Tab 顺序编辑器（Tab Order Editor），可以设置用户按〈Tab〉键时，用户界面对象被选中的先后顺序。单击编辑界面窗口中的按钮，弹出如图 6-22 的编辑器界面。用户通过编辑器界面左上角的上下箭头来改变触发对象的顺序。

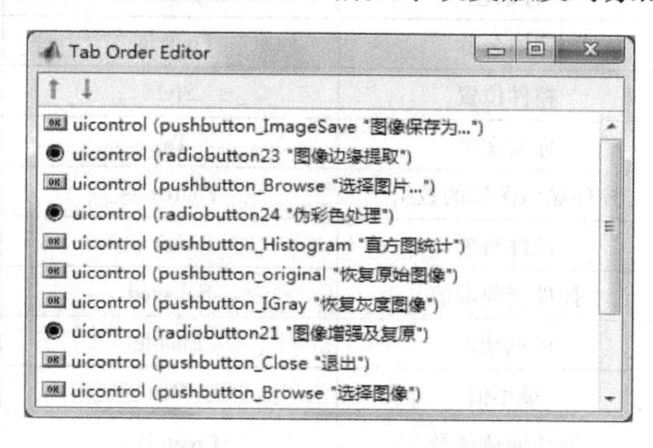

图 6-22　Tab 顺序编辑器

6.6.3 文件编辑器

在编辑窗口单击按钮，可以启动文件编辑器，如图 6-23 所示，编辑修改 M 文件来更新回调函数，单击运行按钮，生成用户界面。

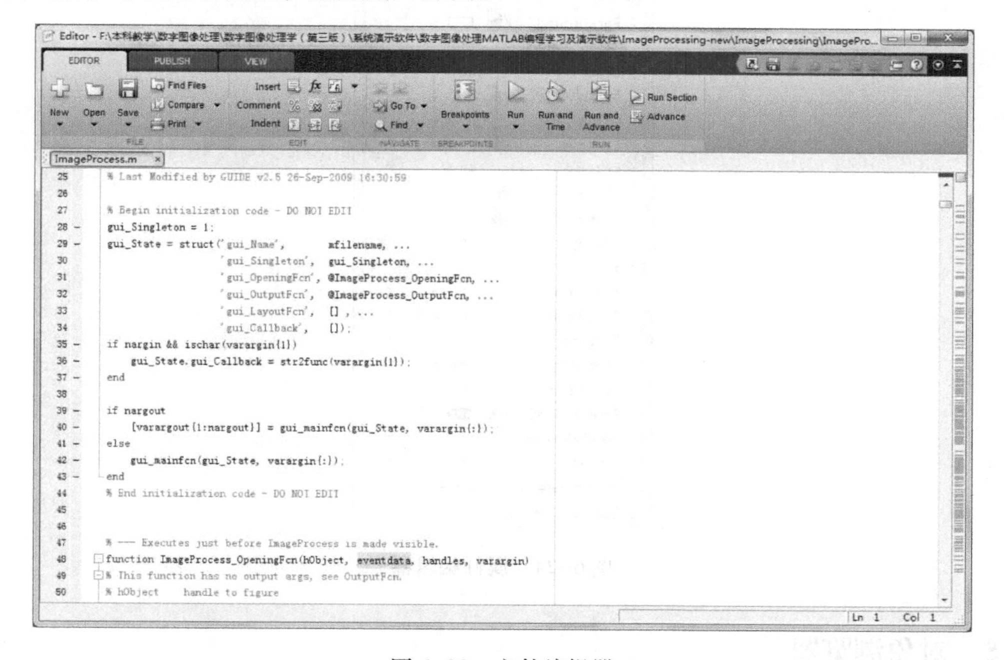

图 6-23　文件编辑器

6.6.4 属性编辑器

属性编辑器可以查看、设置和修改每一个对象的属性值，单击编辑窗口中的按钮，弹出如图 6-24 所示的属性编辑器，常用属性见表 6-2。

表 6-2 常用属性

属　性	说　明	属　性	说　明
BackgroundColor	背景色	ForegroundColor	标签文字颜色
FontName	字体名称	FontSize	字号
Position	控件位置	Style	控件种类
String	标签文字	Tag	标识值
CData	控件显示图标的数组	FontUnits	字号单位
Type	控件对象	Units	单位
Value	控件当前取值	Selected	选中状态
Visible	可见状态	Enable	可用状态
Min	最小值	Max	最大值
Callback	激活回调函数	CreateFcn	创建回调函数
ButtonDownFcn	鼠标单击的回调函数	KeyPressFcn	控件上按键的回调函数
DeleteFcn	删除控件的回调函数	Horizontal Alignment	标签水平对齐方式
SliderStep	滑动框步进增量	ListboxTop	列表框顶部文字索引

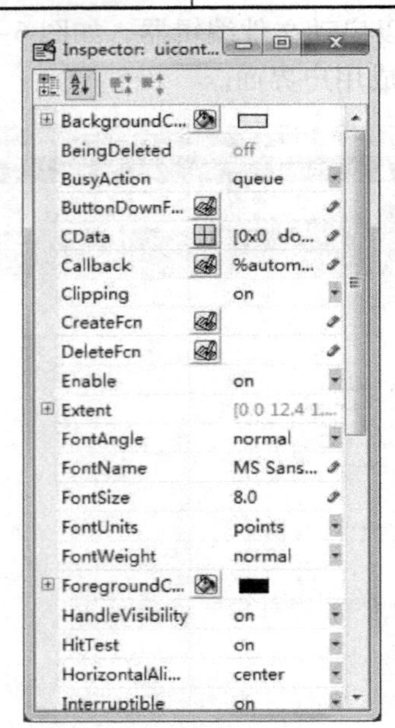

图 6-24　属性编辑器

6.6.5 对象浏览器

单击编辑窗口的按钮，可以启动如图 6-25 所示的对象浏览器。在浏览器中可以看到编辑窗口中添加的所有控件、菜单项和快捷菜单项等，以及显示这些对象的组织关系。双击任意一个对象，可以启动其属性编辑器，查看对象属性值，修改和设置对象属性值。

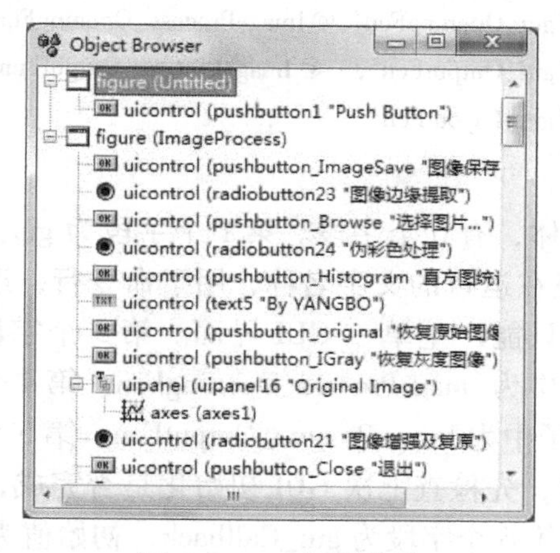

图 6-25　对象浏览器

6.7　回调函数设计

在 GUI 中，回调函数是对图形对象设置动作响应的一种函数，在对象创建或对象删除等事件发生时执行，从而实现特定事件触发下需要的某些功能。这些事件响应函数成为图形对象的回调函数。当创建好和保存图形界面后，GUIDE 会生成一个 fig 文件，包括图形窗口和所有子对象的描述和属性值，同时也会生成相应的 M 文件用来存储图形对象的回调函数，控制 GUI 并决定 GUI 对用户操作的响应。它包含了运行 GUI 的所有代码。但是这时的 M 文件框架中只有各个控件和菜单的回调函数原形和注释，并没有实现功能的函数体，用户在该框架下编写 GUI 控件的回调函数。GUI 的 M 文件由一系列的子函数组成，包括主程序 MainFcn、OpeningFcn 函数、OutputFcn 函数和各个回调函数 CallBack。下面将详细介绍。

6.7.1　界面初始化设计

首先是 GUI 主程序，这部分不能修改，否则导致 GUI 初始化界面失败。

```
function varargout = ImageProcess(varargin)
```

% 程序第 1 行为主函数声明。ImageProcess 为函数名，varargin 为输入参数，varargout 为输出参数。当创建 GUI 时，varargin 为空。当触发 GUI 控件对象时，varargin 为一个 1 * 4 的单元数组。第 1 个单元存放空间的回调函数名，第 2 ~ 4 单元存放该回调函数的输入参数，hObject 为当前回调函数对应的 GUI 对象句柄，eventdata 为附加参数，handles 为当前 GUI 所有数据的结构体。

```
gui_Singleton = 1;
```

% 指定是否只能产生一个界面，当 gui_Singleton = 0 时，表示一个 GUI 产生多个窗口实例；当 gui_Singleton = 1 时，表示一个 GUI 产生一个窗口实例。

```
gui_State = struct('gui_Name',       mfilename,...
                   'gui_Singleton',  gui_Singleton,...
                   'gui_OpeningFcn',@ImageProcess_OpeningFcn,...
                   'gui_OutputFcn',  @ImageProcess_OutputFcn,...
                   'gui_LayoutFcn',  [] ,...
  'gui_Callback',   []);
```

%gui_State 是一个结构体，有 6 个字段。第 1 个字段为 gui_Name，值为 mfilename，用于 M 文件内部，返回当前正在运行的文字名称，用于命令行，返回空字符串。第 2 个字段为 gui_Singleton，设置是否只能产生单一 GUI 界面。第 3 个字段为 gui_OpeningFcn，值为 OpeningFcn 函数句柄，例子中为 ImageProcess_OpeningFcn。第 4 个字段为 gui_OutputFcn，值为 OutputFcn 函数句柄，例子中为 ImageProcess_OutputFcn。第 5 个字段为 gui_LayoutFcn，用于创建 GUI 界面，值为空时，先检查上次 GUI 初始化是否完成，若没有完成，则删除上一次创建的句柄并重新创建。第 6 个字段为 gui_Callback，初始值为空，表示只运行 OpeningFcn 和 OutputFcn，而不运行 Callback。

```
if nargin && ischar(varargin{1})
    gui_State.gui_Callback = str2func(varargin{1});
end
```

%输入参数判断，若输入参数至少为 1 个且第 1 个为字符串，则结构体 gui_State 的 gui_Callback 的值为第 1 个输入参数表示的回调函数；若没有输入参数，则 gui_Callback 的值为空，表示此时是 GUI 初始化。

```
if nargout
    [varargout{1:nargout}] = gui_mainfcn(gui_State, varargin{:});
else
    gui_mainfcn(gui_State, varargin{:});
end
```

%输出参数判断，运行 GUI 默认的处理函数 gui_mainfcn，用于处理 GUI 创建、GUI 布局和回调函数。当输出参数存在时，输出参数由函数 gui_mainfcn 返回，当输出参数不存在时，直接运行函数 gui_mainfcn。

接下来是 OpeningFcn 函数，决定在 GUI 界面生成之前运行的代码，也就是界面在没有任何触发事件发生之前显示的内容，例子中初始化界面为空，不显示任何数据和曲线。

```
function ImageProcess_OpeningFcn(hObject, eventdata, handles, varargin)
```

%输入参数有 4 个，其中 hObject 表示当前窗口的句柄（即控件或菜单项）；handles 是一个结构体，表示窗口中的所有句柄的集合，包括所有对象变量都放到这里；eventdata 是函数保留字；varargin 为存储输入的命令行

```
handles.output = hObject;
```

%选择默认的命令行输出

```
guidata(hObject, handles);
```

%更新数据结构，一般回调函数都要使用 guidata 将 handles 结构体中变量响应后的数值进行更新

下面是 OutputFcn 函数，用来向命令行输出数据。输出数据放在变量 varargout 里，但是在控件的 callback 中没有 varargout，所以 GUI 通过 handles. output 间接修改。

```
function varargout = ImageProcess_OutputFcn(hObject,eventdata,handles)
varargout{1} = handles. output;
```

6.7.2 对象回调函数设计

初始化程序由系统自动生成，一般不作修改。下面需要对例 6.2 中各个对象（控件和菜单）设计其回调函数，以实现其功能。

（1）按钮

调用 pushbutton_ImageSave_Callback 实现按钮“保存图像”的功能，函数代码如下：

```
function pushbutton_ImageSave_Callback(hObject,eventdata,handles)
%使用全局变量定义变量用来传递数据
%ImageProcessed 表示处理后图像
global ImageProcessed;
%保存图像,使用文件保存对话框,具体含义参见 6.5.2 节
[sFileName sFilePath,FilterIndex] = uiputfile({'*.jpg;*.bmp;*.tif',
 'Image Files(*.JPG,*.BMP,*.TIF)';
     '*.jpg','JPEG(*.JPG;*,JPEG)';
     '*.bmp','位图(*.BMP)';
     '*.tif','TIFF(*.TIF)';
     '*.*','All Files(*.*)'},'Save the Processed Image','untitled.jpg');
%判断是否为图像,将图像数据写入到 e 代表的文件中
if FilterIndex ==0
     return
else
     e = strcat(sFilePath,sFileName);
     imwrite(ImageProcessed,e);
end
```

下面的按钮控件回调函数与上面的按钮“保存图像”类似，具体可参见随书源代码。调用 pushbutton_Browse_Callback 执行按钮“选择图像”的功能，函数代码如下：

```
function pushbutton_Browse_Callback(hObject,eventdata,handles)
```

调用 pushbutton_IGray_Callback 执行按钮“恢复灰度图像”的功能，函数代码如下：

```
function pushbutton_IGray_Callback(hObject,eventdata,handles)
```

调用 pushbutton_original_Callback 执行按钮“恢复原始图像”的功能，函数代码如下：

```
function pushbutton_original_Callback(hObject,eventdata,handles)
```

调用 pushbutton_Close_Callback 执行按钮“退出”的功能，函数代码如下：

```
functionpushbutton_Close_Callback(hObject,eventdata,handles)
```

```
close(gcf);
```

(2) 下拉菜单

调用 popupmenu_FalseColor_Callback 执行伪彩色处理下拉菜单的功能，函数代码如下：

```
function popupmenu_FalseColor_Callback(hObject,eventdata,handles)
%IGray 表示灰度图像
global IGray
%ImageGlobal 表示用于处理的图像
global ImageGlobal
global ImageProcessed
%SValue 为阈值
global SValue
%获得下拉菜单选择序号用于判断
shage_index = get(gcbo,'value');
%设定绘图当前坐标轴
axes(handles. axes2);
%通过序号选择下拉菜单项
switch shage_index
    case 2
        %图像二值化
        SValue = 0.5;
        I = ImageGlobal;
        image_bin(I);
    case 3
        %反色处理
        I = ImageGlobal;
        ImageRev = 255 - I;
        imshow(ImageRev);
        ImageProcessed = ImageRev;
    case 4
        %医学伪彩色处理
        I = IGray;
        color_medical(I);
    case 5
        %遥感伪彩色处理
        I = IGray;
        color_remote(I);
end
%对下拉菜单进行初始化设置,强制将背景颜色改为白色
function popupmenu_FalseColor_CreateFcn(hObject,eventdata,handles)
if ispc && isequal(get(hObject,'BackgroundColor'),
                    get(0,'defaultUicontrolBackgroundColor'))
    set(hObject,'BackgroundColor','white');
```

```
end
```

下面5个下拉菜单的回调函数与上面的伪彩色处理下拉菜单类似，具体可参见随书源代码。调用 popupmenu_PreProcess_Callback 函数执行图像预处理下拉菜单的功能，函数代码如下：

```
function popupmenu_PreProcess_Callback(hObject,eventdata,handles)
function popupmenu_PreProcess_CreateFcn(hObject,eventdata,handles)
```

调用 popupmenu_GeometricTransf_Callback 函数执行几何变换下拉菜单的功能，函数代码如下：

```
function popupmenu_GeometricTransf_Callback(hObject,eventdata,handles)
function popupmenu_GeometricTransf_CreateFcn(hObject,eventdata,handles)
```

调用 popupmenu_Enhancement_Callback 函数执行图像增强及复原下拉菜单的功能，函数代码如下：

```
function popupmenu_Enhancement_Callback(hObject,eventdata,handles)
function popupmenu_Enhancement_CreateFcn(hObject,eventdata,handles)
```

调用 popupmenu_Transf_Callback 函数执行图像变换下拉菜单的功能，函数代码如下：

```
function popupmenu_Transf_Callback(hObject,eventdata,handles)
function popupmenu_Transf_CreateFcn(hObject,eventdata,handles)
```

调用 popupmenu_EdgeExtraction_Callback 函数执行图像分割下拉菜单的功能，函数代码如下：

```
function popupmenu_EdgeExtraction_Callback(hObject,eventdata,handles)
function popupmenu_EdgeExtraction_CreateFcn(hObject,eventdata,handles)
```

（3）滑动框

调用 slider1_Callback 函数执行图像二值化滑动框的功能，函数代码如下：

```
function slider1_Callback(hObject,eventdata,handles)
global SValue;
global ImageRead;
global IGray;
global ImageProcessed;
str = get(hObject,'string');
axes(handles.axes2);
%获取滑动值
slider_value = get(hObject,'Value');
%将滑动值赋给阈值用于二值化
SValue = slider_value;
%二值化处理
image_bin(IGray);
%向"二值化动态阈值"文本编辑框输出阈值并在上面显示
```

```
set(handles.text1,'string',num2str(slider_value));
%初始化滑动框
function slider1_CreateFcn(hObject,eventdata,handles)
if isequal(get(hObject,'BackgroundColor'),
get(0,'defaultUicontrolBackgroundColor'))
    set(hObject,'BackgroundColor',[.9 .9 .9]);
end
```

图像旋转滑动框回调函数与图像二值化滑动框类似，具体可参见随书源代码。调用 slider1_Callback 函数执行图像旋转滑动框的功能，函数代码如下：

```
function slider2_Callback(hObject,eventdata,handles)
function slider2_CreateFcn(hObject,eventdata,handles)
```

(4) 菜单

调用 file_Callback 函数执行“文件”一级菜单的功能，函数代码如下：

```
function file_Callback(hObject,eventdata,handles)
%一级菜单不执行任何动作,所以没有回调
```

调用 SelectImage_Callback 函数执行“选择图像”菜单的功能，函数代码如下：

```
function SelectImage_Callback(hObject,eventdata,handles)
%函数功能与按钮“选择图像”的功能一致,这里直接调用按钮的回调函数
pushbutton_Browse_Callback(hObject,eventdata,handles)
```

调用 SaveImage_Callback 函数执行“保存图像”菜单的功能，函数代码如下：

```
function SaveImage_Callback(hObject,eventdata,handles)
pushbutton_ImageSave_Callback(hObject,eventdata,handles)
```

调用 Close_Callback 函数执行“退出”菜单的功能，函数代码如下：

```
function Close_Callback(hObject,eventdata,handles)
close(gcf);
```

调用 Edit_Callback 函数执行“编辑”一级菜单的功能，函数代码如下：

```
function Edit_Callback(hObject,eventdata,handles)
```

调用 ImageGray_Callback 函数执行“图像灰度化”菜单的功能，函数代码如下：

```
function ImageGray_Callback(hObject,eventdata,handles)
global IGray
global ImageGlobal
axes(handles.axes1);
imshow(IGray);
ImageGlobal = IGray;
```

调用 ImageBin_Callback 函数执行“图像二值化”菜单的功能，函数代码如下：

```
function ImageBin_Callback(hObject,eventdata,handles)
global ImageGlobal
global ImageProcessed
global SValue
axes(handles.axes2);
SValue =0.5;
I = ImageGlobal;
image_bin(I);
```

调用 GeoTransf_Callback 函数执行“几何变换”菜单的功能，函数代码如下：

```
function GeoTransf_Callback(hObject,eventdata,handles)
```

调用 HorTransf_Callback 函数执行“水平镜像”菜单的功能，函数代码如下：

```
function HorTransf_Callback(hObject,eventdata,handles)
global ImageGlobal;
global ImageRead;
I = ImageGlobal;
axes(handles.axes2);
image_hortransf(I);
```

后面两个菜单回调函数与“水平镜像”菜单类似，具体可参见随书源代码。调用 VerTransf_Callback 函数执行“垂直镜像”菜单的功能，函数代码如下：

```
function VerTransf_Callback(hObject,eventdata,handles)
```

调用 DiaTransf_Callback 函数执行“对角镜像”菜单的功能，函数代码如下：

```
function DiaTransf_Callback(hObject,eventdata,handles)
```

调用 Noise_Callback 函数执行“添加噪声”菜单的功能，函数代码如下：

```
function Noise_Callback(hObject,eventdata,handles)
```

调用 NoiseGauss_Callback 函数执行“高斯白噪声”菜单的功能，函数代码如下：

```
function NoiseGauss_Callback(hObject,eventdata,handles)
global IGray
global ImageGlobal
axes(handles.axes1);
noise_gauss(ImageGlobal);
```

后面两个菜单回调函数与“高斯白噪声”菜单类似，具体可参见随书源代码。调用 NoiseRandom_ Callback 函数执行“随机噪声”菜单的功能，函数代码如下：

```
function NoiseRandom_Callback(hObject,eventdata,handles)
```

调用 NoiseSaltpepper_Callback 函数执行“椒盐噪声”菜单的功能，函数代码如下：

```
function NoiseSaltpepper_Callback(hObject,eventdata,handles)
```

调用 NoiseProcess_Callback 函数执行“噪声处理”菜单的功能，函数代码如下：

```
function NoiseProcess_Callback(hObject,eventdata,handles)
```

调用 ImageAverfilter_Callback 函数执行“均值滤波”菜单的功能，函数代码如下：

```
function ImageAverfilter_Callback(hObject,eventdata,handles)
global IGray
global ImageGlobal
global ImageProcessed
axes(handles.axes2);
I = ImageGlobal;
image_averfilter8(I);
```

后面两个菜单回调函数与“均值滤波”菜单类似，具体可参见随书源代码。调用 ImaegMedfilter_Callback 函数执行“中值滤波”菜单的功能，函数代码如下：

```
function ImaegMedfilter_Callback(hObject,eventdata,handles)
```

调用 ImageWMedfilter_Callback 函数执行“加权中值滤波”菜单的功能，函数代码如下：

```
function ImageWMedfilter_Callback(hObject,eventdata,handles)
```

调用 ImageSharpening_Callback 函数执行“图像锐化”菜单的功能，函数代码如下：

```
function ImageSharpening_Callback(hObject,eventdata,handles)
global IGray
global ImageGlobal
global ImageProcessed
axes(handles.axes2);
I = ImageGlobal;
image_sharpen(I);
```

调用 Edge_Callback 函数执行“边缘提取”菜单的功能，函数代码如下：

```
function Edge_Callback(hObject,eventdata,handles)
```

调用 EdgeRoberts_Callback 函数执行“Roberts 算子提取”菜单的功能，函数代码如下：

```
function EdgeRoberts_Callback(hObject,eventdata,handles)
global IGray
global ImageGlobal
global ImageProcessed
axes(handles.axes2);
I = ImageGlobal;
edge_roberts(I);
```

后面五个菜单回调函数与“Roberts 算子提取”菜单类似，具体可参见随书源代码。调用 EdgePrewitt_Callback 函数执行“Prewitt 算子提取”菜单的功能，函数代码如下：

```
function EdgePrewitt_Callback(hObject,eventdata,handles)
```

调用 EdgeSobel_Callback 函数执行“Sobel 算子提取”菜单的功能，函数代码如下：

```
function EdgeSobel_Callback(hObject,eventdata,handles)
```

调用 EdgeKirsch_Callback 函数执行“Kirsch 算子提取”菜单的功能，函数代码如下：

```
function EdgeKirsch_Callback(hObject,eventdata,handles)
```

调用 EdgeGauss_Callback 函数执行“Laplacian 算子提取”菜单的功能，函数代码如下：

```
function EdgeGauss_Callback(hObject,eventdata,handles)
```

调用 EdgeCanny_Callback 函数执行“Canny 算子提取”菜单的功能，函数代码如下：

```
function EdgeCanny_Callback(hObject,eventdata,handles)
```

调用 Transf_Callback 函数执行“图像变换”菜单的功能，函数代码如下：

```
function Transf_Callback(hObject,eventdata,handles)
```

调用 FFT_Callback 函数执行“FFT”菜单的功能，函数代码如下：

```
function FFT_Callback(hObject,eventdata,handles)
global IGray
global ImageGlobal
global ImageProcessed
axes(handles.axes2);
I = ImageGlobal;
J = double(I);
f = fft2(J);
SW = fftshift(f);
imshow(SW);
```

后面两个菜单回调函数与“FFT”菜单类似，具体可参见随书源代码。调用 DCT_Callback 函数执行“DCT”菜单的功能，函数代码如下：

```
function DCT_Callback(hObject,eventdata,handles)
```

调用 Hough_Callback 函数执行“Hough”菜单的功能，函数代码如下：

```
function Hough_Callback(hObject,eventdata,handles)
```

调用 Falsecolor_Callback 函数执行“伪彩色处理”菜单的功能，函数代码如下：

```
function Falsecolor_Callback(hObject,eventdata,handles)
```

调用 Color_Medical_Callback 函数执行“医学伪彩色处理”菜单的功能，函数代码如下：

```
function Color_Medical_Callback(hObject,eventdata,handles)
global IGray
global ImageGlobal
global ImageProcessed
global SValue
```

```
axes(handles.axes2);
I = IGray;
color_medical(I);
```

后面“遥感伪彩色处理”菜单回调函数与“医学伪彩色处理”菜单类似，具体可参见随书源代码。调用 Color_Remote_Callback 函数执行“遥感伪彩色处理”菜单的功能，函数代码如下：

```
function Color_Remote_Callback(hObject,eventdata,handles)
```

调用 boundchange_Callback 函数执行“边界转换”菜单的功能，函数代码如下：

```
function boundchange_Callback(hObject,eventdata,handles)
```

调用 boundtracing_Callback 函数执行“追踪区域边界”菜单的功能，函数代码如下：

```
function boundtracing_Callback(hObject,eventdata,handles)
global IGray
global ImageProcessed
global B
I = IGray;
axes(handles.axes2);
BW = im2bw(I,graythresh(I));
[B,L] = bwboundaries(BW,'noholes');
imshow(label2rgb(L,@jet,[.5 .5 .5]))
hold on
for k = 1:length(B)
    boundary = B{k};
    plot(boundary(:,2),boundary(:,1),'w','LineWidth',2)
end
```

调用 Imratio_Callback 函数执行“比特率计算”菜单的功能，函数代码如下：

```
function Imratio_Callback(hObject,eventdata,handles)
```

调用 iimratio_Callback 函数执行“计算原图像与读入图像的比特率”菜单的功能，函数代码如下：

```
function iimratio_Callback(hObject,eventdata,handles)
global ImageRead
global ImageName
ImratioResult = imratio(ImageRead,ImageName);
```

调用 ImageXingtai_Callback 函数执行“形态学处理”菜单的功能，函数代码如下：

```
function ImageXingtai_Callback(hObject,eventdata,handles)
```

调用 Xingtai_imdilate_Callback 函数执行“膨胀”菜单的功能，函数代码如下：

```
function Xingtai_imdilate_Callback(hObject,eventdata,handles)
```

```
global ImageProcessed;
global ImageGlobal;
axes(handles.axes2);
se=[0 1 0;1 1 1;0 1 0];
ImageImdilate=imdilate(ImageGlobal,se);
imshow(ImageImdilate);
ImageProcessed=ImageImdilate;
```

后面三个菜单回调函数与“膨胀”菜单类似，具体可参见随书源代码。调用 Xingtai_imrode_Callback 函数执行“腐蚀”菜单的功能，函数代码如下：

```
function Xingtai_imrode_Callback(hObject,eventdata,handles)
```

调用 Xingtai_imopen_Callback 函数执行“开运算”菜单的功能，函数代码如下：

```
function Xingtai_imopen_Callback(hObject,eventdata,handles)
```

调用 Xingtai_imclose_Callback 函数执行“闭运算”菜单的功能，函数代码如下：

```
function Xingtai_imclose_Callback(hObject,eventdata,handles)
```

调用 Help_Callback 函数执行“帮助”一级菜单的功能，函数代码如下：

```
function Help_Callback(hObject,eventdata,handles)
```

调用 Code_Callback 函数执行“查看源代码”菜单的功能，函数代码如下：

```
function Code_Callback(hObject,eventdata,handles)
% 调用 code.m 函数查看源代码
code
```

调用 Theory_Callback 函数执行“算法原理”菜单的功能，函数代码如下：

```
function Theory_Callback(hObject,eventdata,handles)
% 调用 theory.m 函数查看算法原理
theory
```

调用 Example_Callback 函数执行“实例演示”菜单的功能，函数代码如下：

```
function Example_Callback(hObject,eventdata,handles)
```

调用 Example_NoiseProcess_Callback 函数执行“噪声添加与处理”菜单的功能，函数代码如下：

```
function Example_NoiseProcess_Callback(hObject,eventdata,handles)
global IGray
global ImageGlobal
global ImageProcessed
figure,subplot(231);imshow('noise.jpg'); title('(1)含有椒盐噪声的图像 ')
subplot(232);imshow('noise_medfilter4.jpg');title('(2)均值滤波图像 ');
subplot(233);imshow('noise_medfilter33.jpg');title('(3)中值滤波图像 ');
```

```
subplot(234);imshow('gauss.jpg'); title('(4)含有高斯噪声的图像');
subplot(235);imshow('noise_medfilter24.jpg');title('(5)均值滤波图像');
subplot(236);imshow('noise_medfilter233.jpg');title('(6)中值滤波图像');
```

调用 About_Callback 函数执行“关于”一级菜单的功能，函数代码如下：

```
function About__Callback(hObject,eventdata,handles)
```

调用 Note_Callback 函数执行“软件说明”菜单的功能，函数代码如下：

```
function Note_Callback(hObject,eventdata,handles)
A=['此程序适用于初学者使用,使用前请查阅使用说明'];
%查看6.5.9节内容帮助对话框
helpdlg(A,'About')
```

调用 About_Callback 函数执行“版本”菜单的功能，函数代码如下：

```
function About_Callback(hObject,eventdata,handles)
A=['本程序使用 MATLAB R2013a'];
helpdlg(A,'About');
```

（5）其他控件

例子中还使用了文本编辑框、坐标轴、静态文本和面板四种控件。由于这里四种控件只起显示作用，系统生成的回调函数中不需要添加任何代码。

6.7.3 回调函数的数据管理

从前面的例子可以看出，回调函数的实质就是数据的传递和管理。MATLAB 提供了几种方法用于实现界面中和多界面之间的数据传递。

1. 全局变量

运用 global 定义全局变量是最简单的方法，全局变量在 MATLAB 全部工作空间中均有效，它可以减少数据传递的次数。但是只要出现全局变量，都要添加定义；而且修改一个全局变量值，其他用到此变量的地方，其数值都会发生改变，容易造成逻辑错误。

建立一个用户界面，包含两个按钮和一个坐标系，一个绘制正弦曲线，一个绘制余弦曲线。在 GUI 中的 OpeningFcn 函数中添加：

```
global x y1 y2
x=0:.1:2*pi
y1=sin(x)
y2=cos(x)
```

在 pushbutton_sin_Callback 函数中添加：

```
global x y1
plot(x,y1)
```

在 pushbutton_cos_Callback 函数中添加：

```
global x y2
```

```
plot(x,y2)
```

在 OpeningFcn 函数中使用全局变量对 x、y1 和 y2 进行赋值，在控件回调函数中可以直接调用这些变量。当修改变量数值时，只要在 OpeningFcn 函数中修改即可，其他地方会随之改变。

2. handles 结构体

在 GUIDE 创建的 M 文件中，大多数函数声明行表示为：function varargout = guide_OpeningFcn(hObject,eventdata,handles)。每个函数都有一个参数 handles，这是设计 GUI 界面时系统自动生成的结构体，与 figure 句柄相关联，它用于存放用户界面所有 GUI 对象数据，在每个函数中都可作为参数，使得每个函数都可以任意访问对应 GUI 窗口中的每一个控件。例如 GUI 中控件 pushbutton1 有个变量 x，需要传递到另一个控件 pushbutton2，在 pushbutton1 的回调函数中添加代码：

```
handles. x = x;
guidata(hobject,handles)% 更新 handles 结构体,这句必须有,否则其他控件无法使用
```

在 pushbutton2 的回调函数中添加代码：

```
x = handles. x;
```

这样就可以实现将变量 x 的值在两个控件之间传递。

3. Userdata 数据

通过 set 函数设置对象的 Userdata 属性可以实现各个回调函数之间的数据存取操作。要想获得 Userdata 中保存的数据，需要使用 get 函数。首先将数据存储在一个特定的对象中，假设对象的句柄值为 ui_handle，需要存储的值为 value，则输入以下程序即可：

```
set('ui_handle','UserData',value);
```

此时，value 数据就存在句柄值为 ui_handle 的对象内，在执行的过程中若要取回变量可以通过下面的语句在任意对象的回调函数中获取该数据值：

```
value = get('ui_handle','UserData');
```

例如有两个 gui 函数，其中 myloadfcn 中加载了 mydata. mat 文件，该文件内存储 XYData 变量，其值为 *m* 行 2 列的绘图矩阵，加载后将该变量值存储到当前的窗口的 UserData 属性中。另一个 myplotfcn 函数则是用以获取该 UserData 属性中存取的绘图数据，然后执行绘图命令。代码如下：

```
function myloadfcn
load mydata;
set(gcbf,'UserData',XYdata)

function myplotfcn
XYdata = get(gcbf,'UserData');
x = XYData(:,1);
y = XYData(:,2);
```

```
plot(x,y);
```

4. 运用 save 和 load 传递参数

将变量 x 的值先存到磁盘，格式为：save('*.mat','x')。当需要调用变量 x 的时候，使用 load('*.mat')，把变量 x 读入到工作空间里，这样就可以直接从工作空间里调用了。当然，这种方式需要用到硬盘的读写，会降低程序执行速度，一般情况不建议使用，通常用在保存以及导入某个变量的时候。

6.8 GUI 生成 MATLAB App

MATLAB R2013a 为用户提供了将用户自行设计的 GUI 封装成 MATLAB App 的功能。

首先，在 MATLAB R2013a 环境下选择 "APPS" 工具条，如图 1-6 所示，单击 "Package App" 选项进入 "Package App" 对话框，如图 6-26 所示。

在如图 6-26 所示的对话框中，分成三部分："Pick main file"、"Describe your app" 和 "Package into installation"。在 "Pick main file" 中单击 "Add main file" 按钮选择待封装的应用程序 M 文件，单击 "Refresh" 按钮，导入 fig 文件。

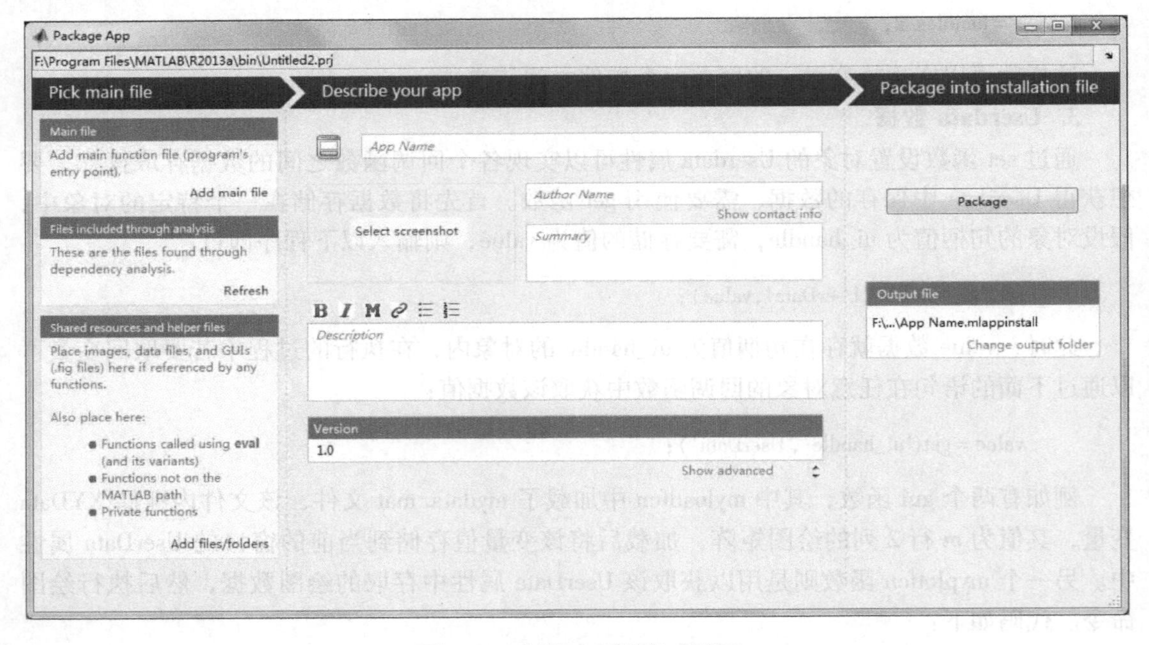

图 6-26 封装应用程序对话框

在 "Describe your app" 中添加 App Name，如果需要设计显示图标，可以单击 "Select screenshot" 按钮选择图片，在 "Description" 中添加对 App 的描述。

在 "Package into installation" 中单击 "Change output folder" 按钮选择 App 输出地址，最后单击 "Package" 按钮，完成封装。

图 6-27 是例 6-2 生成的数字图像处理应用程序的封装设置，生成的封装文件为 ImageProcessing.mlappinstall 和 ImageProcessing.prj。

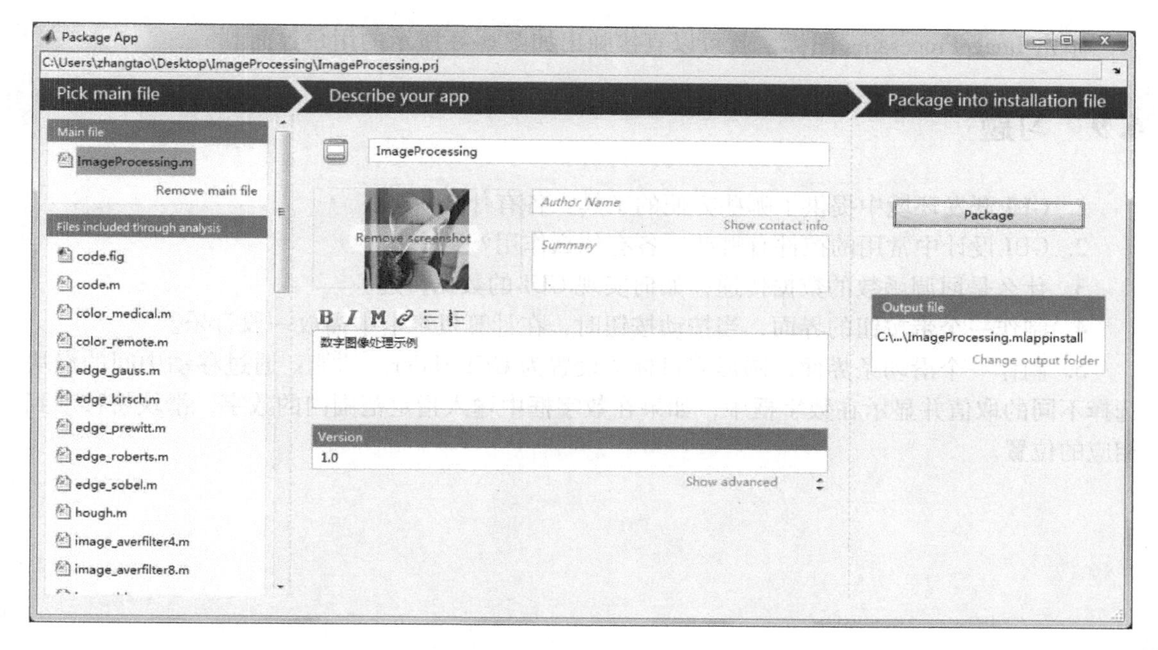

图 6-27　例 6.2 的封装设置

单击“APPS”工具条中的“Install App”按钮，打开如图 6-28 所示的对话框，选择安装文件，弹出如图 6-29 所示的对话框，单击“Install”按钮，ImageProcessing 应用程序就安装到了 MATLAB 主窗口的 APPS 工具栏中，如图 6-30 所示。

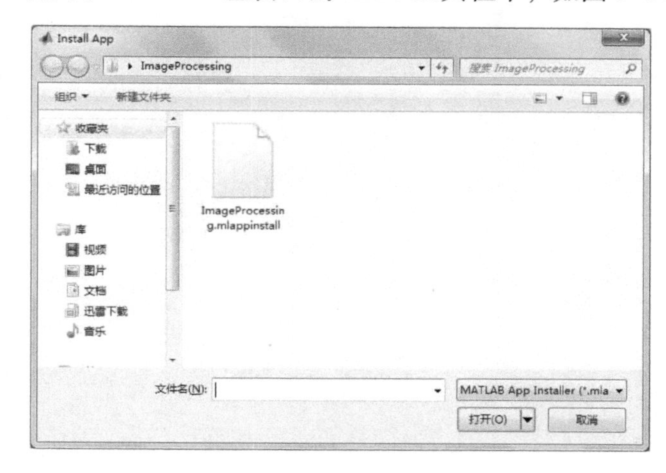

图 6-28　安装 App 对话框

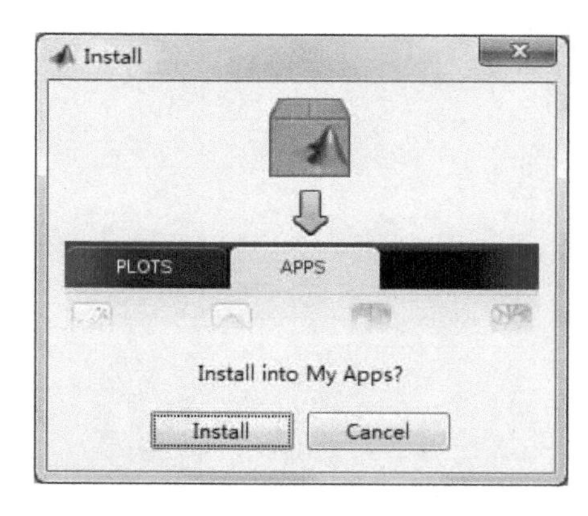

图 6-29　安装提示框

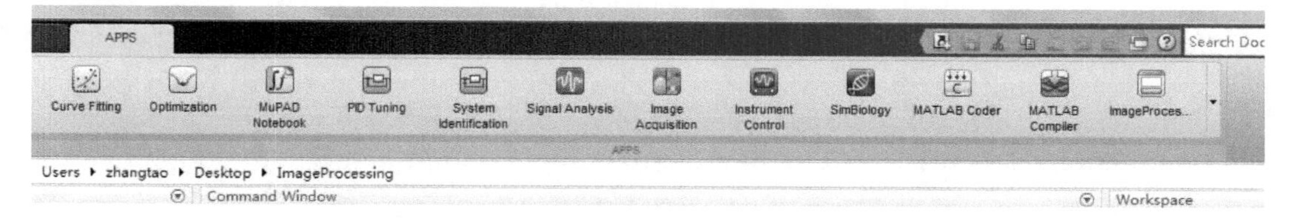

图 6-30　安装结果

单击 ImageProcessing 图标，就可以直接弹出如图 6-8 所示的用户界面。

6.9 习题

1. GUI 开发环境中提供了哪些方便的工具？各有什么用途？

2. GUI 设计中常用的控件有哪些？各有什么作用？

3. 什么是回调函数的数据传递，如何实现 GUI 的数据传递？

4. 制作一个带按钮的界面，当按动按钮时，在计算机声卡中播放一段音乐。

5. 制作一个滑动条界面，图形窗口标题设置为 GUI Slider。功能：通过移动中间的滑块选择不同的取值并显示在数字框中，如果在数字框中输入指定范围内的数字，滑块将移动到相应的位置。

第7章　MATLAB在数据采集中的应用

使用计算机实现信号处理中各种复杂的处理算法已经得到了广泛应用。对于一般的微处理器，实现数据的采集过程较为简单，但要对采集结果进行快速的实时处理分析就比较困难了，因为大多数MCU只提供简单的8位无符号数的四则运算指令，其运算处理能力有限。编写设计计算机与MCU的接口程序可以使用VC、VB等编程语言，但是由于采集到计算机的数据要进行后期处理，使用这些编程语言就不太方便了。由于MATLAB语言计算功能强大，使用简单语句就能实现各种信号处理方法，另外MATLAB支持面向对象技术，简化了计算机串口操作过程，因此使用MATLAB平台编程可以方便地实现计算机串口对MCU的控制，达到数据采集、传输、处理和显示结果的自动化。

7.1　数据采集概述

数据采集（Data Acquisition）是信息科学的一个重要分支，它用于研究信息数据的采集、存贮、处理以及控制等作业。在智能仪器、信号处理以及工业自动控制等领域，都存在着数据的测量与控制问题。将外部世界存在的温度、压力、流量、位移以及角度等模拟量（Analog Signal）转换为数字信号（Digital Signal），在收集到计算机并进一步予以显示、处理、传输与记录这一过程，被称为“数据采集”。相应的系统即为数据采集系统（Data Acquisition System，DAS）。

7.1.1　数据采集系统

数据采集系统是一种硬件和软件的集合，采集传感器输出的模拟信号并转换成计算机能识别的数字信号，然后送入计算机，根据不同的需要由计算机进行相应的计算和处理，得出所需的数据。与此同时，将计算得到的数据进行显示或打印，以便实现对某些物理量的监视，其中一部分数据还将被生产过程中的计算机控制系统用来控制某些物理量。一个典型数据采集系统由以下几部分组成。

（1）数据采集硬件

数据采集硬件被誉为数据采集系统的“心脏”，硬件的主要功能是将模拟信号转变为数字信号，并将数字信号转变为模拟信号。

（2）传感器

传感器的作用是感受各种物理变量，如力、线位移、角位移、应变和温度等，并把这些物理量转变为电信号。

（3）信号调理

传感器的输出信号通常与数据采集设备不兼容，为克服不兼容性，传感器的输出信号需要进行调理。例如用户对信号进行放大或去除噪声等。

（4）计算机

在数据采集系统中计算机提供处理器、系统时钟、数据传输总线以及存储数据所需的内存和磁盘空间。

（5）软件

数据采集系统允许用户在计算机和硬件之间交换信息。

7.1.2 数据采集工具箱

MATLAB 环境下的数据采集工具箱是一种建立在 MATLAB 环境下的 M 函数文件和 MEX 动态链接库文件的集合，可以简化和加快数据的采集工作。使用工具箱更容易将实验测量、数据分析和可视化的应用集合在一起。数据采集工具箱提供了一整套的命令和函数，通过调用这些命令和函数，可以直接控制各种与 PC 兼容的硬件设备的数据采集。

数据采集工具箱包含有 3 种组件：M 文件函数、数据采集引擎和硬件驱动接口。MATLAB 程序通过这 3 种组件实现与数据采集硬件的互联与信息传递。

1. M 函数

任何一个 MATLAB 的应用程序都必须使用 M 文件。进行数据采集之前，必须在 MATLAB 环境下调用一个或一些由 M 文件所构成的函数，以完成特定的数据采集任务。

1）创建设备对象，为硬件提供功能性的通路和控制数据采集过程；

2）通过将信息传递给硬件或从硬件获取信息来控制采集过程；

3）通过来自硬件的特定信息获得数据采集过程中的一些状态。

2. 数据采集引擎

数据采集引擎是 MEX 文档格式的动态链接库（DLL）文件，其作用是：

1）存储设备对象以及相应的用于控制数据采集过程的属性值；

2）控制事件同步；

3）负责采集数据的存储以及数据输出。

3. 硬件驱动接口

硬件驱动接口负责在数据采集引擎和硬件驱动程序之间传递信息。硬件驱动由硬件供应商提供。例如，为采用 NI 公司的采集卡来获取数据，必须安装相应的 NI－DAQ 驱动。

数据采集的应用程序需要设备对象来控制。MATLAB 数据采集工具箱提供了 3 种设备对象，分别是模拟输入设备对象（AI）、模拟输出设备对象（AO）和数字输入/输出设备对象（DIO）。在每次采样之前，要创建合适的设备对象。

7.2 数据采集过程

MATLAB 调用数据采集工具箱控制采集卡，完成采集和分析任务，主要步骤有：

1）创建设备对象。用户使用模拟输入、模拟输出或数字输入输出创建函数来建立设备对象。

2）添加通道或数据线。创建好对象，需要向对象中添加通道或数据线。模拟量输入输出对象中添加通道，数字量输入输出对象中添加数据线。

3）配置属性。设定设备对象行为，既可以设置函数属性为相应的值，也可以选择相应的值来设定属性值。

4）获取或输出数据。为获取或输出数据，用户应执行设备对象。设备对象将按照用户先前所配置的属性值或默认属性值所设定的行为运行。

5）清除设备对象。当用户不再需要设备对象时，应使用删除函数将设备对象从内存中清除，并使用清除命令将对象从 MATLAB 工作空间中清除。

数据采集卡是数据采集系统的核心，一般的采集卡都比较昂贵，在采样频率要求不高的情况下，可以利用计算机的声卡作为数据采集的输入和输出。这里采用声卡作为数据采集设备。声卡是语音信号和计算机的通用接口，已成为计算机的标准配置。利用声卡进行采样与输出，就不需要购买专门的采集卡可以降低虚拟仪器的开发成本，且在音频范围内可以完全满足任务要求。

7.2.1 声卡的硬件属性和特性

1. 声卡的作用和特点

声卡的主要功能就是经过 DSP（数字信号处理）音效芯片的处理，进行模拟音频信号的与数字信号的转换，在实际中，除了音频信号以外，很多信号都在音频范围内，比如机械量信号，某些载波信号等，当我们对这些信号进行采集时，使用声卡作为采集卡是一种很好的解决方案。

声卡的功能主要是录制与播放，编辑与合成处理，MIDI 接口三个部分。

（1）录制与播放

通过声卡，人们可以将来自话筒等外部音源的声音录入计算机，并转换成数字文件存储到计算机中进行编辑等操作，人们也可以将这些数字文件转换成声音信号，通过计算机扬声器播放。

（2）编辑与合成处理

通过对声音文件的多种特技效果的处理，包括加入回声、倒放、淡入淡出、往返放音以及左右两个声道交叉放音等，可以实现对各种声源音量的控制与混合。

（3）MIDI 接口

通过 MIDI 接口和波表合成，可以记录和回放各种接近真实乐器原声的音乐。

2. 声卡的构造

一般声卡由声音控制/处理芯片、功放芯片、声音输入/输出端口等构成。声音控制/处理芯片是声卡的核心，集成了采样保持，A－D 转换、D－A 转换、音效处理等电路。

对于不同的声卡，其硬件接口有所不同，一般声卡有 4～5 个对外接口。Wave Out（或 Line Out）和 SPK Out 是输出接口，Wave Out 输出的是没有经过放大的信号，需要外接功率放大器。Mic In 和 Line In 是输入接口，Mic In 接口只能接受较弱的信号，幅值约为 0.02～0.2 V，很容易受干扰，对于数据采集，一般常用 Line In 接口，它可以接受幅值不超过 1.5 V 的信号。

多数声卡的输入都是双通道的，在实际数据采集中，可以通过 3.5 mm 音频插头将信号从声卡接口引入或引出，可以使用报废的立体声耳机做一个双通道的输入线，剪去耳机，保留线和插头即可，注意这两个通道是共地的。

3. 声卡的技术指标

声卡的技术指标主要有以下四种：

（1）采样频率

采样频率指的是对原始声音波形进行样本采集的频繁程度。采样频率越高，记录下的声音信号与原始信号之间的差异就越小。采样频率的单位是 kHz，专业声卡通常会提供以下采样频率：32/24/44.1/48/88.2/96 kHZ。

（2）采样位数

采样位数是对声音进行 A－D 变换时，对音量进行度量的精确程度。就好像刻度越精密的尺子测量出的长度越准确一样，采样位数越大，声音听起来就越细腻，“数码化”的味道就越不明显。专业声卡支持的采样位数通常包括：16 bit/18 bit/20 bit/24 bit。

对于成品的声音而言，最常用的音质标准是 16 bit/44.1 kHz，即 CD 品质。无论在录音时采用了多高的采样频率与采样位数，最终生成立体声音频文件时都必须将声音格式化为 CD 标准，以便使其能够在绝大多数的音响设备上顺利播放。

使用高于 CD 音质的标准进行录音的好处是，如果不能保证声源信号与原始波形高度一致，那么经过了多次处理后，这个差别就会明显增大。此外，使用高的采样频率与采样位数录制音频，量化噪声将会降至最低水平。

（3）失真度

失真度是表征处理后信号与原始波形之间的差异情况，为百分比值。其值越小说明声卡越能记录或再现音乐作品的原貌。

（4）信噪比

信噪比指有效信号与噪声的比值，由百分比表示。其值越高，则说明因设备本身原因而造成的噪声越小。

7.2.2 声卡数据采集

在数据采集前先查看一下电脑中的硬件配置。使用 daqhwinfo 函数显示数据采集硬件的信息。常用格式如下：

```
OUT = daqhwinfo %以结构的形式返回通用硬件相关信息,包括适配器、工具箱和 MATLAB 版本等;
OUT = daqhwinfo('ADAPTOR') %返回特定硬件 ADAPTOR 的相关信息,包括适配器动态链接库名、硬件板卡名、ID 号和设备对象构造器名等;
OUT = daqhwinfo('ADAPTOR','Property') %返回特定 ADAPTOR 的特定属性的硬件相关信息,Property 为属性名;
OUT = daqhwinfo(OBJ) %返回设备对象 OBJ 的相关硬件信息;
OUT = daqhwinfo(OBJ,'Property') %返回设备对象 OBJ 的特定属性的相关硬件信息。
```

例 7.1 显示所安装的硬件信息。

```
out = daqhwinfo
```

输出结果如下

```
out =
ToolboxName:'Data Acquisition Toolbox'
```

```
ToolboxVersion:'3.3 (R2013a)'
MATLABVersion:'8.1 (R2013a)'
InstalledAdaptors:{'winsound'}
```

可以看出，函数中前三个属性显示的是 MATLAB 的版本和数据采集工具箱的名称和版本，在属性 InstalledAdaptors 里包含的是系统已经安装了的数据采集硬件，在不接其他外接硬件，显示的硬件只有电脑自带的声卡。要显示声卡的具体信息，将其作为 daqhwinfo 函数的输入参数，输入程序如下：

```
out = daqhwinfo('winsound')
```

输出结果如下

```
out =
AdaptorDllName:'f:\Program Files\MATLAB\R2013a\toolbox\daq\daq\private
\mwwinsound.dll'
AdaptorDllVersion:'3.3 (R2013a)'
AdaptorName:'winsound'
BoardNames:{'conexant 20672 smartaudio hd'}
InstalledBoardIds:{'0'}
ObjectConstructorName:{'analoginput('winsound',0)''analogoutput('winsound',0)'''}
```

其中属性 BoardNames 包括声卡型号名，声卡有一个用户可配置的识别码，显示在属性 InstalledBoardIds 中，属性 ObjectConstructorName 里面包含声卡支持的设备对象创建函数名。

下面就声卡数据采集的各个过程做详细介绍。

1. 创建设备对象

设备对象是用于访问硬件设备，设备对象提供了硬件功能的控制通路，通过它可以控制数据采集系统的行为。

针对不同的设备对象，MATLAB 采用不同的函数创建。

(1) analoginput 函数创建模拟量输入对象

格式为

```
AI = analoginput('ADAPTOR')
AI = analoginput('ADAPTOR',ID)
```

表示为适配器名为 ADAPTOR，设备标识符为 ID 的硬件创建模拟量输入对象 AI。

(2) analogoutput 函数创建模拟量输出对象

格式为

```
AO = analogoutput('ADAPTOR')
AO = analogoutput('ADAPTOR',ID)
```

参数含义与 analoginput 函数类似。

(3) digitalio 函数创建数字量 I/O 对象

格式为

```
DIO = digitalio('ADAPTOR',ID)
```

参数含义与 analoginput 函数类似。

从例 7.1 中看出，声卡只支持模拟量输入和输出，因此下面我们只介绍模拟量输入输出，数字量采集可参考相关资料。

例 7.2 创建声卡的模拟量输入对象和输出对象。

```
ai = analoginput('winsound')
ao = analogoutput('winsound')
```

创建好设备对象后，可以使用已经创建的设备对象作为参数调用 daqhwinfo 函数查看设备对象的信息，运行如下命令：

```
out = daqhwinfo(ai)
```

输出结果如下

```
out =
AdaptorName:'winsound'
Bits:16
Coupling:{'AC Coupled'}
DeviceName:'conexant 20672 smartaudio hd'
DifferentialIDs:[]
Gains:[]
ID:'0'
InputRanges:[ -1 1]
MaxSampleRate:96000
MinSampleRate:5000
NativeDataType:'int16'
Polarity:{'Bipolar'}
SampleType:'SimultaneousSample'
SingleEndedIDs:[1 2]
SubsystemType:'AnalogInput'
TotalChannels:2
VendorDriverDescription:'Windows Multimedia Driver'
VendorDriverVersion:'6.1'
```

从上面可以看出，声卡的设备对象所支持的最低采样频率为 5 kHz，最高采样频率为 96 kHz，转换位数为 16 位，输入范围为 -1 V ~ 1 V，双极性，两个通道。

2. 添加通道或数据线

通道和数据线是硬件设备的基本元素，数据采集系统通过它们来获取或输出数据的。当创建好设备对象后，不含有任何硬件通道。为运行设备对象，必须使用 addchannel 函数来添加对象。模拟量输入输出对象需要添加通道，数字 I/O 对象需要添加数据线。addchannel 函数的格式如下：

```
CHANS = addchannel(OBJ,HWCH) %将硬件通道添加到 HWCH 指定的设备对象 OBJ,与所添加通
    道相关联的 MATLAB 索引被自动分配,CHANS 为通道列向量。
```

```
CHANS = addchannel(OBJ,HWCH,NAMES) %NAMES 为通道描述名。
CHANS = addchannel(OBJ,HWCH,INDEX) %指定与所添加通道相关联的 MATLAB 索引。
CHANS = addchannel(OBJ,HWCH,INDEX,NAMES)
```

硬件通道 ID 存储于 HwChannel 属性中，MATLAB 索引存储于 Index 属性中。对于声卡可以配置两种工作模式：单声道和立体声模式。对于单声道模式，HWCH 等于 1；对于立体声模式，HWCH 的第一个值必须为 1。

例 7.3 为声卡添加硬件通道。

如果将声卡配置为单声道模式，HWCH 必须等于 1，代码为：

```
ai = analoginput('winsound');
addchannel(ai,1)
```

输出结果如下

```
Index: ChannelName:  HwChannel:  InputRange:  SensorRange:  UnitsRange:  Units:
1      'Mono'        1           [-1 1]       [-1 1]        [-1 1]       'Volts'
```

其中 ChannelName 属性自动设置为 'Mono'，此时如果添加第二个通道，声卡自动转换成工作于立体声模式，代码为：

```
addchannel(ai,2)
```

输出结果如下

```
Index:  ChannelName:  HwChannel:  InputRange:  SensorRange:  UnitsRange:  Units:
2       'Right'       2           [-1 1]       [-1 1]        [-1 1]       'Volts'
```

其中通道二的 ChannelName 属性自动设置为 'Right'，通道一的 ChannelName 属性也被自动设置为 'left'。当然也可以调用一次 addchannel 函数而将声卡设置为工作于立体声模式，代码为：

```
ai = analoginput('winsound');
addchannel(ai,1:2)
```

输出结果如下

```
Index:  ChannelName:  HwChannel:  InputRange:  SensorRange:  UnitsRange:  Units:
1       'Left'        1           [-1 1]       [-1 1]        [-1 1]       'Volts'
2       'Right'       2           [-1 1]       [-1 1]        [-1 1]       'Volts'
```

3. 配置属性值

定义和检验数据采集系统是通过设备对象的属性来实现的。定义数据采集特性使用 set 函数来给出相应的属性赋值，而检验数据采集的配置和状态使用 get 函数来显示相应的属性值实现的。当设备对象被创建时，使用 set 函数可将所有可配置属性及其可能的属性值返回到一个变量或者 MATLAB 命令行。如果要返回设备对象的所有可配置属性及其当前值，可以将设备对象作为 get 函数的输入参数。

例 7.4 获取声卡的设备属性。

根据例 7.3 为声卡创建模拟量输入对象 ai 并配置其工作于立体声模式，代码为

```
get(ai)
```

输出结果如下：

```
BufferingConfig = [512 30]
BufferingMode = Auto
Channel = [2x1 aichannel]
ChannelSkew = 0
ChannelSkewMode = None
ClockSource = Internal
DataMissedFcn = @ daqcallback
EventLog = [1x0 struct]
InitialTriggerTime = [0 0 0 0 0 0]
InputOverRangeFcn = [ ]
InputType = AC - Coupled
LogFileName = logfile. daq
Logging = Off
LoggingMode = Memory
LogToDiskMode = Overwrite
ManualTriggerHwOn = Start
Name = winsound0 - AI
Running = Off
RuntimeErrorFcn = @ daqcallback
SampleRate = 8000
SamplesAcquired = 0
SamplesAcquiredFcn = [ ]
SamplesAcquiredFcnCount = 1024
SamplesAvailable = 0
SamplesPerTrigger = 8000
StartFcn = [ ]
StopFcn = [ ]
Tag =
Timeout = 1
TimerFcn = [ ]
TimerPeriod = 0. 1
TriggerChannel = [1x0 aichannel]
TriggerCondition = None
TriggerConditionValue = 0
TriggerDelay = 0
TriggerDelayUnits = Seconds
TriggerFcn = [ ]
TriggerRepeat = 0
```

```
TriggersExecuted = 0
TriggerType = Immediate
Type = Analog Input
UserData = [ ]

WINSOUND specific properties:
BitsPerSample = 16
StandardSampleRates = Off
```

从程序中可以看出，数据采集工具箱的属性分为两类：

1）公共属性，适用于设备对象的每个通道或数据线；

2）通道/数据线属性，适用于配置单个的通道或数据线。

程序中是声卡的公共属性，这两种属性在显示的时候被分为两部分。

（1）基本属性

适用于给定设备类型的所有支持的硬件系统，例如 SampleRate 属性是模拟量输入对象的基本属性，对于任何供应商提供的硬件均适用。

（2）设备特有属性

适用于特定的硬件设备，例如 BitsPerSample 属性仅适用于声卡。有些基本属性也具有设备特有属性，如 InputType 属性对于不同供应商提供的硬件将有不同设定值。

程序中前面部分是所有硬件都有的属性，后三项是声卡特有属性。

如果要显示某个属性的当前值，应将属性名作为 get 函数的输入参数。

```
get( ai,'SampleRate' )
```

输出结果如下

```
ans =
        8000
```

也可使用结构体形式显示单个属性的值。

```
ai. SampleRate
```

显示单个通道的属性和当前值可使用 Channel(line)属性。

```
get( ai. Channel( 1 ) )
```

输出结果如下

```
ChannelName = Left
HwChannel = 1
Index = 1
InputRange = [ -1 1]
NativeOffset = 1. 5259e -05
NativeScaling = 3. 0518e -05
Parent = [1x1 analoginput]
SensorRange = [ -1 1]
```

```
Type = Channel
Units = Volts
UnitsRange = [ -1 1]
```

使用 set 函数可以对公共属性和通道/数据线属性进行配置。以前面创建的模拟量输入对象 ai 为基础，设置单一属性。

```
set(ai,'BufferingMode','Manual')
```

也可以同时配置多个属性。

```
set(ai,'BufferingMode','Manual','SampleRate',40000)
```

对于通道/数据线属性进行配置，使用 Channel(line)属性来完成。

```
set(ai.Channel(1),'SensorRange',[ -2,2])
```

当用户不明确为一个属性定义怎样的值时，可以使用属性的默认值，所有可配置的属性都有默认属性。但是针对不同硬件，默认属性值可能不一致。可以使用 propinfo 函数来查看任何属性的默认值。

```
out = propinfo(ai,'SampleRate')
```

输出结果如下

```
out =
                    Type:'double'
              Constraint:'bounded'
         ConstraintValue:[5000 96000]
            DefaultValue:8000
                ReadOnly:'whileRunning'
          DeviceSpecific:0
```

4. 获取或输出数据

配置好设备对象之后，就可以获取或输出数据了。

由于数据是在 MATLAB 和硬件之间进行传输的，所以可以把设备对象看作工作于某种特定的状态。在数据采集工具箱中定义了两种工作状态：

(1) 运行状态

对于模拟量输入对象，运行状态是指从模拟量输入系统中获取数据的状态，而对于模拟量输出对象，运行状态是指数据引擎中的数据队列已经准备好输出到模拟量输出系统中。运行状态由 Running 属性来标识。

用户首先要使用 start 函数启动设备对象。

例 7.5 启动声卡模拟量输入对象

```
start(ai)
```

当执行 start 函数后，Running 属性的属性值被自动设置为 On，设备对象开始运行。对于模拟量输入对象的采集过程，可以使用 peekdata 函数来预览数据。

```
data = peekdata(ai,200)
```

表示预览模拟量输入对象 ai 中所获取的最近 200 个样本。

（2）记录/发送状态

对于模拟量输入对象，记录状态是将模拟量输入系统获取的数据存储到引擎中，记录状态由 Logging 属性来标识；对于模拟量输出对象，发送状态是指数据引擎中的数据队列被输出到模拟量输出系统中，发送状态由 Sending 属性来标识。

在记录/发送数据之前，必须有触发发生。配置模拟量输入、输出触发要用到 Trigger Type 属性。从例 7.4 中看出，Trigger Type 属性的默认值为 Immediate，表示在 start 函数开始运行时触发立即执行。这时 Logging 属性自动被设置为 On，同时由硬件获取的数据被记录到数据引擎或磁盘文件中。使用 getdata 函数可以提取记录到引擎中的数据。

例 7.6 提取模拟量输入对象 ai 的 200 个样本。

```
[data,time] = getdata(ai,200)
```

其中 data 获取 200 点的测量数据，time 获得采样数据的时间。

对于模拟量输出对象，在数据输出到硬件之前，使用 putdata 函数在数据引擎中对数据进行排列。触发产生时，Sending 属性自动设置为 On，数据发送到硬件中。

例 7.7 为模拟量输出对象 ao 的 500 个样本进行排列。

```
ao = analogoutput('winsound');
addchannel(ao,1:2);
data = sin(linspace(0.2 * pi * 500,8000))';
putdata(ao,[data data]);
start(ao)
```

5. 清除设备对象

当采集完成后，需要从内存和工作空间中删除已建立好的设备对象。

使用 delete 函数将设备对象从内存中清除，如删除前面创建的 ai：

```
delete(ai)
```

使用 clear 命令将设备对象从工作空间中删除：

```
clear ai
```

7.3 串口通信

7.3.1 串口通信概念

串行接口简称为串口，一般包括 RS-232/RS-422/RS-485，由于串口技术简单成熟，性能可靠，价格便宜，最重要的是串口要求的软硬件环境或条件都很低，所以被广泛应用于计算机及相关领域，例如调制解调器、各种监控模块、打印机、PLC、数控机床、摄像头云平台、示波器、单片机及相关智能设备。

串口通信（Serial Communication）是指外设与计算机通过接线将串口连接起来的通信。串口通信按位进行 ASCII 码字符的传输，传输速度较慢，但可以实现远距离通信。由于采用的是异步通信，所以端口可以利用数据接收和发送两根线分别进行数据的接收和发送。通信主要使用 3 根线完成：地线 SG、发送 TD、接收 RD。其余的 6 根线都用于握手（两台设备间的通信），但都不是必需的。

对于进行串口通信的两个端口，端口为了可以进行交流，一些串口最重要的参数必须匹配，这也就是通信端口的初始化。如果不进行初始化，通信就可能无法进行或者传输的数据出现错乱。通信端口初始化需要设置的重要参数如下：

1）波特率是衡量符号传输速率的参数。表示的是信号被调制以后在单位时间内的变化，即单位时间内载波参数变化的次数，如每秒钟传送 240 个字符，而每个字符格式包含 10 位（1 个起始位，1 个停止位，8 个数据位），这时的波特率为 240 Bd，比特率为 10 位 * 240 个/秒 = 2400 bit/s。一般调制速率大于波特率，比如曼彻斯特编码）。通常电话线的波特率为 14400，28800 和 36600 bit/s。波特率可以远远大于这些值，但是波特率和距离成反比。高波特率常常用于放置的很近的仪器间的通信。

2）数据位是衡量通信中实际数据位的参数。当计算机发送一个信息包，实际的数据往往不会是 8 位的，标准的值是 6、7 和 8 位。如何设置取决于你想传送的信息。比如，标准的 ASCII 码是 0 ~ 127（7 位）。扩展的 ASCII 码是 0 ~ 255（8 位）。如果数据使用简单的文本（标准 ASCII 码），那么每个数据包使用 7 位数据。每个包是指一个字节，包括开始/停止位，数据位和奇偶校验位。由于实际数据位取决于通信协议的选取，术语“包”指任何通信的情况。

3）停止位：用于表示单个包的最后一位，典型的值为 1、1.5 和 2 位。由于数据是在传输线上定时的，并且每一个设备有其自己的时钟，很可能在通信中两台设备间出现了小小的不同步。因此停止位不仅仅是表示传输的结束，并且提供计算机校正时钟同步的机会。适用于停止位的位数越多，不同时钟同步的容忍程度越大，但是数据传输率同时也越慢。

4）奇偶校验位：在串口通信中一种简单的检错方式，有偶、奇、高和低四种检错方式。当然没有校验位也是可以的。对于偶和奇校验的情况，串口会设置校验位（数据位后面的一位），用一个值确保传输的数据有偶个或者奇个逻辑高位。例如，如果数据是 011，那么对于偶校验，校验位为 0，保证逻辑高的位数是偶数个。如果是奇校验，校验位为 1，这样就有 3 个逻辑高位。高位和低位不是真正的检查数据，简单置位逻辑高或者逻辑低校验。这样使得接收设备能够知道一个位的状态，有机会判断是否有噪声干扰了通信或者是否传输和接收数据是否不同步。

串口通信的通信方式有三种：

单工模式（Simplex Communication）的数据传输是单向的。通信双方中，一方固定为发送端，一方则固定为接收端。信息只能沿一个方向传输，使用一根传输线。

半双工模式（Half Duplex）通信使用同一根传输线，既可以发送数据又可以接收数据，但不能同时进行发送和接收。数据传输允许数据在两个方向上传输，但是，在任何时刻只能由其中的一方发送数据，另一方接收数据。因此半双工模式既可以使用一条数据线，也可以使用两条数据线。半双工通信中每端需有一个收发切换电子开关，通过切换来决定数据向哪个方向传输。因为有切换，所以会产生时间延迟，信息传输效率低些。

全双工模式（Full Duplex）通信允许数据同时在两个方向上传输。因此，全双工通信是两个单工通信方式的结合，它要求发送设备和接收设备都有独立的接收和发送能力。在全双工模式中，每一端都有发送器和接收器，有两条传输线，信息传输效率高。

显然，在其他参数都一样的情况下，全双工比半双工传输速度要快，效率要高。

7.3.2 串口通信标准

串行接口按电气标准及协议来分包括 RS－232、RS－422、RS－485 等。

（1）RS－232

RS－232 也称标准串口，最常用的一种串行通信接口。它是在 1970 年由美国电子工业协会（EIA）联合贝尔系统、调制解调器厂家及计算机终端生产厂家共同制定的用于串行通讯的标准。它的全名是“数据终端设备（DTE）和数据通信设备（DCE）之间串行二进制数据交换接口技术标准”。传统的 RS－232－C 接口标准有 22 根线，采用标准 25 芯 D 型插头座（DB25），后来使用简化为 9 芯 D 型插座（DB9），现在应用中 25 芯插头座已很少采用。

RS－232 采取不平衡传输方式，即所谓单端通讯。由于其发送电平与接收电平的差仅为 2 V 至 3 V 左右，所以其共模抑制能力差，再加上双绞线上的分布电容，其传送距离最大为约 15 m，最高速率为 20 KB/s。RS－232 是为点对点（即只用一对收、发设备）通讯而设计的，其驱动器负载为 3 ~ 7 kΩ。所以 RS－232 适合本地设备之间的通信。

（2）RS－422

RS－422 标准全称是“平衡电压数字接口电路的电气特性”，它定义了接口电路的特性。典型的 RS－422 是四线接口。实际上还有一根信号地线，共 5 根线。其 DB9 连接器引脚定义。由于接收器采用高输入阻抗和发送驱动器比 RS232 更强的驱动能力，故允许在相同传输线上连接多个接收节点，最多可接 10 个节点。即一个主设备（Master），其余为从设备（Slave），从设备之间不能通信，所以 RS－422 支持点对多的双向通信。接收器输入阻抗为 4 kΩ，故发端最大负载能力是 10 × 4 kΩ + 100 Ω（终接电阻）。RS－422 四线接口由于采用单独的发送和接收通道，因此不必控制数据方向，各装置之间任何必需的信号交换均可以按软件方式（XON/XOFF 握手）或硬件方式（一对单独的双绞线）实现。

RS－422 的最大传输距离为 1219 m，最大传输速率为 10 MB/s。其平衡双绞线的长度与传输速率成反比，在 100 KB/s 速率以下，才可能达到最大传输距离。只有在很短的距离下才能获得最高速率传输。一般 100 m 的双绞线上所能获得的最大传输速率仅为 1 MB/s。

（3）RS－485

RS－485 是从 RS－422 基础上发展而来的，所以 RS－485 许多电气规定与 RS－422 相仿。如都采用平衡传输方式、都需要在传输线上接终接电阻等。RS－485 可以采用二线与四线方式，二线制可实现真正的多点双向通信，而采用四线连接时，与 RS－422 一样只能实现点对多的通信，即只能有一个主（Master）设备，其余为从设备，但它比 RS－422 有改进，无论四线还是二线连接方式总线上可多接到 32 个设备。

RS－485 与 RS－422 的不同还在于其共模输出电压是不同的，RS－485 是 －7 V 至 +12 V 之间，而 RS－422 在 －7 V 至 +7 V 之间，RS－485 接收器最小输入阻抗为 12 kΩ、RS－422 是

4 kΩ；由于 RS - 485 满足所有 RS - 422 的规范，所以 RS - 485 的驱动器可以在 RS - 422 网络中应用。

RS - 485 与 RS - 422 一样，其最大传输距离约为 1219 m，最大传输速率为 10 MB/s。平衡双绞线的长度与传输速率成反比，在 100 KB/s 速率以下，才可能使用规定最长的电缆长度。只有在很短的距离下才能获得最高速率传输。一般 100 m 双绞线最大传输速率仅为 1 MB/s。

7.4 MATLAB 串口通信

在 MATLAB 中，用户可以通过计算机的串行接口和外部设备（或计算机）如调制解调器、打印机、示波器等进行通信，甚至还可以把计算机作为中介在两台外部设备之间进行通信。通过建立一个串行接口对象，可以使用 MATLAB 的命令直接和外部设备进行通信。同时可以把外部设备的数据传输到 MATLAB 中，再利用 MATLAB 分析计算能力强大的特点对它们进行处理。

7.4.1 MATLAB 串口概述

通过 MATLAB 串口，用户可以直接对已连接到计算机串口上的外部设备进行访问。该接口是通过一个串口对象建立的，串口对象提供了一些 serial 函数和性质，通过这些函数和性质用户可以做到以下几点功能：

1）形成串口通信；

2）使用串口控制针；

3）读/写数据；

4）使用时间和回调；

5）保存信息到硬盘。

在过去串口发展的几十年时间里，国际上流行着一系列串口标准，这些标准包括 RS - 232、RS - 422 和 RS - 485。MATLAB 支持所有的串口标准，不过在计算机与外设的连接中最常用的还是 RS - 232 标准。Microsoft Windows，Linux 和 Sun Solaris 操作平台全都可以支持 MATLAB 串口。

7.4.2 MATLAB 串口通信过程

MATLAB 提供了打开串口、串口基本参数设置、关闭串口以及清理空间等操作的一系列函数。MATLAB 串口通信功能是通过 serial 类函数来实现的，自 MATLAB 6.0 版本起，软件开发公司在 MATLAB 中增加了仪器控制工具箱（Instrument Control Toolbox），这个工具箱包括附加的串口工具函数，这些函数对于串口对象的创建和形成、仪器的通信等有非常大的帮助。一般要编辑串口通信程序，利用特定函数可以进行选择串口号、设置串口通信参数（波特率、校验位、停止位、数据位、输入缓存区大小等）、中断控制、流控制等一系列操作。建立串口对象最简单的方法就是使用 serial 语句，串口通信的建立到结束的完整流程可以包括以下几个步骤：

1. 建立串口对象

使用serial串口对象创建函数，用户可以为一个特定的串口创建一个串口对象，在串口对象被创建时，还可以形成通信属性。Serial函数需要用连接到设备的串口名来作为它的输入参数，格式为：

```
obj = serial('port','PropertyName',PropertyValue,…)
```

其中参数port为完整的串口名称，如COM1，COM2。PropertyName为串口通信属性名，如波特率（BaudRate）、数据位（DataBits）、停止位（StopBits）、奇偶校验位（Parity）、输入输出缓冲区大小（InputBufferSize OutputBufferSize）、读写等待时间（Timeout）等。PropertyValue为属性名相应的属性值，属性名和属性值必须成对出现，也可以不去设置，全取默认值，但端口port参数不能省略。其函数为：

```
obj = serial('port')
```

serial函数仅仅提供了建立串口对象的功能，但是却不能和具体的串口硬件发生任何联系，因此使用串口前必须把这个串口打开。

2. 连接打开串口

使用fopen函数可以将串口对象连接到设备，实现该功能的函数为：

```
fopen(obj)
```

obj就是创建的串口对象名称。用户可以创建任意串口对象，但对于每个串口，每次只能连接一个串口对象。

可以使用Status属性来验证串口是否已经和设备连接好了。

```
obj.Status
```

输出结果如下

```
ans =
      open
```

串口对象连接好后，用户可以设置设备对象的参数值，并进行数据的读/写操作。

3. 配置串口通信参数

在串口读/写数据前，用户应使用set函数来为串口对象属性赋值，用户可以在对象创建后来为串口对象的属性赋值。实现该功能的函数为：

```
set(obj,'PropertyName',PropertyValue,…)
```

obj就是创建的串口对象名称，PropertyName为串口通信的属性名，PropertyValue则为相应的属性值。

4. 从串口读/写数据

配置好参数，就可以进行数据的读取或写入了，也就是接收和发送数据。

实现将数据写入串口的函数有两个，分别是fwrite和fprintf。

向设备写入文本数据使用fprintf函数，可以改变设备属性值或获取设备的状态信息。对于多数设备来说，写入文本数据也就是写入字符串命令。格式为：

```
fprintf(obj,'format','cmd','mode')
```

obj 为创建的串口对象名称；cmd 则是写入的文本数据，以数组的形式存储；mode 设置通信方式，选项有 async（异步通信）和 sync（同步通行）；format 为数据格式。串口对象的行为特点取决于前面对它属性所赋的值或默认值。

fwrite 以二进制形式向串口写入数据，格式为：

```
fwrite(obj,A,'precision','mode')
```

obj 就是创建的串口对象名称；A 为向串口写入的数据，以数组的形式存储；precision 为数据精度。

实现将数据从串口读取的函数有两个，分别是 fread 和 fscanf。

函数 fread 实现的功能是从串口读入二进制数据，格式为：

```
A = fread(obj,size)
```

A 为读入的数据，以数组的形式存储，存储数据形式为字节；obj 就是创建的串口对象名称；size 则指定一次读操作读入字节的个数。

函数 fscanf 将数据 A 以文本的形式从串口读取，也就是以 ASCII 码的形式从串口读数据，格式为：

```
fscanf(obj,'cmd')
```

obj 就是创建的串口对象名称；cmd 则是读入的文本数据，以数组的形式存储。串口对象的行为特点取决于前面对它属性所赋的值或默认值。

5. 关闭串口并且释放串口对象占用的存储空间

当不再使用串口对象时，就需要将其与设备断开并清理计算机内存和 MATLAB 工作空间。关闭串口使用 fclose 函数，格式为：

```
fclose(obj)
```

可以使用 Status 属性来验证串口是否已经和设备断开。

```
obj.Status
```

输出结果如下

```
ans =
        closed
```

释放串口对象占用的内存空间使用 delete 函数，格式为：

```
delete(obj)
```

使用 clear 函数在 MATLAB 工作空间中将串口对象除去，格式为：

```
clear obj
```

以上 5 个步骤是从建立串口通信过程到打开串口，关闭串口，释放串口占用资源的基本步骤。

7.5　温度采集和通信系统的设计实现

本设计以 Atmel 公司的 AT89S51 单片机为下位机，以 DS18B20 温度传感器采集温度信息，笔记本电脑为上位机组成温度采集和通信系统。温度传感器将测量的温度数据传到单片机中进行编程处理，将数据转化为二进制 ASCII 文件，然后传到上位机。由于笔记本电脑没有外接串口，因此无法直接与单片机串口进行通信，这时候就需要一个电平转换电路，利用 CH430T 芯片制作的电平转换电路将单片机串口的 RS－232 电平转为 USB 电平，接着连到电脑 USB 插口进行串口通信。系统工作时 Matlab 通过调用设备工具箱及相关函数来创建串口设备对象，得到设备的文件句柄。从而以操作文件的方式实现对串口的读写操作。

7.5.1　创建 GUI

创建图形用户界面（GUI）的步骤如下：

1）打开 MATLAB 软件，选择“File”菜单中的“new”子菜单下的“GUI”选项，打开“GUIDE Quick Start”对话框。

2）在“GUIDE templates”列表框中选择“Blank GUI(Default)”选项，单击“OK”按钮。当 MATLAB 完成 GUIDE 初始化后，显示 GUI 窗口，拖动并适当调整窗口大小。

选择 GUI 窗口中的“文件”菜单中的“保存”选项，在弹出的对话框内设置保存位置，保存为 fig 文件，单击保存后，系统将自动保存并打开 M 文件。

7.5.2　系统界面设计

1）选择控件面板中的控件，拖动到 GUI 窗口。

2）双击窗口中的控件，打开“Property Inspector”，按表 7-1、7-2、7-3 和 7-4 进行属性设置。

表 7-1　串口设置模块

控件类型	Tag 属性	String 属性	功　能
Panel	uipanel1	串口参数设置	框架
popupmenu	COM_menu	*注	串口号设置
popupmenu	BAUD_menu	*注	波特率设置
popupmenu	DATA_menu	*注	数据位设置
popupmenu	CHECK_menu	*注	校验位设置
popupmenu	STOP_menu	*注	停止位设置
Static Text	text1	串口号	串口号标签
Static Text	text2	波特率	波特率标签
Static Text	text3	数据位	数据位标签
Static Text	text4	校验位	校验位标签
Static Text	text5	停止位	停止位标签
Push Button	pushbutton1	打开串口	打开串口命令
Push Button	pushbutton2	关闭串口	关闭串口命令

表 7-2　采集参数模块设置

控 件 类 型	Tag 属性	String 属性	功　能
Panel	uipanel2	采集参数设置	框架
Static Text	text6	采集间隔/s	采集间隔标签
Static Text	text7	采集点数/个	采集点数标签
Push Button	pushbutton3	开始采集	开始采集命令
radiobutton	radiobutton1	停止采集	停止采集命令
Edit Text	edit3	空	设置采集间隔
Edit Text	edit4	空	设置采集点数

表 7-3　温度报警模块参数设置

控 件 类 型	Tag 属性	String 属性	功　能
Static Text	text8	高温阈值/℃	高温阈值标签
Panel	uipanel3	温度报警	框架
Static Text	text9	低温阈值/℃	低温阈值标签
Edit Text	edit5	空	设置高温阈值
Edit Text	edit6	空	设置低温阈值
Axes	axes2	——	上限报警灯
Axes	axes3	——	下限报警灯
Static Text	text10	高温报警灯	高温报警灯标签
Static Text	text11	低温报警灯	低温报警灯标签

表 7-4　温度显示模块参数设置

控 件 类 型	Tag 属性	String 属性	功　能
Panel	uipanel4	所有采集温度信息显示/℃	框架
Edit Text	edit2_jieshou	空	显示采集温度
Panel	uipanel5	当前温度信息显示/℃	框架
Edit Text	edit1_fasong	空	显示当前温度值
Axes	axes1	——	绘图
Static Text	text12	温度曲线显示区	绘图标签
Static Text	text13	MATLAB_温度采集系统	题目标签
Push Button	pushbutton4	清空	清空数据命令

* 注：popupmenu1 的 “String”：COM1/COM2/COM3/COM4/COM5/COM6/
COM7/COM8/ COM9/COM10/COM11/COM12/
COM13/COM14/COM15

popupmenu2 的 “String”：300/600/1200/2400/4800/9600/19200/38400/43000/
56000/57600/115200

popupmenu3 的 “String”：6/7/8

popupmenu4 的 “String”：NONE/ODD/EVEN

popupmenu5 的 “String”：1/2

为了美观，可以将所有按钮的颜色进行适当的调整，各个空间的大小和位置也可以作配合调整，使得界面布局更加合理如图 7-1 所示。

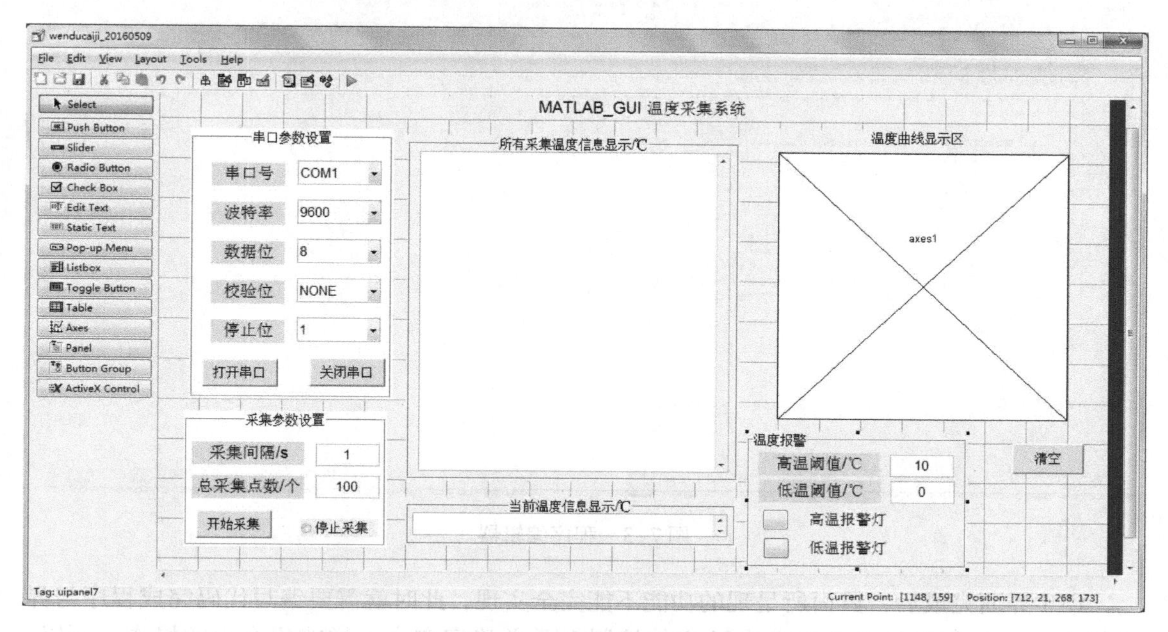

图 7-1　调整后的界面

然后单击工具栏中的“Run Figure”图标，运行结果如图 7-2 所示。

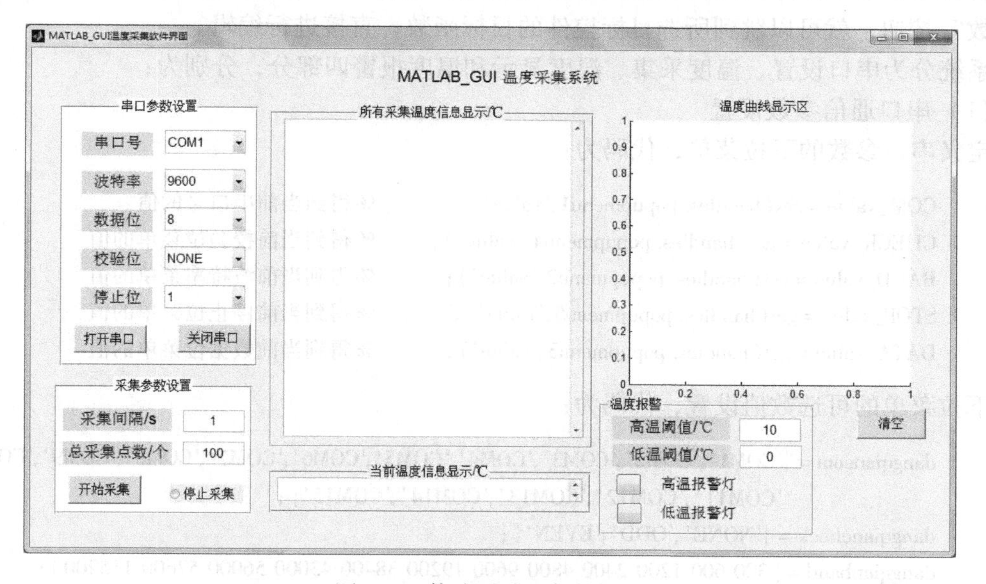

图 7-2　修改后试运行的界面

7.5.3　代码实现

当单击保存做好的 GUI 界面后，系统会自动弹出后面的程序编辑器。如图 7-3 所示。

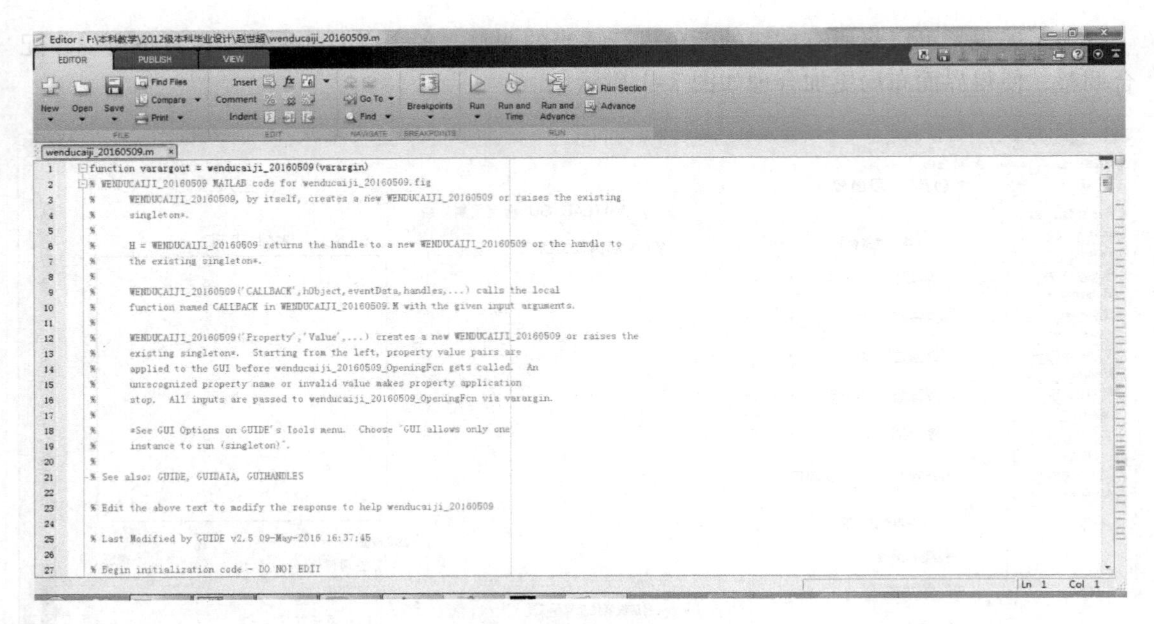

图 7-3　程序编辑器

GUI 界面完成后，界面所呈现的功能不能完全实现，此时就需要编写代码完成程序与界面的统一。由 GUIDE 自动生成的 M 文件控制 GUI 并确定它去怎样响应客户的操作，所以，必须要为各种类型的函数写程序。

若要编辑某个控件的回调函数，可以通过鼠标右键单击目标控件，然后单击“查看回调函数”按钮，就可以跳到所选目标控件的目标函数，直接进行编辑。

系统分为串口设置、温度采集、温度显示和温度报警四部分，分别为：

（1）串口通信参数设置

定义串口参数的下拉菜单，代码为：

```
COM_value = get(handles.popupmenu1,'value');      %得到当前串口号的值
CHECK_value = get(handles.popupmenu4,'value');    %得到当前校验位菜单的值
BAUD_value = get(handles.popupmenu2,'value');     %得到当前波特率菜单的值
STOP_value = get(handles.popupmenu5,'value');     %得到当前停止位菜单的值
DATA_value = get(handles.popupmenu3,'value');     %得到当前数据位菜单的值
```

下拉菜单的可选数值设置，代码为：

```
dangqiancom = {'COM1','COM2','COM3','COM4','COM5','COM6','COM7','COM8','COM9','COM10',
               'COM11','COM12','COM13','COM14','COM15'};
dangqiancheck = {'NONE','ODD','EVEN'};
dangqianbaud = [300 600 1200 2400 4800 9600 19200 38400 43000 56000 57600 115200];
dangqianstop = [1 2];
dangqiandata = [6 7 8];
```

串口对象的建立，代码为：

```
Serial_zhizhen = serial(dangqiancom{COM_value});          %串口号设置
```

```
set(Serial_zhizhen,'BaudRate',dangqianbaud(1,BAUD_value));%波特率设置
set(Serial_zhizhen,'DataBits',dangqiandata(1,DATA_value));  %数据位设置
set(Serial_zhizhen,'Parity',dangqiancheck{1,CHECK_value}); %检验位设置
set(Serial_zhizhen,'StopBits',dangqianstop(1,STOP_value)); %停止位设置
set(Serial_zhizhen,'InputBufferSize',1024000);              %设置输入缓冲区大小为 1 MB
set(Serial_zhizhen,'TimerPeriod',0.1);                      %每 0.1 s 调用一次接收的回调函数
Serial_zhizhen.Terminator='LF';
Serial_zhizhen.FlowControl='hardware';
warning off
fopen(Serial_zhizhen);                                      %打开串口设备对象
Serial_zhizhen
    fclose(com_dangqian);                                   %关闭串口
delete(com_dangqian);                                       %删除串口
clear com_dangqian;                                         %清理串口指针
```

建立串口“Serial_zhizhen”，定义串口参数，打开串口，读取串口，关闭串口并清空。

（2）温度采集模块设计

温度采集代码如下：

```
Serial_zhizhen=getappdata(gcf,'Serial_zhizhen');   %获得当前串口信息
tongji=0;
WENDU=[];                                          %温度值数组
TIME=[];                                           %时间数组
sjiange=get(handles.edit3,'string');               %获取采样间隔参数
scishu=get(handles.edit4,'string');                %获取采集点数
jiange=str2num(sjiange);
cishu=str2num(scishu);

for i=1:cishu
    stop_caiji=get(handles.radiobutton3,'value');%%%如果停止采集圆形按钮按下 则为 1
    pause(jiange);%%%间隔时间
    data1=fscanf( Serial_zhizhen);%读取串口数据
    size(data1);
    if stop_caiji==1   %%%检测到停止采集信号时候   立即停止采集
        break
    end
end
```

这段代码设置的功能：首先获得串口信息，接着读取用户自己设定的“采集间隔”和“采集点数”。然后可以实现开始和停止数据采集。

（3）温度显示模块设计

温度显示代码如下：

```
tongji=i;
```

```
dd = data1(5:10);
dd_num = str2num(dd);                              % 将传输过来的字符串转换成数值
set(handles.edit1_fasong,'String',num2str(dd_num))  % 实时追踪文本,不覆盖显示
message_danqian = get(handles.edit2_jieshou,'string');
message_shishi = {['第',num2str(i),'次采集:时间:',num2str(i),'s,温度',dd]};
% 设置"所有采集温度信息显示"框内显示格式
message_shishi1 = [message_shishi]';
message_zuizhong = [message_danqian;message_shishi1];
set(handles.edit2_jieshou,'string',message_zuizhong);
WENDU = [WENDU;dd_num];                 % y 轴显示为温度值
TIME = [TIME;jiange * i];               % x 轴显示为时间间隔和采集点数的乘积
handles.axes1;
plot(TIME,WENDU,'LineWidth',1.5)          % 设置 x、y 轴以及曲线线宽
axis([0 cishu * jiange -10 80]);          % 分别给定 x、y 轴的范围
grid on
xlabel('采样时间/s');                      % 定义 x 轴的名称为"采样时间/s"
ylabel('温度值/℃');                        % 定义 y 轴的名称为"温度值/℃"
```

代码实现的目的是在"所有温度采集信息显示"区以"第 * 次采集：时间 * s，温度 *"的形式显示所有采集来的温度信息；在"当前温度显示"区实时显示当前的温度值，并将之前覆盖；在"温度曲线显示"区以曲线的形式将所有温度显示出来，并且定义横竖坐标的内容和坐标显示范围，以及将显示曲线的粗度改为正常线宽的1.5倍。

（4）温度报警模块设计

温度报警模块代码如下：

```
diwen = get(handles.edit6,'string');            % 读取"低温阈值"的值
gaowen = get(handles.edit5,'string');           % 读取"高温阈值"的值
diwen1 = str2num(diwen);                        % 将低温值由字符串改为数值
gaowen1 = str2num(gaowen);                      % 将高温值由字符串改为数值

if  dd_num > gaowen1                            % 高温报警判断
    set(handles.pushbutton8,'BackgroundColor',[1 0 0]);  % 高温显示红色
else
    set(handles.pushbutton8,'BackgroundColor',[0.941 0.941 0.941]);
end
if  dd_num < diwen1                                      % 低温阈值判断
    set(handles.pushbutton9,'BackgroundColor',[0 0 1]);  % 低温显示蓝色
else
    set(handles.pushbutton9,'BackgroundColor',[0.941 0.941 0.941]);
end
```

代码实现的功能是：用户自行设置温度阈值，当实际温度在阈值范围内时，报警指示灯均显示灰色；当实际温度超出高温阈值时，高温报警灯变为红色，低温指示灯不变色；当实际温度低于低温阈值时，低温报警灯变为蓝色，高温指示灯不变色。

系统完整程序请参见随书源代码，程序运行界面如图 7-2 所示。

7.6 习题

1. 数据采集工具箱有哪些组件？分别有什么功能？
2. RS－232 通信和 RS－485 通信的优缺点有哪些？
3. 声卡的技术指标有哪些？用 MATLAB 获取声卡的指标。

第 8 章　MATLAB 在导航定位中的应用

导航技术是现代科学技术中一门重要的技术学科，在航空、航天、航海和许多民用领域都得到广泛的运用。使用 MATLAB 仿真软件，可轻松构建导航系统仿真模型，大大简化对各种导航算法的分析研究，便于用户理解和掌握导航定位的原理和方法。

8.1　惯性导航系统

惯性导航系统（INS）是利用惯性敏感器、基准方向和初始位置信息来确定移动载体的方位、位置和速度的自主式导航系统。该系统的特点是全天候、自主性好、不受外界干扰和无信号丢失。按照惯性传感器在载体上的安装方式，惯导系统常分为平台式惯导系统和捷联式惯导系统。前者将惯性传感器安装在稳定的物理平台上，精度较高，但是其体积大、成本高。后者将惯性传感器直接固定在载体上，用来测量载体相对于坐标系的姿态和加速度信息，并进行坐标变换和解算，从而实时确定出载体的姿态、速度和位置信息，即用“数学平台”取代稳定平台的功能。捷联式惯导系统与平台式系统相比，具有结构简单、体积小、可靠性高、成本低、安装维修方便等诸多优点，使得捷联式惯性导航系统得到广泛的应用。

捷联惯导系统由惯性元器件（陀螺仪和加速度计），导航计算机以及输出显示等构成，如图 8-1 所示。陀螺仪和加速度计直接安装在运动载体上，载体上的三个陀螺仪可以测出载体相对于惯性空间的角速度 ω_{ib}^{b}，减去导航计算机输出的导航坐标系相对惯性空间的角速度 ω_{in}^{b}，则得到载体坐标系相对导航坐标系的角速度 ω_{nb}^{b}，然后利用 ω_{nb}^{b} 进行姿态解算获得姿态矩阵，提取姿态和航向信息，同时将加速度计输出信息 f_{ib}^{b} 转换位导航坐标下的信息进行导航解算。因此，姿态矩阵的计算、加速度信息的坐标变换、姿态航向角的计算等三项功能构成了数学平台。其导航信息算法分为：

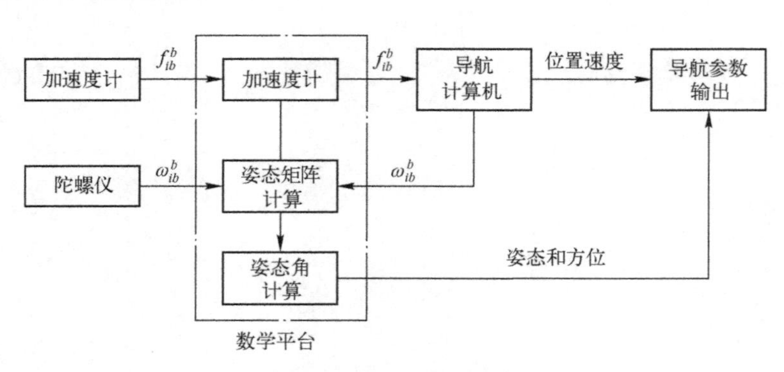

图 8-1　惯性导航原理框图

（1）系统初始化

系统初始化一般包括三个部分：给定载体的初始位置和初始速度等信息；导航平台的初始对准；惯性仪表的校准。

（2）惯性仪表误差补偿

对捷联式惯导系统来说，由于惯性仪表直接安装在载体上，因此载体的线运动和角运动会引起较大的误差；为保证系统精度，必须对惯性仪表的误差进行补偿。一般是在计算机中通过专用的软件来实现误差补偿。

（3）姿态矩阵计算

姿态矩阵计算是捷联惯导算法中最重要的一部分，也是捷联式系统特有的。不管捷联式惯导应用和功能如何要求，姿态矩阵的计算都是必不可少的。

（4）导航计算

导航计算就是把加速度计的输出信息变换到导航坐标系，然后计算载体的速度、位置等导航信息。

（5）姿态信息提取

可以从姿态矩阵的元素和陀螺仪及加速度计的输出中提取载体的姿态信息和载体的角速度和线加速度信息等。

8.1.1 算法初始化

由捷联惯性系统的原理可知，载体的姿态、速度和位置等信息的每一次推算都是建立在上一次姿态、速度和位置的基础上的。因此，在推算之初必须知道初始姿态、速度和位置信息。在导航系统中，初始信息是从舰船的主导航设备传递而来的。根据初始信息，由式（8-1）可得到姿态矩阵初始值 $C_n^b(0)$ 为：

$$\begin{cases} C_{11}(0)=\sin\varphi(0)\sin\theta(0)\sin\gamma(0)+\cos\varphi(0)\cos\gamma(0) \\ C_{12}(0)=\cos\varphi(0)\sin\theta(0)\sin\gamma(0)-\sin\varphi(0)\cos\gamma(0) \\ C_{13}(0)=-\cos\theta(0)\sin\gamma(0) \\ C_{21}(0)=\sin\varphi(0)\cos\theta(0) \\ C_{22}(0)=\cos\varphi(0)\cos\theta(0) \\ C_{23}(0)=\sin\theta(0) \\ C_{31}(0)=\cos\varphi(0)\sin\gamma(0)-\sin\varphi(0)\sin\theta(0)\cos\gamma(0) \\ C_{32}(0)=-\sin\varphi(0)\sin\gamma(0)-\cos\varphi(0)\sin\theta(0)\cos\gamma(0) \\ C_{33}(0)=\cos\theta(0)\cos\gamma(0) \end{cases} \tag{8-1}$$

求解四元数 q 的初始值为：

$$\begin{cases} q_0(0)=\cos\dfrac{\varphi(0)}{2}\cos\dfrac{\theta(0)}{2}\cos\dfrac{\gamma(0)}{2}+\sin\dfrac{\varphi(0)}{2}\sin\dfrac{\theta(0)}{2}\sin\dfrac{\gamma(0)}{2} \\ q_1(0)=\cos\dfrac{\varphi(0)}{2}\sin\dfrac{\theta(0)}{2}\cos\dfrac{\gamma(0)}{2}+\sin\dfrac{\varphi(0)}{2}\cos\dfrac{\theta(0)}{2}\sin\dfrac{\gamma(0)}{2} \\ q_2(0)=\cos\dfrac{\varphi(0)}{2}\cos\dfrac{\theta(0)}{2}\sin\dfrac{\gamma(0)}{2}-\sin\dfrac{\varphi(0)}{2}\sin\dfrac{\theta(0)}{2}\cos\dfrac{\gamma(0)}{2} \\ q_3(0)=\cos\dfrac{\varphi(0)}{2}\sin\dfrac{\theta(0)}{2}\sin\dfrac{\gamma(0)}{2}-\sin\dfrac{\varphi(0)}{2}\cos\dfrac{\theta(0)}{2}\cos\dfrac{\gamma(0)}{2} \end{cases} \tag{8-2}$$

式中 $\varphi(0)$、$\theta(0)$ 和 $\gamma(0)$ 分别表示航向角、纵摇角和横摇角的初始值。

8.1.2 姿态算法

载体的姿态和航向是载体坐标系和地理坐标系之间的方位关系。借助力学中的刚体定点转动理论，姿态矩阵算法可分为欧拉角法、四元数法和方向余弦法，考虑到转动的不可交换性，有时用等效转动矢量加以辅助。导航坐标系取为地理坐标系，即 n 系，地理坐标系的方向定义为东北天坐标系（OENU）。这里介绍计算量较小且可以全姿态工作的四元数增量法，用等效转动矢量 φ 代入四元数更新，从而完成一次迭代。

四元数是 1943 年由汉密尔顿首先提出来的，又称为超复数，是由一个实数单位 1 和一个虚数单位 i，j，k 组成的含有四个元的数，其形式为：

$$Q = (q_0, q_1, q_2, q_3) = q_0 + q_1\mathrm{i} + q_2\mathrm{j} + q_3\mathrm{k} = q_0 + q$$

其中 q_0 为标量，q 为矢量，遵守矢量相乘的规则。

根据欧拉定理，动坐标系相对参考坐标系的方位等效于动坐标系绕某个等效转轴转动一个角度 θ，如果用 u 表示等效转轴方向的单位矢量，则动坐标系的方位完全由 u 和 θ 两个参数来确定。用 u 和 θ 可构造一个四元数：

$$Q = \cos\frac{\theta}{2} + u\sin\frac{\theta}{2} \tag{8-3}$$

把 u 写成分量形式，则式（8-3）转变为：

$$Q = \cos\frac{\theta}{2} + u_x\sin\frac{\theta}{2}\mathrm{i} + u_y\sin\frac{\theta}{2}\mathrm{j} + u_z\sin\frac{\theta}{2}\mathrm{k} = q_0 + q_1\mathrm{i} + q_2\mathrm{j} + q_3\mathrm{k}$$

这个四元数的范数为：$\| Q \| = q_0^2 + q_1^2 + q_2^2 + q_3^2 = 1$，称为“规范化”的四元数。

对式（8-3）求导并化简可得四元数微分方程：

$$Q(\dot{q}) = \frac{1}{2}M^*(\omega_b)Q(q) \tag{8-4}$$

式中

$$M^*(\omega_b) = \begin{pmatrix} 0 & -\omega_{nb}^{bx} & -\omega_{nb}^{by} & -\omega_{nb}^{bz} \\ \omega_{nb}^{bx} & 0 & \omega_{nb}^{bz} & -\omega_{nb}^{by} \\ \omega_{nb}^{by} & -\omega_{nb}^{bz} & 0 & \omega_{nb}^{bx} \\ \omega_{nb}^{bz} & \omega_{nb}^{by} & -\omega_{nb}^{bx} & 0 \end{pmatrix} \tag{8-5}$$

其中 $\omega_{nb}^b = [\omega_{nb}^{bx} \quad \omega_{nb}^{by} \quad \omega_{nb}^{bz}]^{\mathrm{T}}$ 为载体坐标系相对地理坐标系的转动角速度在载体坐标系中的矢量，表示为

$$\omega_{nb}^b = \omega_{ib}^b - \omega_{ie}^b - \omega_{en}^b$$

其中 ω_{ib}^b 为陀螺输出角速度，ω_{ie}^b 为地球坐标系相对惯性坐标系的自转角速度在载体坐标系中的矢量，ω_{en}^b 为地理坐标系相对地球坐标系转动角速度在载体坐标系中的矢量。下面是后两个矢量的求解。

令地球坐标系相对惯性坐标系的自转角速度为 ω_{ie}，L 表示当地纬度，λ 表示当地经度，则地球坐标系相对惯性坐标系的自转角速度在地理坐标系中的矢量 ω_{ie}^n 表示为

$$\omega_{ie}^n = [0 \quad \omega_{ie}\cos L \quad \omega_{ie}\sin L]^{\mathrm{T}}$$

求得地球坐标系相对惯性坐标系的自转角速度在载体坐标系中的矢量 ω_{ie}^{b} 为：

$$\omega_{ie}^{b}=C_{n}^{b}\omega_{ie}^{n}$$

式中姿态矩阵在载体静止时，由初始角度决定；当载体相对地理坐标系转动时，姿态矩阵跟着变化，由四元数即时修正后求得。

地理坐标相对地球坐标系转动角速度在地理坐标系中的矢量 ω_{en}^{n}：

$$\omega_{en}^{n}=[\,-V_N/R_N \quad V_E/R_E \quad V_E\tan L/R_E\,]^{\mathrm{T}} \tag{8-6}$$

其中 V_E、V_N 分别为载体运动的东向和北向速度；参考椭球体子午面内的曲率半径 $R_{\mathrm{N}}=R_{\mathrm{e}}(1-2\mathrm{e}+3\mathrm{e}\sin^2L)$；垂直子午面的法线平面内的曲率半径 $R_{\mathrm{E}}=R_{\mathrm{e}}(1+\mathrm{e}\sin^2L)$；$R_{\mathrm{e}}$ 为参考椭球体的长轴半径；e 为椭球的椭圆度。

将 $\dot{L}=V_N/R_N$，$\dot{\lambda}=V_E/(R_E\cos L)$ 代入式（8-6）得

$$\omega_{en}^{n}=[\,-\dot{L} \quad \dot{\lambda}\cos L \quad \dot{\lambda}\sin L\,]^{\mathrm{T}}$$

ω_{en}^{b} 为地理坐标相对地球坐标系转动角速度在载体坐标系中的矢量：

$$\omega_{en}^{b}=C_{n}^{b}\omega_{en}^{b}$$

根据毕卡逼近法求解四元数微分方程得：

$$q(t)=\left\{\cos\frac{\Delta\theta_0}{2}I+\frac{\sin\dfrac{\Delta\theta_0}{2}}{\Delta\theta_0}[\Delta\theta]\right\}q(0) \tag{8-7}$$

式中 $\Delta\theta_0=\sqrt{\Delta\theta_x^2+\Delta\theta_y^2+\Delta\theta_z^2}$

$$[\Delta\theta]=\int_{t_1}^{t_1+h}M^{*}(\omega_{nb}^{b})dt=\begin{pmatrix}0 & -\Delta\theta_x & -\Delta\theta_y & -\Delta\theta_z\\ \Delta\theta_x & 0 & \Delta\theta_z & -\Delta\theta_y\\ \Delta\theta_y & -\Delta\theta_z & 0 & \Delta\theta_x\\ \Delta\theta_z & \Delta\theta_y & -\Delta\theta_x & 0\end{pmatrix} \tag{8-8}$$

$$\Delta\theta_i=\int_{t}^{t+h}\omega_{nb}^{bi}\mathrm{d}t \quad i=x,y,z$$

在力学中，刚体的有限转动是不可交换的。根据欧拉旋转定理，转动物体的瞬时角速度方向在空间不断改变，对一个在空间方向随时间变换的角速度矢量进行积分是无意义的。在对方向余弦微分方程和四元数微分方程求解时，都用了角速度矢量的积分 $\Delta\theta=\int_{t}^{t+h}\omega\mathrm{d}t$，积分区间即采样周期。显然，采样周期必须很小，否则，计算结果中会有较大的动态环境引起的不可交换性误差，而采样周期太小，使计算机实时计算工作量增大，为此采用等效转动矢量算法以减小不可交换性误差。

设转过的角度为 φ，则我们将矢量 $\phi=\phi\bar{n}$ 定义为等效描述刚体转动的旋转矢量，简称旋转矢量，有旋转矢量微分方程：

$$\dot{\phi}=\vec{\omega}+\frac{1}{2}\phi\times\vec{\omega}+\frac{1}{\varphi\times\varphi}\left(1-\varphi\frac{\cos(\varphi/2)}{2\sin(\varphi/2)}\right)\phi\times(\phi\times\vec{\omega}) \tag{8-9}$$

略去三阶叉乘小量方程简化为：

$$\dot{\phi}=\vec{\omega}+\frac{1}{2}\phi\times\vec{\omega} \tag{8-10}$$

可以看出式（8-10）中的第二项是引起动态误差的原因。当ϕ同$\vec{\omega}$成90°时第二项达到最大值，典型的圆锥运动描述的就是这样的情况。若在更新周期 h 内有 N 个陀螺采样值，用典型圆锥运动的模型进行理论推导，可以得到多子样等效旋转矢量估计如表 8-1 所示。用ϕ代替四元数或方向余弦法中的$\Delta\theta$进行姿态更新，即可减小不可交换性误差。

表 8-1　等效旋转矢量算法统计表

	$\Delta\dot{\phi}$表达式	估计误差
单子样（A1）	θ	$\frac{1}{12}\varphi^2\ (\omega h)^3$
单子样修正（AM1）	$\theta+1/12(\theta_0\times\theta)$	$\frac{1}{60}\varphi^2\ (\omega h)^5$
双子样（A2）	$\theta+2/3(\theta_1\times\theta_2)$	$\frac{1}{960}\varphi^2\ (\omega h)^5$
双子样修正（AM2）	$\theta+32/45(\theta_1\times\theta_2)-1/180(\theta_0\times\theta)$	$\frac{1}{10080}\varphi^2\ (\omega h)^7$
三子样（A3）	$\theta+9/20(\theta_1\times\theta_2)+9/20(\theta_1\times\theta_3)+9/10(\theta_2\times\theta_3)$	$\frac{1}{204120}\varphi^2\ (\omega h)^7$
三子样修正（AM3）	$\theta+131/160(\theta_1\times\theta_2)+243/560(\theta_1\times\theta_3)+$ $311/560(\theta_2\times\theta_3)+1/3360(\theta_0\times\theta)$	$\frac{1}{3674160}\varphi^2\ (\omega h)^9$

在四元数方法中添加等效旋转矢量减小不可交换性误差，则用ϕ代替式中的$\Delta\theta$。由于计算误差，使计算的变换四元数的范数不等于 1，即计算的四元数失去规范性，因此对计算的四元数必须周期地进行规范化处理，使得：

$$q_i=\frac{\hat{q}_i}{\sqrt{\hat{q}_0^2+\hat{q}_1^2+\hat{q}_2^2+\hat{q}_3^2}} \tag{8-11}$$

式中，q_i 表示规范化后的四元数的元素，$\hat{q}_i$ 表示计算求得的四元数的元素。

四元数即时修正后，可由四元数的元实时更新姿态矩阵 C_n^b，

$$C_n^b=\begin{pmatrix}C_{11}&C_{12}&C_{13}\\C_{21}&C_{22}&C_{23}\\C_{31}&C_{32}&C_{33}\end{pmatrix}=\begin{pmatrix}q_0^2+q_1^2-q_2^2-q_3^2&2(q_1q_2+q_0q_3)&2(q_1q_3-q_0q_2)\\2(q_1q_2-q_0q_3)&q_0^2-q_1^2+q_2^2-q_3^2&2(q_2q_3+q_0q_1)\\2(q_1q_3+q_0q_2)&2(q_2q_3-q_0q_1)&q_0^2-q_1^2-q_2^2+q_3^2\end{pmatrix} \tag{8-12}$$

从姿态阵中提取实时姿态角为

$$\begin{cases}\varphi=-\arctan\left(\dfrac{C_{21}}{C_{22}}\right)\\\theta=\arcsin(C_{23})\\\gamma=\arctan\left(-\dfrac{C_{13}}{C_{33}}\right)\end{cases} \tag{8-13}$$

8.1.3　速度算法

载体坐标系中的比力矢量为f^b，只有将f^b转换到导航坐标系上才能计算速度和位置，因此：

$$f^n=C_b^nf^b \tag{8-14}$$

式中的方向余弦矩阵 C_b^n 在载体静止时，由初始角度决定；当载体相对地理坐标系转动时，

C_b^n 由四元数即时修正后求得。

由惯导基本方程有： $\dot{V}^n = f^n - (2\omega_{ie}^n + \omega_{en}^n) \times V^n + g^n$ (8-15)

写成分量形式有：

$$\begin{pmatrix} \dot{V}_E \\ \dot{V}_N \\ \dot{V}_U \end{pmatrix} = \begin{pmatrix} f_E \\ f_N \\ f_U \end{pmatrix} + \begin{pmatrix} 0 & (\dot{\lambda} + 2\omega_{ie})\sin L & -(\dot{\lambda} + 2\omega_{ie})\cos L \\ -(\dot{\lambda} + 2\omega_{ie})\sin L & 0 & -\dot{L} \\ (\dot{\lambda} + 2\omega_{ie})\cos L & \dot{L} & 0 \end{pmatrix} \begin{pmatrix} V_E \\ V_N \\ V_U \end{pmatrix} + \begin{pmatrix} 0 \\ 0 \\ -g \end{pmatrix} \tag{8-16}$$

式中，$f^n = [f_E \quad f_N \quad f_U]^T$ 为载体加速度在导航坐标系三个方向上的投影；V^n 表示载体在导航坐标系中的速度矢量，$V^n = [V_E \quad V_N \quad V_U]^T$；$g^n$ 为重力加速度矢量，$g^n = [0 \quad 0 \quad -g]^T$。

对式（8-16）进行积分，即可求得载体在导航坐标系上的各个速度分量 V_E、V_N、V_U。

8.1.4 位置算法

经纬度的微分方程可以表示为：

$$\begin{cases} \dot{L} = \dfrac{V_N}{R_N} \\ \dot{\lambda} = \dfrac{V_E}{R_E \cos L} \end{cases} \tag{8-17}$$

对式（8-17）进行积分得到经纬度的更新公式为：

$$\begin{cases} L = L(0) + \int \dot{L} \mathrm{d}t \\ \lambda = \lambda(0) + \int \dot{\lambda} \mathrm{d}t \end{cases} \tag{8-18}$$

8.1.5 误差模型

捷联惯性导航系统的误差源很多，其中主要的有惯性仪表本身的误差，惯性仪表的安装误差和标度误差，系统的初始条件误差，系统的计算误差以及各种干扰引起的误差。

对于低精度的惯性导航系统，这种影响尤其大，所以常常利用 GPS 和惯性导航系统组成 GPS/INS 组合导航系统，使用滤波原理将误差信息估计出来并对系统进行补偿。为了建立滤波方程，则需要建立捷联惯导系统中几个主要的误差模型：速度误差模型、位置误差模型、姿态误差模型、陀螺仪和加速度计的误差模型。

姿态角误差方程为：

$$\dot{\phi}^n = \delta\omega_{ie}^n + \delta\omega_{en}^n - (\omega_{ie}^n + \omega_{en}^n) \times \phi^n - \varepsilon^p \tag{8-19}$$

将式（8-19）展开得：

$$\begin{cases} \dot{\phi}_E = -\dfrac{\delta V_N}{R_N} + \left(\omega_{ie}\sin L + \dfrac{V_E}{R_E}\tan L\right)\varphi_N - \left(\omega_{ie}\cos L + \dfrac{V_E}{R_E}\right)\phi_U - \varepsilon_E \\ \dot{\phi}_N = \dfrac{\delta V_E}{R_E} - \omega_{ie}\sin L\delta L - \left(\omega_{ie}\sin L + \dfrac{V_E}{R_E}\tan L\right)\phi_E - \dfrac{V_N}{R_N}\phi_U - \varepsilon_N \\ \dot{\phi}_U = \dfrac{\delta V_E}{R_E}\tan L + \left(\omega_{ie}\cos L + \dfrac{V_E}{R_E}\sec^2 L\right)\delta L + \left(\omega_{ie}\cos L + \dfrac{V_E}{R_E}\right)\phi_E + \dfrac{V_N}{R_N}\phi_N - \varepsilon_U \end{cases} \tag{8-20}$$

速度误差方程为：

$$\delta\dot{V}^n = f^n\times\phi^n + \nabla^p - (2\delta\omega_{ie} + \delta\omega_{en})\times\dot{V}^n - (2\omega_{ie} + \omega_{en})\times\delta V^n \tag{8-21}$$

将式（8-21）写成分量形式得：

$$\begin{cases}\delta\dot{V}_E = f_N\phi_U - f_U\phi_N + \left(\dfrac{V_N}{R_N}\tan L - \dfrac{V_U}{R_E}\right)\delta V_E + \left(2\omega_{ie}\sin L + \dfrac{V_E}{R_E}\tan L\right)\delta V_N \\ \quad - \left(2\omega_{ie}\cos L + \dfrac{V_E}{R_E}\right)\delta V_U + \left(2\omega_{ie}\cos L V_N + \dfrac{V_E V_N}{R_E}\sec^2 L + 2\omega_{ie}\sin L V_U\right)\delta L + \nabla_E \\ \delta\dot{V}_N = f_U\phi_E - f_E\phi_U - \left(2\omega_{ie}\sin L + \dfrac{V_E}{R_E}\tan L\right)\delta V_E - \dfrac{V_U}{R_N}\delta V_N - \dfrac{V_N}{R_N}\delta V_U \\ \quad - \left(2\omega_{ie}\cos L + \dfrac{V_E}{R_E}\sec^2 L\right)V_E\delta L + \nabla_N \\ \delta\dot{V}_U = f_E\phi_N - f_N\phi_E + 2\left(\omega_{ie}\cos L + \dfrac{V_E}{R_E}\right)\delta V_E + \dfrac{2V_N}{R_N}\delta V_N - 2\omega_{ie}\sin L V_E\delta L + \nabla_U\end{cases} \tag{8-22}$$

由$\dot{L} = \dfrac{V_{\mathrm{N}}}{R_N}$和$\dot{\lambda} = \dfrac{V_{\mathrm{E}}}{R_E\cos L}$可得位置误差方程为：

$$\begin{cases}\delta\dot{L} = \dfrac{\delta V_{\mathrm{N}}}{R_{\mathrm{N}}} \\ \delta\dot{\lambda} = \dfrac{\delta V_{\mathrm{E}}}{R_E}\sec L + \dfrac{V_{\mathrm{E}}}{R_E}\sec L\tan L\delta L\end{cases} \tag{8-23}$$

为将模型简化，设定陀螺的随机漂移是白噪声和随机常数组成，即：

$$\varepsilon = \varepsilon_b + w_g \tag{8-24}$$

式中，ε_b 为随机常值，w_g 是白噪声，ε_b 的各次启动值是随机变化的，但单次启动后是不变的，故：

$$\dot{\varepsilon}_b = 0$$

设三个方向的陀螺的模型是相同的，常值分别为 ε_{bx}、ε_{by}、ε_{bz}。

实际系统中，陀螺误差的常值部分可以分为固定常值误差和随机常值误差（常称逐次启动误差）。第一部分固定常值误差可以通过陀螺仪的标定补偿消除掉，而第二部分我们通常在滤波器中补偿，即估计出陀螺的随机常值误差再反馈补偿。

对于加速度计模型，也可认为是随机常值和白噪声的组合，有：

$$\nabla = \nabla_b + w_a \tag{8-25}$$

式中，∇_b 为随机常值，w_a 是白噪声，∇_b 的各次启动值是随机变化的，但单次启动后是不变的，故：

$$\dot{\nabla}_b = 0$$

设三个方向的加速度计的模型是相同的，常值分别为∇_{bx}、∇_{by}、∇_{bz}。

8.1.6 惯性导航的 MATLAB 实现

惯性导航（INS）的参数设置如下：

初始位置为 $L = 113°$，$\lambda = 34°$，初始速度为 10 m/s，初始姿态角：纵摇角为 0°，横摇角为 0°，航向角为 45°。

陀螺仪：随机漂移为 0.5°/h，常值漂移为 0.5°/h；加速度计：随机偏置为 50 μg，常值偏置为 50 μg。

仿真程序如下：

```
clear;clc;
%初始条件设置
sampletime = 0.01;%姿态更新周期(s)
D_h = pi/180;%角度转化为弧度
H_d = 180/pi;%弧度转化为角度
dh_hs = pi/180/3600;% o/h 到 rad/s
hs_dh = 180 * 3600/pi;% rad/s 到 o/h
tfiai0 = 45 * D_h;%初始航向角
tsita0 = 0 * D_h;%初始纵摇角
tgama0 = 0 * D_h;%初始横摇角
afiai = 2.5 * D_h;%三轴摇摆幅值
asita = 2.5 * D_h;
agama = 12 * D_h;
wfiai = 2.0 * pi/72;%摇摆频率
wsita = 2.0 * pi/12;
wgama = 2.0 * pi/10;
g = 9.8;%重力加速度
R = 6.378163e + 6;%地球长半轴半径
e = 1/298.24;%偏心率
Wie = 7.292125241172469e - 5;%地球自转角速率(rad/s)
velo = 10;%初始速度(m/s)

tCn2b = zeros(3,3);%参数预定义
Cn2b = zeros(3,3);
tWin_b = zeros(3,1);
tWin_n = zeros(3,1);
tWnb_b = zeros(3,1);
tWib_b = zeros(3,1);
Win_b = zeros(3,1);
Win_n = zeros(3,1);
Wnb_b = zeros(3,1);
Wib_b = zeros(3,1);
tf_b = zeros(3,1);
tf_n = zeros(3,1);
f = zeros(3,1);
q_old = zeros(4,1);
q = zeros(4,1);
q(1) = 1;
```

```
q_old(1) = 1;
D_sita = zeros(4,4);
D_gyro = zeros(3,1);

%初始导航参数

%理想导航参数
tsita = tsita0;%初始姿态角
tfiai = tfiai0;
tgama = tgama0;
tlongi = 113 * D_h;%初始经度
tlatit = 34 * D_h;%初始纬度
tRE = R * (e * sin(tlatit) * sin(tlatit) + 1);%东向半径
tRN = R * (3.0 * e * sin(tlatit) * sin(tlatit) - 2.0 * e + 1);%北向半径
tVE = velo * sin(tfiai);%东向初始速度
tVN = velo * cos(tfiai);%北向初始速度

%真实导航参数
sita = tsita;
fiai = tfiai;
gama = tgama;
RE = tRE;
RN = tRN;
longi = tlongi + 0.00446 * D_h;
latit = tlatit + 0.00254 * D_h;
VE = tVE;
VN = tVN;

%初始四元数
q_old(1) = cos(sita/2) * cos(gama/2) * cos(fiai/2) + sin(sita/2) * sin(gama/2) * sin(fiai/2);
q_old(2) = cos(sita/2) * sin(gama/2) * cos(fiai/2) - sin(sita/2) * cos(gama/2) * sin(fiai/2);
q_old(3) = sin(sita/2) * cos(gama/2) * cos(fiai/2) + cos(sita/2) * sin(gama/2) * sin(fiai/2);
q_old(4) = cos(sita/2) * cos(gama/2) * sin(fiai/2) - sin(sita/2) * sin(gama/2) * cos(fiai/2);
%初始姿态阵
Cn2b(1,1) = q_old(1) * q_old(1) + q_old(2) * q_old(2) - q_old(3) * q_old(3) - q_old(4) * q_old(4);
Cn2b(1,2) = 2 * (q_old(1) * q_old(4) + q_old(2) * q_old(3));
Cn2b(1,3) = 2 * (q_old(2) * q_old(4) - q_old(1) * q_old(3));
Cn2b(2,1) = 2 * (q_old(2) * q_old(3) - q_old(1) * q_old(4));
Cn2b(2,2) = q_old(1) * q_old(1) - q_old(2) * q_old(2) + q_old(3) * q_old(3) - q_old(4) * q_old(4);
Cn2b(2,3) = 2 * (q_old(3) * q_old(4) + q_old(1) * q_old(2));
Cn2b(3,1) = 2 * (q_old(2) * q_old(4) + q_old(1) * q_old(3));
```

```
Cn2b(3,2) =2 * (q_old(3) * q_old(4) - q_old(1) * q_old(2));
Cn2b(3,3) =q_old(1) * q_old(1) - q_old(2) * q_old(2) - q_old(3) * q_old(3) + q_old(4) * q_
old(4);

%仿真开始
for number =1:360001 %仿真时间为 1 h
    for i =1:3
        D_gyro(i) = (0.5 * rand(3,1) +0.5) * dh_hs;%陀螺漂移
    end
    %陀螺仪输出
    tfiai = tfiai0 + afiai * sin(wfiai * number * sampletime);%理想姿态角更新
    tsita = tsita0 + asita * sin(wsita * number * sampletime);
    tgama = tgama0 + agama * sin(wgama * number * sampletime);
    tVE = velo * sin(tfiai);%理想速度
    tVN = velo * cos(tfiai);
    tRE = R * (e * sin(tlatit) * sin(tlatit) +1);
    tRN = R * (3.0 * e * sin(tlatit) * sin(tlatit) -2.0 * e +1);
    temp1 = tVN/tRN;
    temp2 = tVE/(tRE * cos(tlatit));
    tlatit = tlatit + temp1 * sampletime;%理想位置
    tlongi = tlongi + temp2 * sampletime;
    tCn2b(1,1) = cos(tfiai) * cos(tgama) - sin(tfiai) * sin(tsita) * sin(tgama);%理想姿态矩阵
    tCn2b(1,2) = - sin(tfiai) * cos(tgama) + cos(tfiai) * sin(tsita) * sin(tgama);
    tCn2b(1,3) = - cos(tsita) * sin(tgama);
    tCn2b(2,1) = - cos(tsita) * sin(tfiai);
    tCn2b(2,2) = cos(tsita) * cos(tfiai);
    tCn2b(2,3) = sin(tsita);
    tCn2b(3,1) = sin(tgama) * cos(tfiai) + sin(tsita) * cos(tgama) * sin(tfiai);
    tCn2b(3,2) = sin(tfiai) * sin(tsita) - sin(tsita) * cos(tfiai) * cos(tgama);
    tCn2b(3,3) = cos(tsita) * cos(tgama);

    tWin_n(1) = - tVN/tRN;    %计算 Win_n
    tWin_n(2) = Wie * cos(tlatit) + tVE/tRE;
    tWin_n(3) = Wie * sin(tlatit) + tVE * tan(tlatit)/tRE;
    tWin_b = tCn2b * tWin_n;    %计算 Win_b
    dtsita = asita * wsita * cos(wsita * number * sampletime); %三轴摇摆变化率
    dtgama = agama * agama * cos(wgama * number * sampletime);
    dtfiai = afiai * wfiai * cos(wfiai * number * sampletime);
    tWnb_b(1) = cos(tgama) * dtsita + sin(tgama) * cos(tsita) * dtfiai; %计算 Wnb_b
    tWnb_b(2) = dtgama - sin(tsita) * dtfiai;
    tWnb_b(3) = sin(tgama) * dtsita - cos(tsita) * cos(tgama) * dtfiai;
    Wib_b = tWin_b + tWnb_b + D_gyro;    %实际 Wib_b
    Win_n(1) = - VN/RN;    %实际 Win_n
```

```
    Win_n(2) = Wie * cos(latit) + VE/RE;
    Win_n(3) = Wie * sin(latit) + VE * tan(latit)/RE;
    Win_b = Cn2b * Win_n;   %实际 Win_b
    Wnb_b = Wib_b - Win_b; %实际 Wnb_b
    %实际四元数
    D_sita(1,1) =0;
    D_sita(2,1) = Wnb_b(1) * sampletime;
    D_sita(3,1) = Wnb_b(2) * sampletime;
    D_sita(4,1) = Wnb_b(3) * sampletime;
    D_sita(1,2) = -D_sita(2,1);
    D_sita(1,3) = -D_sita(3,1);
    D_sita(1,4) = -D_sita(4,1);
    D_sita(2,2) =0;
    D_sita(2,3) = -D_sita(4,1);
    D_sita(2,4) = D_sita(3,1);
    D_sita(3,2) = D_sita(4,1);
    D_sita(3,3) =0;
    D_sita(3,4) = -D_sita(2,1);
    D_sita(4,2) = -D_sita(3,1);
    D_sita(4,3) = D_sita(2,1);
    D_sita(4,4) =0;

    vD_sita = sum(D_sita(:,1));
    vD_sita = sqrt(vD_sita);
    temp1 = cos(vD_sita/2);
  if vD_sita ~ =0
        temp2 = sin(vD_sita/2)/vD_sita;
    else
        temp2 =0.5;
    end
    q(1) = temp1 * q_old(1) + temp2 * D_sita(1,2) * q_old(2)
     + temp2 * D_sita(1,3) * q_old(3) + temp2 * D_sita(1,4) * q_old(4);      %毕卡逼近法
    q(2) = temp2 * D_sita(2,1) * q_old(1) + temp1 * q_old(2)
     + temp2 * D_sita(2,3) * q_old(3) + temp2 * D_sita(2,4) * q_old(4);
    q(3) = temp2 * D_sita(3,1) * q_old(1) + temp2 * D_sita(3,2) * q_old(2)
     + temp1 * q_old(3) + temp2 * D_sita(3,4) * q_old(4);
    q(4) = temp2 * D_sita(4,1) * q_old(1) + temp2 * D_sita(4,2) * q_old(2)
     + temp2 * D_sita(4,3) * q_old(3) + temp1 * q_old(4);

    %四元数归一化
    temp1 = sum(q(1) * q(1) + q(2) * q(2) + q(3) * q(3) + q(4) * q(4));
    temp1 = sqrt(temp1);
    for i = 1:4
```

```
        q(i) = q(i)/temp1;
    end
    Cn2b(1,1) = q(1) * q(1) + q(2) * q(2) - q(3) * q(3) - q(4) * q(4);        %真实姿态阵
    Cn2b(1,2) = 2 * (q(1) * q(4) + q(2) * q(3));
    Cn2b(1,3) = 2 * (q(2) * q(4) - q(1) * q(3));
    Cn2b(2,1) = 2 * (q(2) * q(3) - q(1) * q(4));
    Cn2b(2,2) = q(1) * q(1) - q(2) * q(2) + q(3) * q(3) - q(4) * q(4);
    Cn2b(2,3) = 2 * (q(3) * q(4) + q(1) * q(2));
    Cn2b(3,1) = 2 * (q(2) * q(4) + q(1) * q(3));
    Cn2b(3,2) = 2 * (q(3) * q(4) - q(1) * q(2));
    Cn2b(3,3) = q(1) * q(1) - q(2) * q(2) - q(3) * q(3) + q(4) * q(4);
    sita = asin(Cn2b(2,3));                                                   %真实姿态角
    gama = atan( - Cn2b(1,3)/Cn2b(3,3));
    fiai = atan( - Cn2b(2,1)/Cn2b(2,2));

    %加速度计输出
    D_acce = (0.05 * rand(2,1) + 0.05) * g/1000;                              %加速度偏置
    dtVE = velo * cos(tfiai) * dtfiai;                                        %速度微分
    dtVN = velo * sin(tfiai) * dtfiai;
    temp1 = tVN/tRN;
    temp2 = 2 * Wie + tVE/(tRE * cos(tlatit));

    tf_n(1) = dtVE - temp2 * sin(tlatit) * tVN + temp2 * cos(tlatit) * tVU;
    tf_n(2) = dtVN + temp2 * sin(tlatit) * tVE + temp1 * tVU;
    tf_n(3) = g - temp2 * cos(tlatit) * tVE - temp1 * tVN;
    tf_b = tCn2b * tf_n;
    for i = 1:3
        tf_b(i) = tf_b(i) + D_acce(i);
    end
    Cb2n = Cn2b ';
    f = Cb2n * tf_b;

    RE = R * (e * sin(latit) * sin(latit) + 1);
    RN = R * (3.0 * e * sin(latit) * sin(latit) - 2.0 * e + 1);
    temp1 = VN/RN;
    temp2 = VE/(RE * cos(latit));
    latit = latit + temp1 * sampletime;                                       %真实纬度
    longi = longi + temp2 * sampletime;                                       %真实经度

    temp2 = temp2 + 2 * Wie;
    VtE = VE + (f(1) + temp2 * sin(latit) * VN - temp2 * cos(latit) * VU) * sampletime;
                                                                              %真实速度
    VtN = VN + (f(2) - temp2 * sin(latit) * VE - temp1 * VU) * sampletime;
```

```
        VE = VtE;
        VN = VtN;
        for i = 1:4
            q_old(i) = q(i);
        end
    end
```

8.2 卫星导航系统

卫星导航系统是一种天基无线电导航系统。它能够在全球范围，为多个用户，全天候、实时、连续地提供高精度三维位置、速度及时间信息。目前已经投入运营或正在建设的几个主要的卫星导航系统有：美国的 GPS、俄罗斯的 GLONASS、欧盟的 GALILEO 和中国的北斗系统。这里以最早引用、技术最为成熟的 GPS 为例来介绍。

8.2.1 GPS 系统组成

全球定位系统（Global Position System，GPS）是美国于 1995 建成并投入使用的卫星导航系统，包括导航卫星、地面监控部分、用户设备三部分。

（1）导航卫星

GPS 系统有 24 颗卫星，分布在 6 个轨道面上，轨道倾角 55°，每个轨道上均匀分布 4 颗卫星，卫星高度为 20183 km，周期为 12 h。卫星的这种空间分布保证了地球上任何一处在一天中的任何时刻至少可见 4 颗地平线以上的卫星。卫星的主要功能是接收并存储地面发送来的导航信息，接收并执行地面的控制指令，提供高精度时间标准，进行必要数据处理并向用户实时发送定位信息和时间信息，实现全球连续定位。

（2）地面控制部分

GPS 地面控制部分由 1 个主控站，3 个注入站和 5 个监测站组成。主控站的主要任务是处理各监测站送来的数据，推算各卫星星历，计算各校正参数，并送给注入站。监测站装有双频 GPS 接收机和高精度铯钟，在主控站的直接控制下，自动对卫星进行持续不断的跟踪测量，并将自动采集的伪据观测量、气象数据和时间标准等进行处理，然后存储和传送到主控站。注入站的主要任务是把主控站送来的导航信息在卫星过顶时注入给卫星并监测注入卫星的导航信息是否正确。

（3）用户设备部分

用户设备部分主要有 GPS 接收机，数据后处理软件，微处理器及其终端设备等。GPS 应用中，用户直接接触的是用户设备部分，它也是用户最关心的部分。

8.2.2 GPS 定位原理

当 GPS 接收机观测 3 颗卫星时，用户可以在指定的方式（手动或者自动）进行二维定位；若能观测到 4 颗以上的卫星，则能进行三维定位。

GPS 采用的是测距定位原理，如图 8-2 所示，用户 u 和卫星 s_i 之间有如下关系：

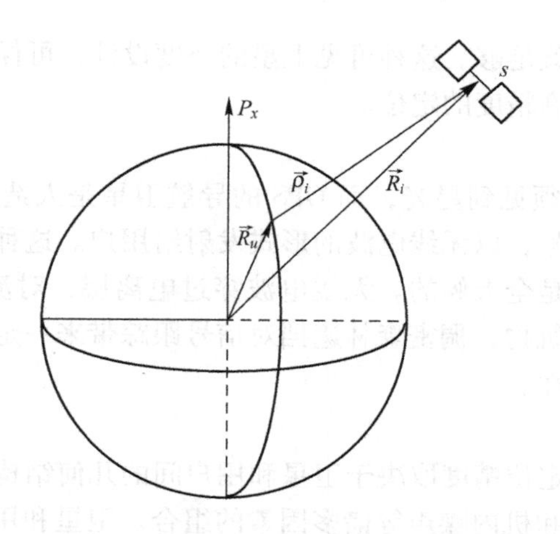

图 8-2　用户 u 与卫星之间的关系

$$\vec{R}_u = \vec{R}_i - \vec{\rho}_i \tag{8-26}$$

式中，$\vec{R}_u$ 为地心到用户的矢量半径；$\vec{R}_i$ 为地心到第 i 颗卫星 s_i 的矢量半径；$\vec{\rho}_i$ 为用户至第 i 颗卫星 s_i 的矢量半径。

设 $\rho_i = |\vec{\rho}_i|$，即用户至卫星的距离。在工程中，由于多种因素的影响，测者无法测出真实距离 ρ_i，只能测得包含有多种误差因素在内的距离 D_i，因此称 D_i 为伪距。接收机测得的距离 D_i 与 ρ_i 的关系式为：

$$D_t = \rho_t + C(\Delta t_{At} - \Delta t_{St}) \tag{8-27}$$

式中，D_t 为接收机至第 i 颗卫星的伪距，Δt_{At} 为用户相对 GPS 系统时间的偏差，Δt_{St} 为第 i 颗星相对 GPS 系统的时间偏差，C 为电波传播速度，ρ_t 为接收机至第 i 颗卫星的真实距离，表示为：

$$\rho_t = \sqrt{(X_{St} - X)^2 + (Y_{St} - Y)^2 + (Z_{St} - Z)^2} \tag{8-28}$$

式中，X_{St}、Y_{St}、Z_{St} 为第 i 颗卫星的位置坐标，X、Y、Z 为用户的位置坐标。

将式（8-28）代入式（8-27）得到：

$$D_t = \sqrt{(X_{St} - X)^2 + (Y_{St} - Y)^2 + (Z_{St} - Z)^2} + C(\Delta t_{At} - \Delta t_{St})$$

其中，X、Y、Z 和 Δt_{At} 是未知数，而卫星坐标 X_{St}、Y_{St}、Z_{St} 和卫星时钟偏差 Δt_{St} 都可在导航电文中获取或者计算出。因此选用四颗 GPS 卫星的测量伪距 D_1、D_2、D_3、D_4 联立方程即可解出 X、Y、Z 和 Δt_{At}。

8.2.3　GPS 导航特点

GPS 的优点主要包括：

（1）全球覆盖

GPS 系统是以人造卫星作为导航台的星基无线电导航系统，由运行周期近 12h 的 4 颗卫星构成的星座，均匀分布在离地面约 20000km 的六条近圆轨道上，形成同时覆盖全球的卫星网。卫星离地面越高，卫星可见的地球表面或者卫星的覆盖区域越大。众多的 GPS 导航卫星，借助地球自转，可使地球上任何地方至少能同时看到 6～11 颗星。完成一次有效定位，实际上只需4颗卫星就足够。这种可见卫星的裕度设计，可保证用户挑选视野中几何位置最佳的4颗卫星来实现高精度的定位。

（2）全天候

天文（星光）导航必须见到星光，而GPS的导航卫星是人造天体，可以将描述卫星位置的轨道参数以及测距信号，以无线电波的形式发射给用户。这种无线电导航信号不受气象条件和昼夜变化的影响，是全天候的。无线电波穿过电离层、对流层时，会产生相应延迟。电波的传输也会因高大建筑物、稠密森林遮挡对信号跟踪带来一定的影响，但它们并不影响GPS卫星导航的全天候特性。

（3）高精度

GPS卫星导航系统的定位精度取决于卫星和用户间的几何结构、卫星星历精度、GPS系统时同步精度、测距精度和机内噪声等诸多因素的组合。卫星和用户间的最佳几何配置由可见星的裕度设计保证；由于大地测量技术的飞速发展以及人造卫星在测量领域的广泛应用，已经能够得到精确的地球重力模型，地面跟踪网对卫星的定位精度可精确到1~10 m以内；卫星和用户之间的相对位置测量精度，利用伪码测距，可以达到米级，利用载波相位可精确到毫米级；电波传播的电离层折射影响采用双频接收技术消除；对流层折射的影响也可通过本地气象观测得到的精确模型予以降低；有效利用用户和基准站（置于位置精确已知的点上）间误差在空间和时间上的相关性，即差分定位原理，可使实时定位精度提高到厘米量级。

（4）多用途

由于GPS具有全天候、全球覆盖和高精度的优良性能，可广泛用于陆、海、空、天各类军用民用载体的导航定位、精密测量和授时服务，在军事和国民经济各部门，乃至个人生活中，都有着及其广阔的应用前景，曾在海湾战争中大显神通。实际上，随着微电子和计算机技术的飞速发展，GPS应用已经迅速扩展到国民经济的各行各业，不再局限于传统的导航定位。

但是GPS也存在一些缺陷：

1）动态环境中可靠性差。GPS接收机的工作受动态环境影响，当载体的机动超过GPS接收机的动态范围时，GPS接收机会失锁，从而不能工作，或者定位误差过大而不能使用。

2）GPS定位是非自主式的，其应用受到美国政府的GPS政策和外界环境等多方面限制，就外部环境而言，桥梁、坑道、水下、林区、建筑密集区都将在一定程度上限制GPS使用。

3）数据输出频率低是GPS动态应用的另一个主要问题，不同于惯性导航，GPS是纯粹的几何定位方法，无法测量重力矢量，也不能直接测定航行姿态信息。

8.3 其他导航系统

8.3.1 视觉导航

视觉导航是通过对视觉传感器获取的图像进行相应处理从而得到载体导航参数的一种技术。视觉导航利用计算机来模拟人的视觉功能，从客观事物的图像中提取有价值的信息，对其进行识别和理解，进而获取载体的相关导航参数信息。一般由硬件和软件两部分组成：硬件包括 CCD 摄像机、图像采集卡、PC 机和控制执行机构等；软件安装于导航计算机内部，主要包括图像处理系统和判断决策系统。系统依靠视觉当前捕获的信息加以处理与分析，最终得出可行进的路径。目前，视觉导航技术主要有以下两种类型：

第一种是基于图像光流法的导航方法。在空间中，物体的运动可以用三维运动矢量场描述。而在图像平面上，物体的运动往往是通过图像序列中图像灰度瞬时变化的趋势来体现的。将空间中的三维运动场转移到图像上就表示为一个二维的光流场。理想的情况下，图像中的光流法能够检测出场景中与相机存在相对运动的物体域，并且能够计算出该物体运动的速度大小和方向，而不需要预先知道场景中的任何信息。因此，光流法导航技术正是利用光流场速度大小和方向来判断物体与相机之间的距离，从而获取自身姿态的导航信息。

第二种是基于特征跟踪的导航方法。通过跟踪图像序列中的特征元素（角、线、轮廓等）获取导航信息，利用图像或者辅助其他传感器求取环境中物体距离的信息来判断可行的路径。多数视觉导航方法都集中在图像特征信息的提取与匹配研究，而没有上升到对目标和场景属性的认知层面，这是因为目前计算机视觉和人工智能的水平还不能像人类一样学习和认知环境。

8.3.2 声学导航

声学导航主要用于水下导航环境。相对于电磁信号来说，声信号可以在水下传播较远的距离，声发射机可以作为信标来导引航行器的航行。目前，航行器采用的声学导航主要有长基线（LBL）导航、短基线（SBL）导航和超短基线（USBL）导航三种形式。这三种形式都需事先在海域布放换能器或换能器阵，借此实现声学导航。换能器（阵）声源（信标或应答器）发出的脉冲被一个或多个设在母船上的声学传感器接收，收到的脉冲信号经过处理和按预定的数学模型进行计算就可以得到声源的位置。

在 LBL 声学导航系统中，需要将一个换能器阵安装在已知的位置。当潜器发出的声信号被每个信标接收后，又重新返回，这样在已知当地的声学梯度和每个信标的几何位置后，根据所发出信号传递的时间（time - of - flight，TOF），就可以确定潜器相对于每个信标的位置。

大多数 LBL 系统的工作频率大约在 10 kHz，其作用距离大概在几公里，这时的定位精度约为几米。另一种系统的工作频率为 300 kHz，这时潜器在由三个信标组成、每边长为 100 m 的三角形定位区域内的定位精度为 1 cm，但是转换成地理坐标时，取决于所采用的测量手段。如果使用普通 GPS，则定位精度会大幅度降低。短基线定位系统的精度约为距离的 1% ~3%。超短基线定位系统的精度略低于短基线系统。

应当说从定位精度的角度来看，长基线系统最好，它有很高的定位精度，但是要获得这样的精度必须精确地知道布放在海底的应答器阵的相互距离，为此必须花费很长的时间进行基阵间距离的测量。此外，布放和回收应答器也是一件很复杂的事情，对操作者的要求比较高，因此，许多 AUV（水下无人航行器）宁愿选择精度稍微差一点的超短基线或短基线系统。

在 USBL 导航系统中，水下潜器上装有由多个阵元组成的接收器阵，每个阵元可以测量其到声学信标的距离与角度，从而可以确定潜器相对于信标的位置。这种方式特别适用于水下潜器的导引和回收。

由于声学导航需要位置已知的信标的参与，因此这种方式主要适用于科学研究及民用领域。

8.3.3 地球物理导航

如果我们事先能得到精确的环境测绘图，就可以通过对地球物理参数（如地壳深度、磁场、重力）的测量，将这些数据与先验的环境测绘图进行匹配，从而对航行器的位置进行估计。这些方法主要是基于测量参数在空间分布上有足够变化的前提下，通过与先验的环境测绘图进行匹配，进而达到实现导航的目的，这就是所谓的地球物理导航。根据所采用的地球物理参数的不同，该导航方法主要有三种：基于地磁的导航、基于重力场的导航和基于地形的导航。

以地形匹配导航为例，地形匹配首先应用于飞机的导航运算，工作原理为：在地球陆地表面上任何地点的地理坐标，都可以根据其周围地域的等高线或地貌来单值地确定。它采用间歇式修正方法。当飞行器飞过某块匹配区域时，导航系统利用气压高度表经惯性平滑后所得的绝对高度 h_a，和雷达高度表实测相对高度相减 h_c，得到地形的实际高度 h_r，再与根据 INS 测量的位置信息和数字地形高程数据库（Digital Terrain Elevation Data，DTED）计算所得的地形高程 h_m 按一定的算法作相关分析，所得的相关极值点对应的位置就是飞行器的飞行位置，进而修正主导航系统导航参数。其算法原理结构框图如图 8-3 所示。

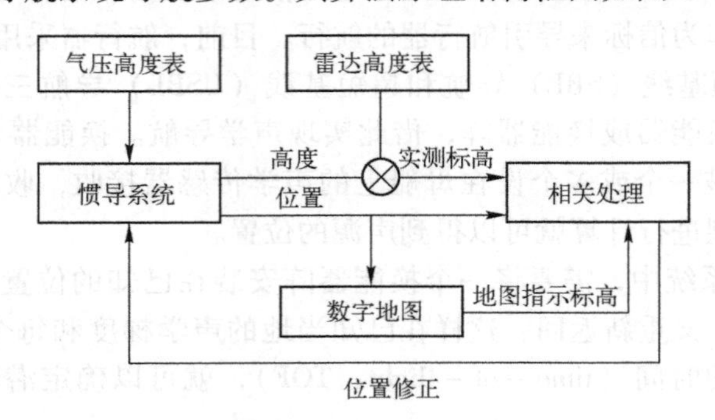

图 8-3　地形匹配导航原理

将测得的地形轮廓数据与预先存储的数字地图进行相关分析，找到一条与实测高程序列相同的路径，此时该高程序列具有相关峰值，对应点即被确定为飞行器的估计位置。

8.3.4 多普勒测速导航

多普勒计程仪（DVL）是多普勒测速导航系统的测量仪器，多用于水下导航。多普勒计程仪安装在载体上，利用多普勒效应测量载体相对于海底的速度。发射声纳物体与反射声纳物体之间的相对运动会使得接收到的声纳信号的频率发生变化，表现为信号频率的偏移，称为多普勒频移效应。

图 8-4 描述了单向波束多普勒计程仪的原理。设潜器以速度 v 相对于海底航行，波束倾角为 α，发射频率为 f_0，则在海底反射点 p 接受到的信号频率：

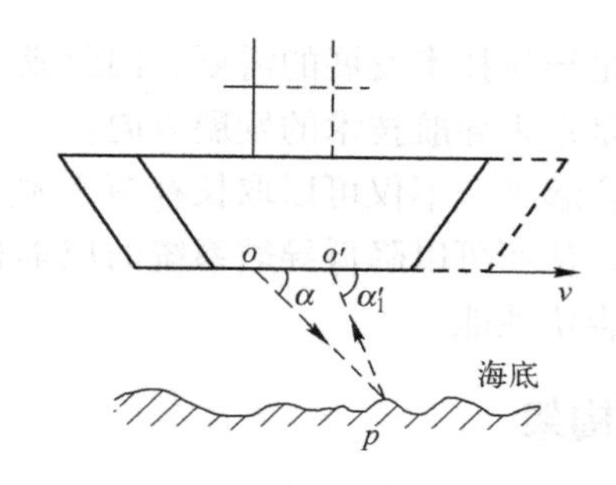

图 8-4　单向波束多普勒计程仪原理

$$f_1 = \frac{c}{c - v\cos\alpha} f_0 \tag{8-29}$$

式中，c 为声波在水中的传播速度。

在声纳信号到达海底经反射返回接收器的传播时间 t 内，船将移动 vt，此时回波入射角为 α_1，同理可得回波频率为：

$$f_2 = f_1\left(\frac{c + v\cos\alpha_1}{c}\right) = f_0\left(\frac{c + v\cos\alpha_1}{c - v\cos\alpha}\right) \tag{8-30}$$

由于 $v \gg c$，可近似以为 $\alpha \approx \alpha_1$，则式（8-30）变为

$$f_2 = f_0\left(\frac{c + v\cos\alpha}{c - v\cos\alpha}\right) \tag{8-31}$$

将式（8-31）展开为泰勒级数，并舍去高次项，可得

$$f_d = f_2 - f_0 = \frac{2vf_0}{c}\cos\alpha \tag{8-32}$$

其中 f_d 称为多普勒频移。

由式（8-32）可以看出，f_0、c、α 均为已知数，只需测得 f_d，即可得到船速 v。

早期的多普勒测速系统是双波束系统，即在载体首尾各发射一个波束，当这两个波束的发射频率相同，波束倾角也相同的时候，根据测得的多普勒频移和波束倾角解算出载体的速度。但双波束系统既笨重，结构又复杂，目前很少使用，而广泛使用具有固定声波的四波束系统。四波束系统分别在左右船舷方向和首尾方向各装有一对换能器，构成了四波束詹纳斯配置，如图 8-5 所示。四波束系统的声波发射波束相对于多普勒测速系统的载体坐标系的角位置是固定不变的。多普勒测速系统在载体上安装时使其坐标系各轴与载体坐标系各轴平行并且方向一致，记单位向量分别为 i，j，k。n_1，n_2，n_3，n_4 为四个波束的发射方向。

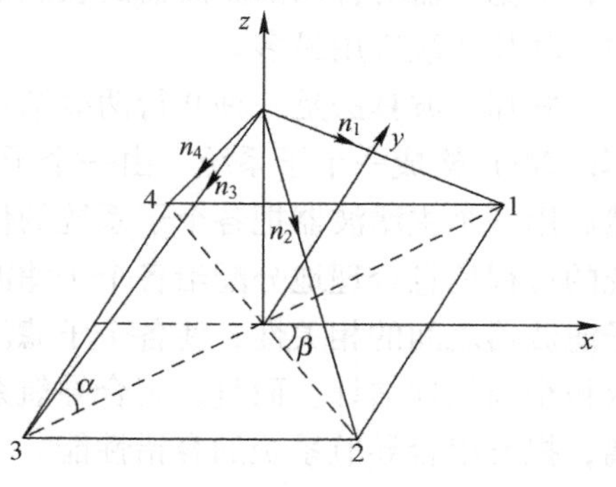

图 8-5　固定四波束声纳发射系统

8.4　组合导航和信息融合

上述各种导航技术，各有优缺点，均处于不断发展的阶段。但是，上述单一的导航方

法，其精度、可靠性还无法满足导航技术发展的需要，因此成本低、组合式及具有多用途和能实现全球导航的组合导航将是未来导航技术的发展方向。

将多种导航技术适当地组合起来，不仅可以取长补短，大大提高导航精度，而且可以适当地降低单一导航系统的精度，从而可以降低导航系统的成本和技术难度。此外，组合导航系统还能提高系统的可靠性和容错性能。

8.4.1 组合导航信息融合构架

实现信息融合有两种方法：

1）回路反馈法，即采用经典的控制方法，抑制系统误差，并使子系统间性能互补。

2）最优估计法，即采用现代控制理论中的最优估计法（如卡尔曼滤波或维纳滤波），从概率统计最优的角度估算出系统误差并消除之。

两种方法都使各子系统之间的信息互相渗透，起到性能互补的功效，但由于各子系统的误差源和量测中引入的误差都是随机的，所以第二种方法远优于第一种方法。

组合导航系统框架的选择主要从三方面考虑。

1. 数据融合结构

利用卡尔曼滤波对组合导航系统进行数据融合有两种结构：集中滤波和分散滤波。

集中滤波，是指卡尔曼滤波技术在应用于多传感器系统的时候，同时利用所有的信息，也就是说，整个系统的状态在一个全局状态矢量中进行定义，相应地也同时定义所有的过程噪声。另外，在卡尔曼滤波算法的递推过程中，来自所有传感器的量测信息同时在一步更新中加以处理。它的缺点是状态维数高，计算量大；容错性能差，不利于故障诊断。

分散滤波是一种两级数据处理技术，一般包括一个主滤波器和多个局部滤波器。在第一级中，各个局部滤波器并行处理它们相对应的传感器数据，得到局部状态估计。在第二级中，主滤波器对各局部滤波器的状态估计进行融合，产生全局的最优估计。在分散滤波方法中，联邦滤波应用最多。

联邦滤波算法是一种并行两级结构的分散化滤波算法。每一种导航系统与公共参考系统（如 INS）构成一个子系统，由一个子滤波器来处理。多种导航设备可以构成若干个子系统，然后用一个主滤波器把各个子系统的信息进行融合。在滤波过程中，根据信息分配原理将系统的过程信息合理地分配给各个子滤波器和主滤波器，避免了信息的重复利用，消除了各个子滤波器之间的相关性，使各个子滤波器可以独立地进行局部估计，用简单的融合算法即可求得全局最优估计。而且，组合导航系统采用联邦滤波器可以对传感器故障及时地检测与分离，提升组合导航系统的容错性能。

2. 状态和量测的选取

组合导航系统采用卡尔曼滤波技术进行估计的主要对象是姿态等参数（这里以 X 表示）。根据滤波器状态选取的不同，估计方法分为直接法和间接法两种。直接法直接以各种导航参数 X 为主要状态，滤波器估值的主要部分就是导航参数估值 $\hat{X}$。间接法以组合导航系统中某一系统（经常采用惯导系统）输出的导航参数 x_I 的误差 ΔX 为滤波器主要状态，滤波器估值的主要部分就是导航参数误差估值 ΔX，然后利用 $\Delta\hat{X}$ 去校正 X_I。

直接法和间接法各有优缺点：直接法的系统方程直接描述导航参数的动态过程，它能较准确地反映系统的真实演变情况。间接法的系统状态方程主要是惯导系统的误差方程，它是按一阶近似推导出来的，有一定近似性；直接法的系统方程是惯导系统力学编排方程和某些误差变量方程的组合，滤波器既能解算导航参数又能起到滤波估计的作用，但如果把组合导航转换到纯惯导工作方式时，计算机还须另外编排一组解算力学编排方程的程序。间接法组合时惯导系统仍需单独解算力学方程，滤波器也需解算滤波方程，但却便于在程序上对组合导航和纯惯导两种工作方式进行相互转换；直接法的计算周期必须很短，而间接法对计算周期要求没那么高；另外，直接法的系统方程一般是非线性的，而间接法的系统方程是线性的，可以直接用于滤波方程。

3. 组合校正方式

间接法估计的状态都是误差状态，即滤波方程中的状态矢量是导航参数误差状态和其他误差状态的集合。

利用间接法得到的估计 $\Delta\hat{X}$对原系统进行校正有输出校正和反馈校正两种方法。

输出校正就是将滤波器估计出的导航参数误差 $\Delta\hat{X}$直接校正惯导输出的导航参数 X_I，从而得到导航参数的最优估计，也称为开环法，如图 8-6 所示。

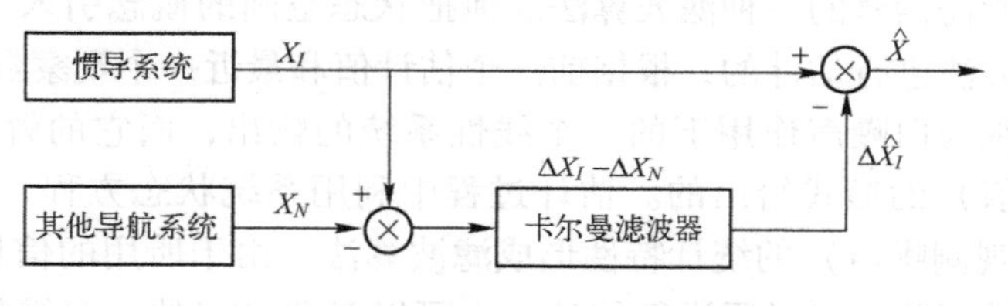

图 8-6　输出校正滤波示意图

反馈校正是将导航参数误差的估计结果反馈到惯导计算中，用以校正惯导计算中的状态向量，包括惯导仪表误差，且用校正后的状态向量进行新的导航计算，也称为闭环法。如图 8-7 所示。

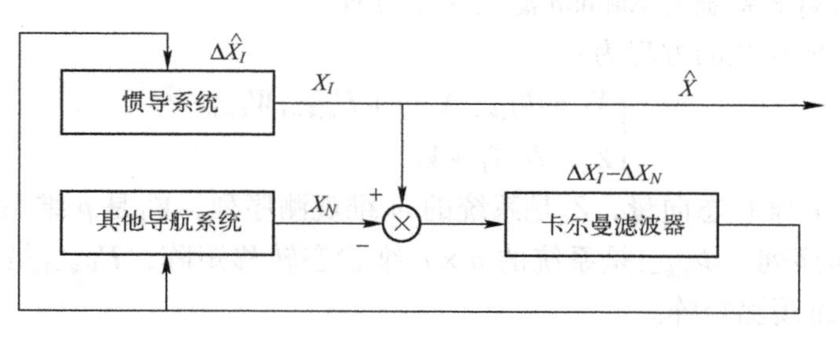

图 8-7　反馈校正滤波示意图

从形式上看，输出校正仅仅校正系统的输出量，即利用滤波器的估计去校正系统输出的导航参数，其作用是改善输出的准确性。而反馈校正则是校正系统内部的状态，即利用滤波器输出的控制量去校正系统的状态。虽然这些状态都是误差量，但利用这些误差量做校正，实际上就是校正惯导系统的状态。因此，控制量用来校正与误差状态相应的状态。但可以证明，如果滤波器是全阶滤波器，即它的状态基本上包括了真实系统的所有状态，状态方程真实地描述了真实系统的变化规律，则利用输出校正的组合导航系统输出量和利用反馈校正的组合导航系统输出量具有同样的精度。从这个意义上讲，两种校正方法的性质是一样的。

输出校正的优点是工程上实现比较方便，滤波器的故障不会影响惯导系统的工作。缺点是惯导系统的误差是随时间增长的，而卡尔曼滤波器的数学模型是建立在误差为小量的基础上，因此长时间工作时，由于惯导误差不再是小量，因而使滤波方程出现模型误差，从而使滤波精度下降。而反馈校正正好可以克服这一缺点，在反馈校正后，惯导系统的输出就是综合系统的输出，误差始终保持小量，因而可以认为滤波方程没有模型误差。

反馈校正的缺点是工程实现没有开环校正简单，而滤波器故障会直接污染惯导系统输出，使可靠性降低。如果惯导系统精度较高，且连续工作时间不长，则可采用输出校正。反之，如果惯导系统精度差，连续工作时间长，则采用反馈校正。在实际应用中，两种工作方式可以混合使用。

8.4.2 卡尔曼滤波

Kalman 滤波是 Kalman（R. E. Kalman）于 1960 年提出的从与被提取信号有关的观测量中通过算法估计出所需信号的一种滤波算法。他把状态空间的概念引入到随机估计理论中，用状态方程和递推方法进行估计的，根据前一个估计值和最近一个观察数据来估计信号的当前值，把信号过程视为白噪声作用下的一个线性系统的输出，而它的解是以估计值（常常是状态变量的估计值）的形式给出的。估计过程中利用系统状态方程、观测方程和白噪声激励（系统噪声和观测噪声）的统计特性形成滤波算法。由于所用的信息都是时域内的量，所以不仅可以对一维平稳随机过程进行估计，也可以对非平稳的、多维随机过程进行估计。这就避免了 Wiener 滤波在频域内设计时遇到的限制，适用范围比较广泛。由于离散 Kalman 滤波具有递推性质，算法由计算机执行，不需要存储大量量测数据，因此在工程中经常使用离散 Kalman 滤波。虽然很多物理系统是连续系统，在使用前也要对模型进行离散化后再进行滤波。下面给出离散系统的 Kalman 滤波基本方程。

设随机线性离散系统的方程为：

$$\begin{cases} X_k = \Phi_{k,k-1} X_{k-1} + \Gamma_{k,k-1} W_{k-1} \\ Z_k = H_k X_k + V_k \end{cases} \tag{8-33}$$

式中，X_k是系统的 n 维状态向量，Z_k是系统的 m 维观测序列，W_k是 p 维系统过程噪声序列，V_k是 m 维观测噪声序列，$\Phi_{k,k-1}$是系统的 $n \times n$ 维状态转移矩阵，$\Gamma_{k,k-1}$是 $n \times p$ 维噪声输入矩阵，H_k是 $m \times n$ 维观测矩阵。

关于系统过程噪声和观测噪声的统计特性假定为：

$$\begin{cases} E[W_k] = 0, E[W_k W_j^T] = Q_k \delta_{kj} \\ E[V_k] = 0, E[V_k V_j^T] = R_k \delta_{kj} \\ E[W_k V_j^T] = 0 \end{cases} \tag{8-34}$$

式中，Q_k是系统过程噪声 W_k的 $p \times p$ 维对称非负方差矩阵，R_k是系统观测噪声 V_k的 $m \times m$ 维正定方差阵，而 δ_{kj}是 *Kronec* ker $-\delta$ 函数。

如果被估计状态 X_k和观测量 Z_k满足式（8-33）的约束，系统过程噪声 W_k和观测噪声 V_k满足式（8-34）的假设，系统过程噪声方差阵 Q_k非负定，系统观测噪声方差阵 R_k正定，

k 时刻的观测为 Z_k，则 X_k的估计$\hat{X}_k$可按下述方程求解：

状态一步预测

$$\hat{X}_{k,k-1} = \Phi_{k,k-1}\hat{X}_{k-1} \tag{8-35a}$$

状态估计

$$\hat{X}_k = \hat{X}_{k,k-1} + K_k[Z_k - H_k\hat{X}_{k,k-1}] \tag{8-35b}$$

滤波增益矩阵

$$K_k = P_{k,k-1}H_k^T[H_kP_{k,k-1}H_k^T + R_k]^{-1} \tag{8-35c}$$

一步预测误差方差阵

$$P_{k,k-1} = \Phi_{k,k-1}P_{k-1}\Phi_{k,k-1}^T + \Gamma_{k,k-1}Q_{k-1}\Gamma_{k,k-1}^T \tag{8-35d}$$

估计误差方差阵

$$P_k = [I - K_kH_k]P_{k,k-1}[I - K_kH_k]^T + K_kR_kK_k^T \tag{8-35e}$$

或

$$P_k = [I - K_kH_k]P_{k,k-1} \tag{8-35f}$$

式（8-35）即为随机线性离散系统 Kalman 滤波基本方程。只要给定初值$\hat{X}_0$和 P_0，根据 k 时刻的观测值 Z_k就可以递推计算 k 时刻的状态估计值$\hat{X}_k(k=1,2,\cdots\cdots)$。

在一个滤波周期内，Kalman 滤波具有两个明显的信息更新过程：时间更新过程和观测更新过程。式（8-35a）说明了 $k-1$ 时刻的状态预测 k 时刻状态的方法，式（8-35d）对这种预测的质量优劣做了定量描述。该两式的计算中仅使用了与系统的动态特性有关的信息，如状态一步转移矩阵、噪声输入矩阵、过程噪声方差阵。从时间的推移过程来看，该两式将时间从 $k-1$ 时刻推进至 k 时刻，描述了 Kalman 滤波的时间更新过程。式（8-35）的其余公式用来计算对时间更新值的修正量，该修正量由时间更新的质量优劣($P_{k,k-1}$)、观测信息的质量优劣(R_k)、观测与状态的关系(H_k)以及具体的观测信息 Z_k所确定，所有这些方程围绕一个目的，即正确、合理地利用观测 Z_k，所以这一过程描述了 Kalman 滤波的观测更新过程。

式（8-35a）和式（8-35b）又称为 Kalman 滤波器方程，由此两式可得到 Kalman 滤波器方框图，如图 8-8 所示。滤波器的输入是系统状态的观测值，输出是系统状态的估计值。

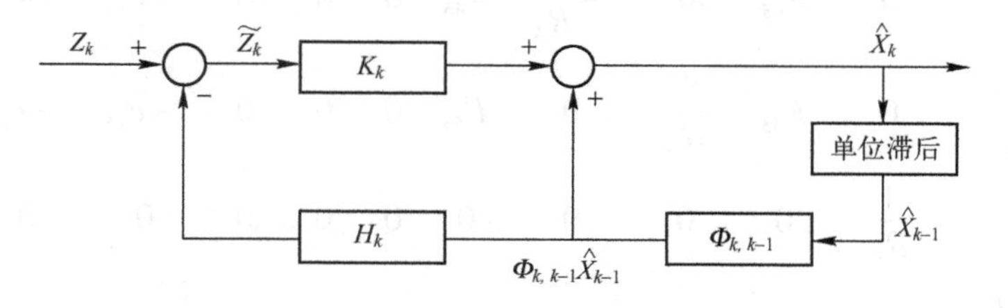

图 8-8　离散 Kalman 滤波器结构图

式（8-35）的滤波算法可以用方框图来表示，如图 8-9 所示。从图中可以看出，Kalman 滤波具有两个计算回路：增益计算回路和滤波计算回路。其中增益计算回路是独立计算的，滤波计算回路依赖于增益计算回路。

8.4.3 组合导航系统建模

组合导航系统模型包括状态方程和量测方程。

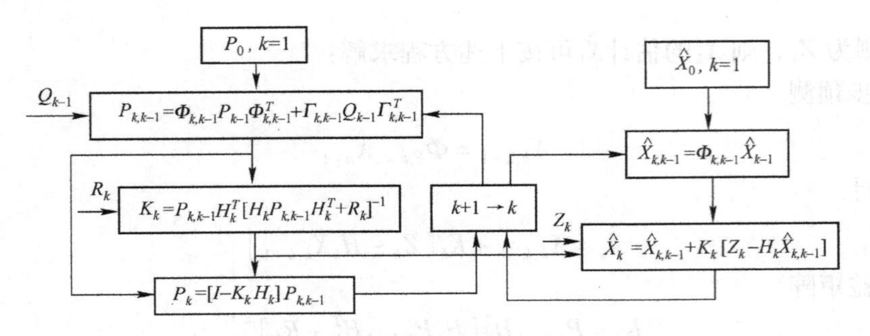

图 8-9　离散 Kalman 滤波算法方框图

1. 状态方程的建立

要建立导航系统状态方程，首先需要确定状态方程中各状态变量的形式及维数，选取捷联惯导的失准角、速度误差、位置误差以及陀螺仪漂移和加速度计零偏作为状态变量。由于组合导航对计算机的速度和容量要求较高，故需要对模型做一些简化。另外惯导系统的垂直通道是不稳定的，因此不考虑垂直方向的速度和加速度计，可不列为状态量。最终简化后模型为：

$$X=\lfloor \delta V_E \quad \delta V_N \quad \phi_E \quad \phi_N \quad \phi_U \quad \delta L \quad \delta\lambda \quad \nabla_{bx} \quad \varepsilon_{bx} \quad \varepsilon_{by} \quad \varepsilon_{bz} \rfloor$$

式中，δV_E，δV_N为东向和北向的速度误差；ϕ_E，ϕ_N，ϕ_U为东向、北向和天向失准角误差；δL，$\delta\lambda$ 为纬度和经度的误差；∇_{bx}，∇_{by}，∇_{bz}为 x，y，z 三个轴的加速度计零偏；ε_{bx}，ε_{by}，ε_{bz}为 x，y，z 三个轴的陀螺漂移。

状态方程为$\dot{X}=FX+W$，式中 F 为状态系数矩阵，表示为：

$$F=\begin{pmatrix}
\frac{V_N}{R_E}\tan L & F_{12} & 0 & -f_U & f_N & F_{16} & 0 & c_{11} & c_{21} & 0 & 0 & 0\\
F_{21} & 0 & f_U & 0 & -f_E & F_{26} & 0 & c_{12} & c_{22} & 0 & 0 & 0\\
0 & -\frac{1}{R_N} & 0 & F_{34} & F_{35} & 0 & 0 & 0 & 0 & -c_{11} & -c_{21} & -c_{31}\\
\frac{1}{R_E} & 0 & F_{43} & 0 & -\frac{V_N}{R_N} & F_{46} & 0 & 0 & 0 & -c_{12} & -c_{22} & -c_{32}\\
\frac{\operatorname{tans}L}{R_E} & 0 & F_{53} & \frac{V_N}{R_N} & 0 & F_{56} & 0 & 0 & 0 & -c_{13} & -c_{23} & -c_{33}\\
0 & \frac{1}{R_N} & 0 & 0 & 0 & 0 & 0 & 0 & 0 & 0 & 0\\
\frac{\sec L}{R} & 0 & 0 & 0 & 0 & F_{76} & 0 & 0 & 0 & 0 & 0 & 0\\
0 & 0 & 0 & 0 & 0 & 0 & 0 & 0 & 0 & 0 & 0\\
0 & 0 & 0 & 0 & 0 & 0 & 0 & 0 & 0 & 0 & 0\\
0 & 0 & 0 & 0 & 0 & 0 & 0 & 0 & 0 & 0 & 0\\
0 & 0 & 0 & 0 & 0 & 0 & 0 & 0 & 0 & 0 & 0\\
0 & 0 & 0 & 0 & 0 & 0 & 0 & 0 & 0 & 0 & 0
\end{pmatrix} \tag{8-36}$$

式中

$$F_{12}=2\omega_{ie}\sin L+\frac{V_E}{R_E}\tan L; \qquad F_{16}=\left(2\omega_{ie}\cos L+\frac{V_E}{R_E}\sec^2 L\right)V_N;$$

$$F_{21}=-2\left(\omega_{ie}\sin L+\frac{V_E}{R_E}\tan L\right); F_{26}=-\left(2\omega_{ie}\cos L+\frac{V_E}{R_E}\sec^2 L\right)V_E;$$

$$F_{34}=\omega_{ie}\sin L+\frac{V_E}{R_E}\tan L; \qquad F_{35}=-\left(\omega_{ie}\cos L+\frac{V_E}{R_E}\right);$$

$$F_{43}=-F_{34}; \qquad F_{46}=-\omega_{ie}\sin L;$$

$$F_{53}=-F_{35}; \qquad F_{56}=\omega_{ie}\cos L+\frac{V_E}{R_E}\sec^2 L;$$

$$F_{76}=\frac{V_E}{R_E}\sec^2 L\sin L; \qquad C_{ij}\text{为 }C_n^b\text{的元素};$$

W 为系统噪声，表示为

$W=\lfloor w_{v_E} \quad w_{v_N} \quad w_{\phi_E} \quad w_{\phi_N} \quad w_{\phi_U} \quad w_{\delta L} \quad w_{\delta\lambda} \quad 0 \quad 0 \quad 0 \quad 0 \quad 0\rfloor$。

2. 量测方程

组合导航的工作模式选择为位置与速度的组合时，系统量测值有两种：捷联系统输出的速度与计程仪的速度差值和捷联系统输出的位置与 GPS 输出的位置的差值。

设捷联系统的输出速度为

$$\begin{cases}V_{SE}=V_{RE}+\delta V_{SE}\\V_{SN}=V_{RN}+\delta V_{SN}\end{cases}$$

式中，V_{SE}、V_{SN}是捷联惯导系统输出的东向和北向速度；V_{RE}、V_{RN}是真实速度；δV_{SE}、δV_{SN}是捷联系统东向和北向速度误差。

设计程仪的输出速度为：

$$\begin{cases}V_{JE}=V_{RE}+\delta V_{JE}\\V_{JN}=V_{RN}+\delta V_{JN}\end{cases}$$

式中，V_{JE}、V_{JN}是计程仪输出的东向和北向速度；V_{RE}、V_{RN}是真实速度；δV_{JE}、δV_{JN}是计程仪东向和北向速度误差。

惯导位置输出为：

$$\begin{cases}L_{INS}=L_t+\delta L_{INS}\\\lambda_{INS}=\lambda_t+\delta\lambda_{INS}\end{cases}$$

GPS 接收机给出的位置信息为：

$$\begin{cases}L_{GPS}=L_t+\delta L_{GPS}\\\lambda_{GPS}=\lambda_t+\delta\lambda_{GPS}\end{cases}$$

则观测量

$$Z_V(t)=\begin{pmatrix}V_{JE}-V_{SE}\\V_{JN}-V_{SN}\\L_{GPS}-L_{INS}\\\lambda_{GPS}-\lambda_{GPS}\end{pmatrix}=\begin{pmatrix}\delta V_{JE}-\delta V_{SE}\\\delta V_{JN}-\delta V_{SN}\\\delta L_{GPS}-\delta L_{INS}\\\delta\lambda_{GPS}-\delta\lambda_{INS}\\\\\end{pmatrix}=H_V(t)X(t)+V_V(t) \tag{8-37}$$

式中，$H_V(t)=\begin{bmatrix}1&0&0&0&0&0&0&0&0&0&0&0\\0&1&0&0&0&0&0&0&0&0&0&0\\0&0&0&0&0&1&0&0&0&0&0&0\\0&0&0&0&0&1&1&0&0&0&0&0\\ \end{bmatrix}$，$V_V(t)$是观测噪声向量。

8.4.4 组合导航信息融合的MATLAB实现

组合导航信息融合的初始条件为：

INS（惯性导航）参数设置见8.1.6节内容，GPS接收机位置误差为15 m；DVL速度误差为0.1 m/s。

为了滤波器稳定，选取滤波协方差阵P_0时一般把滤波模型的先验协方差设计得比实际值大一个数量级。Q矩阵表示捷联惯性系统模型噪声的频谱密度，这个噪声实际上是加速度计和陀螺误差的白噪声部分，一般根据实际系统中传感器的性能来确定。R矩阵表示测量误差噪声的频谱密度，一般根据所用的外观测量的精度来确定。

$$P_0=\mathrm{diag}\{(0.1\mathrm{m/s})^2\quad(0.1\mathrm{m/s})^2\quad(1.5°)^2\quad(1.5°)^2\quad(1.5°)^2\quad(0.00254°)^2\quad(0.00446°)^2\quad(100\mu\mathrm{g})^2\quad(100\mu\mathrm{g})^2\quad(5°/\mathrm{h})^2\quad(5°/\mathrm{h})^2\quad(5°/\mathrm{h})^2\}$$

$$Q=\mathrm{diag}\{(50\mu\mathrm{g})^2\quad(50\mu\mathrm{g})^2\quad(0.5°/\mathrm{h})^2\quad(0.5°/\mathrm{h})^2\quad(0.5°/\mathrm{h})^2\quad(50\mu\mathrm{g})^2\quad(50\mu\mathrm{g})^2\quad0\quad0\quad0\quad0\quad0\}$$

$$R=\mathrm{diag}\{(0.1\mathrm{m/s})^2\quad(0.1\mathrm{m/s})^2\quad15/R_E\quad15/R_E\}$$

仿真程序如下：

```
A = zeros(12,12);
A(1,1) = VN/RE * tan(latit);
A(1,2) = 2 * Wie * sin(latit) + VE/RE * tan(latit);
A(1,4) = -f(3);
A(1,5) = f(2);
A(1,6) = (2 * Wie * cos(latit) + VE/RE * (sec(latit))^2) * VN;
A(1,8) = Cn2b(1,1);
A(1,9) = Cn2b(2,1);
A(2,1) = -2 * (Wie * sin(latit) + VE/RE * tan(latit));
A(2,3) = f(3);
A(2,5) = -f(1);
A(2,6) = -(2 * Wie * cos(latit) + VE/RE * (sec(latit))^2) * VE;
A(2,8) = Cn2b(1,2);
A(2,9) = Cn2b(2,2);
A(3,2) = -1/RN;
A(3,4) = Wie * sin(latit) + VE/RE * tan(latit);
A(3,5) = -(Wie * cos(latit) + VE/RE);
A(3,10) = -Cn2b(1,1);
A(3,11) = -Cn2b(2,1);
```

```
A(3,12) = -Cn2b(3,1);
A(4,1) =1/RE;
A(4,3) = -A(3,4);
A(4,5) = -VN/RN;
A(4,6) = -Wie * sin(latit);
A(4,10) = -Cn2b(1,2);
A(4,11) = -Cn2b(2,2);
A(4,12) = -Cn2b(3,2);
A(5,1) =tan(latit)/RE;
A(5,3) = -A(3,5);
A(5,4) =VN/RN;
A(5,6) =Wie * cos(latit) +VE/RE * (sec(latit))^2;
A(5,10) = -Cn2b(1,3);
A(5,11) = -Cn2b(2,3);
A(5,12) = -Cn2b(3,3);
A(6,2) =1/RN;
A(7,1) =sec(latit)/RE;
A(7,6) =VE/RE * (sec(latit))^2 * sin(latit);

T=1;%滤波周期为1s
F=eye(12,12) +A. *T;
B=[1 0 0 0 0 0 0;
   0 1 0 0 0 0 0;
   0 0 1 0 0 0 0;
   0 0 0 1 0 0 0;
   0 0 0 0 1 0 0;
   0 0 0 0 0 1 0;
   0 0 0 0 0 0 1;
   0 0 0 0 0 0 0;
   0 0 0 0 0 0 0;
   0 0 0 0 0 0 0;
   0 0 0 0 0 0 0;
   0 0 0 0 0 0 0];
C=[1 0 0 0 0 0 0 0 0 0 0 0;
   0 1 0 0 0 0 0 0 0 0 0 0;
   0 0 0 0 0 1 0 0 0 0 0 0;
   0 0 0 0 0 0 1 0 0 0 0 0];
D=0;
g=9.7804;
P=[(0.1)^2 0 0 0 0 0 0 0 0 0 0 0;
   0 (0.1)^2 0 0 0 0 0 0 0 0 0 0;
   0 0 1.5^2 0 0 0 0 0 0 0 0 0;
   0 0 0 1.5^2 0 0 0 0 0 0 0 0;
```

```
    0 0 0 0 1.5^2 0 0 0 0 0 0 0 0;
    0 0 0 0 0 (0.00254)^2 0 0 0 0 0 0;
    0 0 0 0 0 0 (0.00446)^2 0 0 0 0 0;
    0 00 0 0 0 0 (1e-4 * g)^2 0 0 0 0;
    0 0 0 0 0 0 0 0 (1e-4 * g)^2 0 0 0;
    0 0 0 0 0 0 0 0 0 (5)^2 0 0;
    0 0 0 0 0 0 0 0 0 0 (5)^2 0;
    0 0 0 0 0 0 0 0 0 0 0 (5)^2;];
Q = [(5e-5 * g)^2 0 0 0 0 0 0;
    0 (5e-5 * g)^2 0 0 0 0 0;
    0 0 (0.5)^2 0 0 0 0;
    0 0 0 (0.5)^2 0 0 0;
    0 0 0 0 (0.5)^2 0 0;
    0 0 0 0 0 (5e-5 * g)^2 0;
    0 0 0 0 0 0 (5e-5 * g)^2];
R = [(0.1)^2 0 0 0;
    0 (0.1)^2 0 0;
    0 0 15/RE 0;
    0 0 0 15/RE;];
t = 0:3599;

% Generate process noise and sensor noise vectors
randn('seed',0);
w = sqrt(Q) * (randn(length(t),7))';
v = sqrt(R) * (randn(length(t),4))';
x0 = zeros(12,length(t));
x1 = zeros(12,length(t));
x0(:,1) = [0.5 0.5 0.08 0.08 0.16 100 100 0.1 0.1 0.1 0.0001 * g 0.0001 * g 0.0001 * g]';
yv(:,1) = C * x0(:,1) + v(:,1);

for i = 2:length(t)
    x0(:,i) = F * x0(:,i-1) + B * w(:,i);
    yv(:,i) = C * x0(:,i) + v(:,i);
end
x = x0(:,1);
for i = 1:length(t)
    P = F * P * F' + B * Q * B';              % P[n+1|n]
    K = P * C' * inv(C * P * C' + R);
    x = F * x;                                % x[n+1|n]
    x = x + K * (yv(:,i) - C * x);            % x[n|n]
    P = (eye(12) - K * C) * P;                % P[n|n]
    x1(:,i) = x;
end
```

```
%绘制经度误差曲线
figure(1)
plot(t,x1(1,:),'-');
xlabel('采样数(个)');ylabel('经度误差(米)');
%绘制纬度误差曲线
figure(2)
plot(t,x1(2,:),'-');
xlabel('采样数(个)');ylabel('纬度误差(米)');
%绘制东向速度误差曲线
figure(3)
plot(t,x1(4,:),'-');
xlabel('采样数(个)');ylabel('东向速度滤波后误差(米/秒)');
%绘制北向速度误差曲线
figure(4)
plot(t,x1(5,:),'-');
xlabel('采样数(个)');ylabel('北向速度滤波后误差(米/秒)');
```

8.5 习题

1. 捷联惯性导航系统的原理是什么？导航信息的解算步骤是什么？
2. 比较各种导航方式的优缺点。
3. 卡尔曼滤波的原理是什么？
4. 编写导航姿态算法的函数。

第9章 MATLAB在语音信号处理中的应用

通过语音相互传递信息是人类最重要的基本交流功能之一。语音信号处理是研究用数字信号处理技术和语音学知识对语音信号进行处理的学科。处理的目的是用于得到某些参数以便高效传输或存储；或者用于某种应用，如人工合成出语音、辨识出讲话者内容和进行语音增强等。

9.1 语音信号概述

人说话的时候，一次发出有一个响亮中心、听起来很自然地感觉到的一个小语音片段称为音节。一个音节可以有一个或几个音素组成，语音信号的基本组成单位是音素。音素可分成“浊音”和“清音”两大类。当气流通过声门时，如果声带的张力刚好使声带发生张弛振荡式的振荡，产生一股准周期的气流，这一气流激励声道就产生了浊音。浊音是由规则的全程激励产生的，其时域波形具有准周期性，语音频率集中在较低范围内。当气流通过声门时，如果声带不振动，而在某处收缩，迫使气流高速通过这一收缩部分而产生湍流，就得到清音。清音是由不规则的激励产生的，其时域波形不具有周期性，语音频率集中在较高范围内。

如果将不存在语音而只有背景噪声的情况称为“无声”。那么音素可以分成“无声”、“浊音”、“清音”三类。一个音节由元音和辅音构成。元音是由声带振动发出来的声音，元音在音节中占主要部分，所有元音都是浊音。辅音是由气流克服发音器官的阻碍产生的，声带不振动发出的辅音为清辅音或清音，声带振动发出的辅音为浊辅音或浊音。在汉语普通话中，每个音节都是由“辅音——元音”构成的。

9.2 语音信号的采集

MATLAB数据采集工具箱（Data Acquisition Toolbox）提供了一套完整的工具集，用于对基于PC的数据采集硬件进行控制和通信，并将采集的数据写入MATLAB工作空间进行分析。Data Acquisition Toolbox通过MATLAB接口与硬件设备连接，通过MATLAB编程来直接控制声卡进行数据采集。采集方法主要有以下三种。

方法一：将声卡作为一个模拟输入对象来进行采集，分为四个步骤。

1）建立设备对象，进行初始化。MATLAB将声卡等设备都做对象处理，通过对对象的操作来作用于硬件设备，并同时建立起模拟信号采集的对象：

```
ai = analoginput('winsound');          % 'winsound'为声卡驱动程序
```

2）给ai对象添加采集通道，设置音频采集的属性参数：

```
addchannel(ai,value);                                   %设置音频的采集通道
set(ai,'SampleRate',value);                             %设置音频信号的采样频率
set(ai,'SamplesPerTrigger',value);                      %设置采集音频信号的长度
set(ai,'TriggerRepeat',value);                          %设置连续采集次数
set(ai,'TriggerDelay',value);                           %设置延长时间
set(ai,'TriggerType',value);                            %设置音频信号采集触发方式
set(ai,'TriggerConditionValue',value);                  %设置音频信号采集触发临界值
set(ai,'TimeOut',value);                                %设置超时等待时间
```

进行数据采集时，可通过以上函数按照实际工作要求来控制数据采集行为。其中采样频率是由声卡物理特性直接决定的参数，在对其进行设置时需根据采样定理选择声卡支持的采样频率。

3）启动设备对象，开始采集数据：

```
start(ai);
[data,time] = getdata(ai,ai.SamplesPerTrigger);    %获得采样值向量
```

当声卡被触发后，声卡设备会自动将采集数据存入 MATLAB data Engine 中，利用函数 getdata 即可从中提取所需数据，同时在 data Engine 中删除。也可以通过 save 函数直接将包含数据的变量存为 MAT 文件保存在电脑中，并通过调用函数 load 进行数据加载，从而利用 MATLAB 中其他工具箱的函数做进一步数据分析和处理。

4）停止采集并清除设备对象：

```
stop(ai)
delete(ai);
```

方法二：直接调用 wavrecord 功能函数采集音频信号。wavrecord 是利用 windows 音频输入设备录制声音，常用格式为：

```
wavrecord(n,fs,ch,dtype);
```

其中 n 为采样点数，决定录音长度；fs 为采样频率，取值为 8000 Hz、11025 Hz、22050 Hz、44100 Hz 之一，默认值为 11025 Hz；ch 为样本采集通道，1 为单声道，2 为双声道，缺省值为 1；dtype 为采样数据存储格式，即每个样本的解析度。

方法三：在实际工作中，可以利用 windows 自带的录音机录制语音文件，声卡可以完成语音波形的 A - D 转换，语音信号可以保存为 . wav 文件。调节录音机保存界面的“更改”选项，可以存储各种格式的 wav 文件。

采集到的语音文件需要读入到 MATLAB 中，使用的函数有 wavread 和 audioread。使用 wavread 函数，命令窗口提示 wavread will be removed in a future release. Use audioread instead。为了使程序可以在 MATLAB 未来的版本中使用，这里都采用 audioread。常用格式为：

```
[Y,FS] = audioread(FILENAME,[START END])
```

其中读取的语音放在变量 Y 中，FS 为采样频率，［START END］表示读取文件从 START 到 END 的内容。在 MATLAB 中可以使用 sound（Y，FS）回放语音。

9.3 语音信号的加窗处理

语音信号是一种非平稳的时变信号，但是由于人的发音器官的肌肉运动速度较慢，所以语音信号可以认为是短时平稳的。在 5 ~ 50 ms 的范围内，语音的一些物理特性参数基本保持不变，这样将使语音信号的分析大大简化。因此，语音信号分析常分段或分帧处理，将每个短时的语音成为一个分析帧，一般每帧的时长约为 10 ~ 30 ms，视实际情况而定。对于一段离散时间的语音信号，采用一个长度有限的窗函数来截取语音信号，只看窗口内的信号，对这些信号进行运算，求解其语音特征，这样的处理方式，称为加窗。截取的短时语音信号称为分析帧。

在语音处理中最常用的两种窗函数是矩形窗和汉明窗。

矩形窗的窗函数为：

$$\omega(n)=\begin{cases}1, & 0\leqslant n\leqslant N\\ 0, & 其他\end{cases}$$

在 MATLAB 中，实现矩形窗的函数为 rectwin，常用格式为：

```
w = rectwin(N)
```

其中，N 为窗函数的长度，返回值 w 是一个 N 阶向量，元素由窗函数的值组成。

例 9.1 矩形窗示例。

```
n = 60
w = rectwin(n)
wvtool(w)                    % 显示窗函数形状和频域图形
```

输出结果如图 9-1 所示。

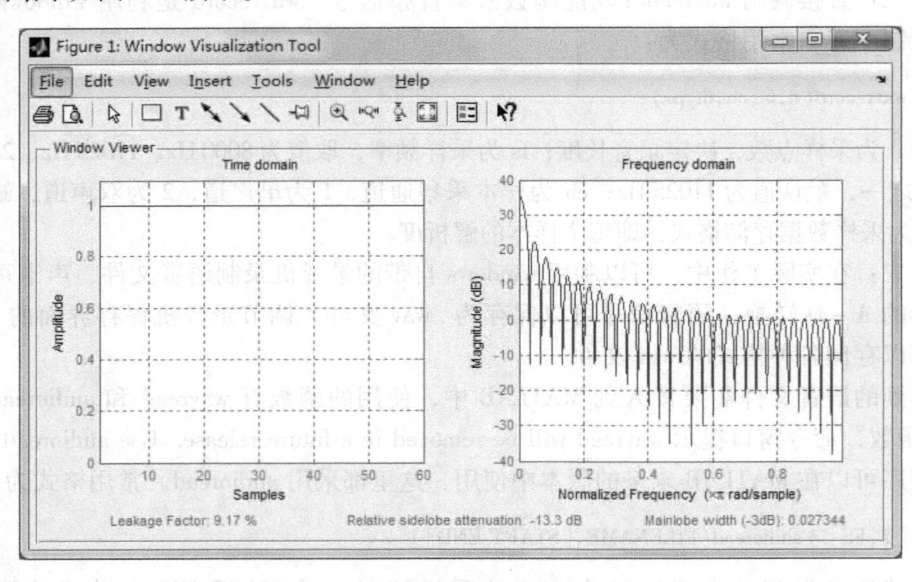

图 9-1 矩形窗的波形和频率响应

汉明窗的窗函数为：

$$\omega(n)=\begin{cases}0.54-0.46\cos\left(2\pi\dfrac{n}{N-1}\right), & 0\leqslant n\leqslant N\\ 0, & \text{其他}\end{cases}$$

在 MATLAB 中，实现汉明窗的函数为 hamming，常用格式为：

```
w = hamming(N)
```

其中 N 为窗函数的长度，返回值 w 是一个 N 阶向量，元素由窗函数的值组成。

例 9.2 汉明窗示例

```
n = 60
w = hamming(n)
wvtool(w)
```

输出结果如图 9-2 所示。

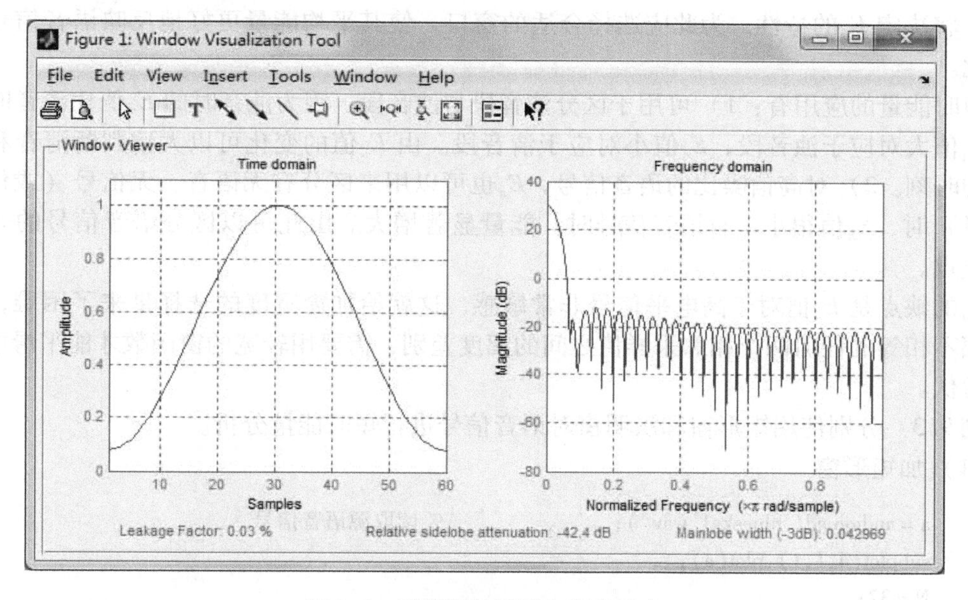

图 9-2 汉明窗的波形和频率响应

对比图 9-1 和图 9-2 可以看出，矩形窗的主瓣宽度小于汉明窗，具有较高的频谱分辨率，但是矩形窗的旁瓣峰值较大，因此其频谱泄露比较严重。相比较而言，汉明窗的主瓣宽度较宽，大约是矩形窗的一倍，但是旁瓣衰减较大，具有更平滑的低通特性，能够较好地反映短时信号的频率特性。因此在频域分析时常用汉明窗，而在时域分析常用矩形窗。

同时窗函数的长度也起一定作用。当窗口过大时，平滑作用大，能量变化不大，故反映不出能量的变化；当窗口过小时，没有平滑作用，反映了能量的快变细节，看不出包络的变化。在采样频率为 11.025 Hz 左右，窗口长度一般选为 100 ~ 200 个采样点。

9.4 短时时域分析

短时时域分析主要计算语音信号每帧的时域参数，包括短时能量、短时平均过零率和短时自相关函数。

9.4.1 短时能量分析

由于语音信号的能量随时间变化，清音和浊音之间的能量差别相当显著。因此对语音的短时能量进行分析，可以描述语音的这种特征变化情况。定义短时能量为：

$$E_n = \sum_{n=-\infty}^{\infty}[x(m)w(n-m)]^2 = \sum_{m=n-N+1}^{n}[x(m)w(m-m)]^2$$

其中 N 为窗长。当使用矩形窗时，可简化为$E_n = \sum_{n=-\infty}^{\infty} x^2(m)$。不同窗口选择（形状和长度）将决定$E_n$的特性，为此应选择合适的窗口，使其平均能量更好地反映语音信号的幅度变化。

短时能量的应用有：1）可用于区分清音段与浊音段。因为浊音时的E_n值比清音时大得多。E_n值大对应于浊音段，E_n值小对应于清音段。由E_n值的变化可以大致判断清音和浊音转换的时刻。2）对高信噪比的语音信号，E_n也可以用来区分有无语音。无信号（或仅有噪声能量）时，E_n值很小，有语音信号时，能量显著增大。由此可以区分语音信号的开始点或终止点。

E_n的缺点是E_n值对于高电平信号非常敏感，这就给加窗宽度的选择带来了困难，扩大了振幅不相等的任何两个相邻采样值之间的幅度差别，需要用较宽的窗函数才能平滑能量幅度的起伏。

例 9.3 分别使用矩形窗和汉明窗对语音信号进行短时能量分析。

（1）加矩形窗

```
a = audioread('bluesky1.wav');                    %读取源语音信号
subplot(4,1,1),plot(a);
N = 32;
for i = 2:4
    h = linspace(1,1,2.^(i-2)*N);                 %形成一个矩形窗,长度为 2.^(i-2)*N
    En = conv(h,a.*a);                            %求短时能量函数 En
    subplot(4,1,2),plot(En);
    legend('N = 32');
    subplot(4,1,3),plot(En);
    legend('N = 64');
    subplot(4,1,4),plot(En);
    legend('N = 128');
end
```

输出结果如图 9-3 所示。

（2）加汉明窗

```
a = audioread('bluesky1.wav');
subplot(4,1,1),plot(a);
N = 32;
for i = 2:4
    h = hanning(2.^(i-2) * N);          % 形成一个汉明窗,长度为 2.^(i-2) * N
    En = conv(h,a. * a);                % 求短时能量函数 En
    subplot(4,1,2),plot(En);
    legend('N = 32');
    subplot(4,1,3),plot(En);
    legend('N = 64');
    subplot(4,1,4),plot(En);
    legend('N = 128');
end
```

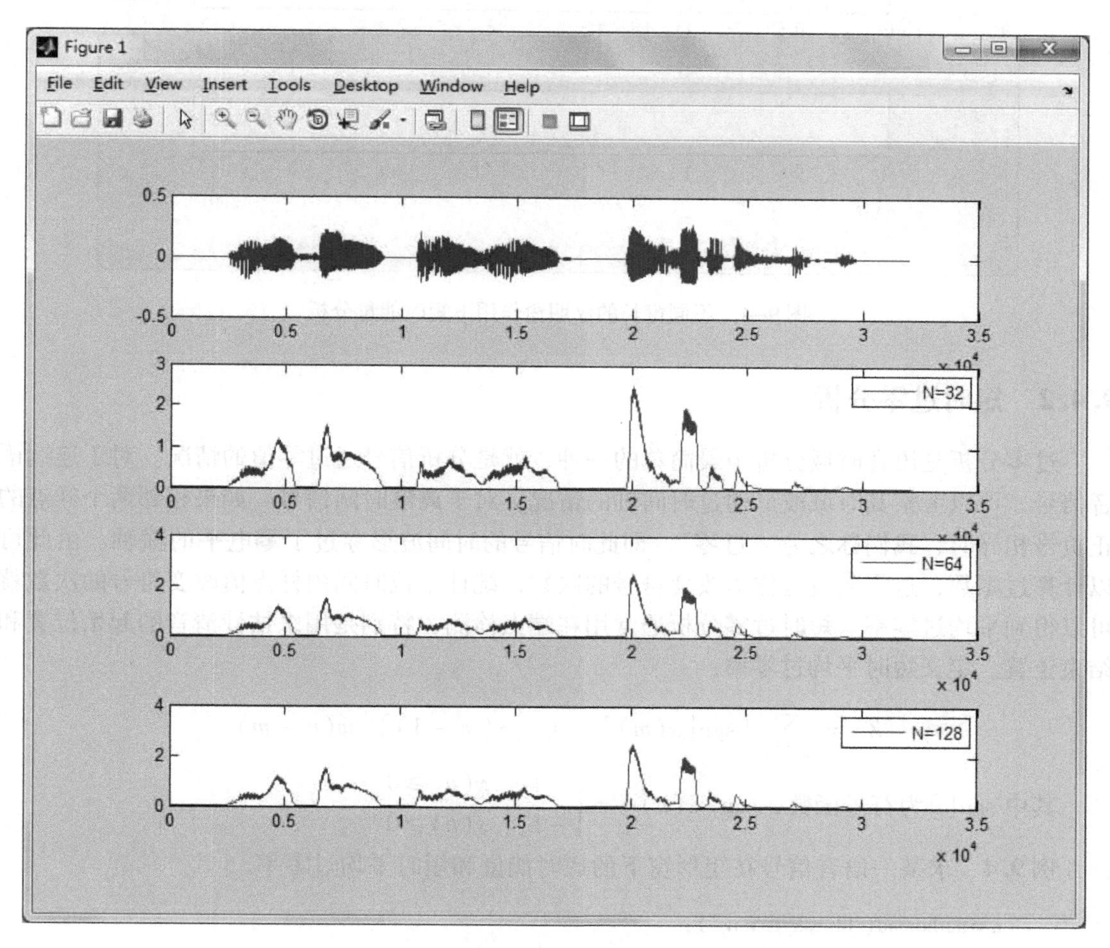

图 9–3　不同窗长的矩形窗作用下短时能量分析

输出结果如图 9–4 所示。

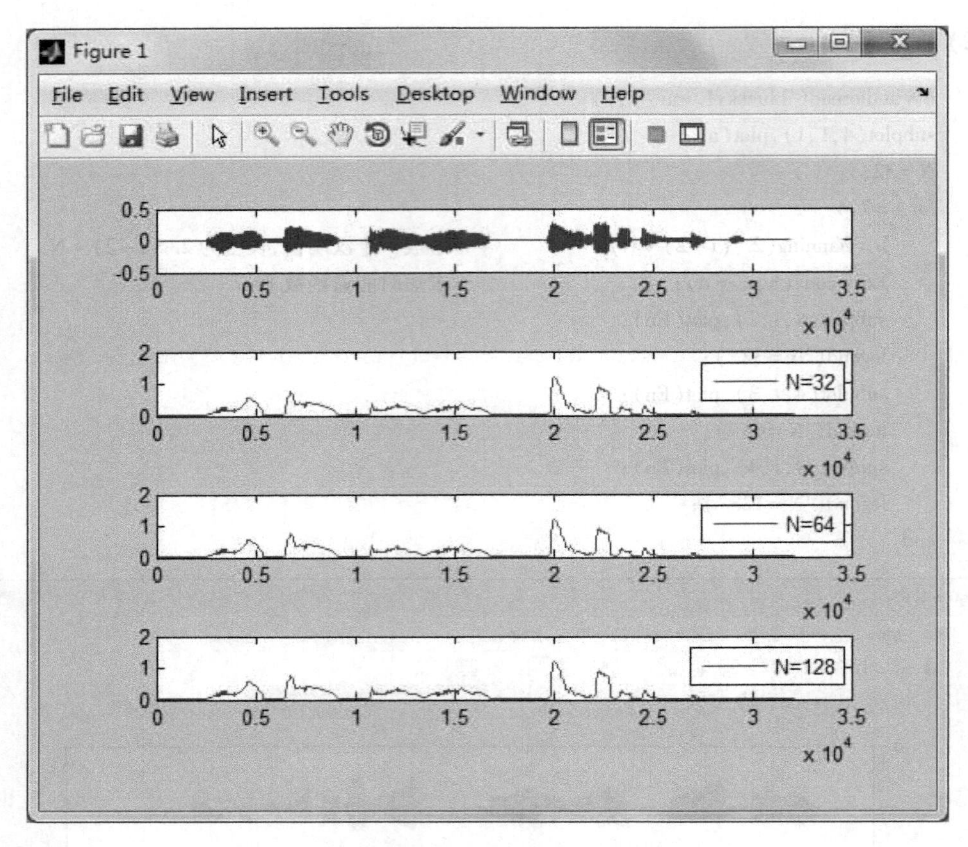

图 9-4　不同窗长的汉明窗作用下短时能量分析

9.4.2　短时过零分析

过零分析是语音时域分析中最简单的一种，就是分析信号通过零值的情况。对于连续语音信号，可以考察其时域波形通过时间轴的情况。对于离散时间信号，如果相邻两个样点的正负号相异时，我们称之为“过零”，即此时信号的时间波形穿过了零电平的横轴。由此可以计算过零数，过零数就是样本改变符号的次数，统计单位时间内样点值改变符号的次数就可以得到平均过零率。短时过零分析通常用在端点检测，特别是用来估计清音的起始位置和结束位置。定义短时平均过零率：

$$Z_n = \sum_{m=-\infty}^{\infty} |\operatorname{sgn}[x(m)] - \operatorname{sgn}[x(m-1)]| w(n-m)$$

其中 sgn[ ]为符号函数，$\operatorname{sgn}|x(n)| = \begin{cases} 1, & x(n) \geqslant 0 \\ -1, & x(n) \geqslant 0 \end{cases}$。

例 9.4　求某一语音信号在矩形窗下的短时能量和短时平均过零率。

```
a = audioread('bluesky1.wav');
n = length(a);
N = 320;
subplot(3,1,1),plot(a);
```

```
h = linspace(1,1,N);
En = conv(h,a. * a);                                    %求卷积得其短时能量函数 En
subplot(3,1,2),plot(En);
for i = 1:n - 1
    if a(i) >=0
        b(i) =1;
    else
        b(i) = -1;
    end
    if a(i +1) >=0
        b(i +1) =1;
    else
        b(i +1) = -1;
    end
    w(i) =abs(b(i +1) - b(i));                          %求出每相邻两点符号的差值的绝对值
end
k =1;
j =0;
while (k + N - 1) < n
    Zm(k) =0;
    for i =0:N - 1;
        Zm(k) = Zm(k) + w(k + i);
    end
    j = j +1;
    k = k + N/2;                                        %每次移动半个窗
end
for w = 1:j
    Q(w) = Zm(160 * (w - 1) + 1)/(2 * N);              %短时平均过零率
end
subplot(3,1,3),plot(Q),grid;
```

输出结果如图 9–5 所示。清音的短时能量较低，过零率高，浊音的短时能量较高，过零率低。清音的过零率为 0.5 左右，浊音的过零率为 0.1 左右，两者分布之间有相互交叠的区域，所以单纯依赖于平均过零率来准确判断清浊音是不可能的，在实际应用中往往是采用语音的多个特征参数进行综合判决。

短时平均过零率的应用：1）区别清音和浊音。例如，清音的过零率高，浊音的过零率低。此外，清音和浊音的两种过零分布都与高斯分布曲线比较吻合。2）从背景噪声中找出语音信号。语音处理领域中的一个基本问题是，如何将一串连续的语音信号进行适当的分割，以确定每个单词语音的信号，亦即找出每个单词的开始和终止位置。3）在孤立词的语音识别中，可利用能量和过零作为有声或无声的鉴别。

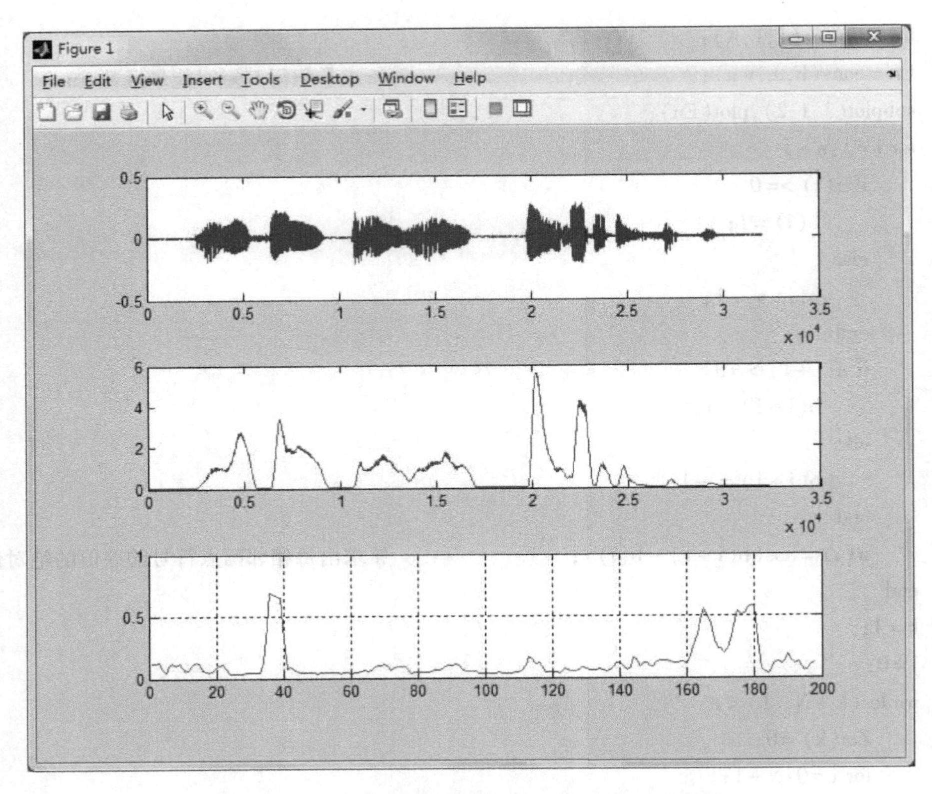

图 9-5　矩形窗下的短时能量和短时平均过零率

9.4.3　短时相关分析

自相关函数用于衡量信号自身时间波形的相似性。由于清音和浊音的发声机理不同，因而在波形上也存在着较大的差异。浊音的时间波形呈现出一定的周期性，波形之间相似性较好；清音的时间波形呈现出随机噪声的特性，样点之间相似性较差。因此，使用短时自相关函数来测定语音的相似特性。短时自相关函数定义为：

$$
\begin{aligned}
R_n(k) &= \sum_{m=-\infty}^{\infty}[x(m)w(n-m)][x(m+k)w(n-m-k)] \\
&= \sum_{m=0}^{N-1-k}[x(n+m)w'(m)][x(n+m+k)w'(m+k)]
\end{aligned}
$$

例 9.5　计算矩形窗下语音信号的短时自相关函数。

```
N = 300
Y = audioread('bluesky1.wav');
x = Y(1:300);
x = x.* rectwin(N);
R = zeros(1,N);
for k = 1:N
    for n = 1:N - k
        R(k) = R(k) + x(n) * x(n + k);
```

```
        end
    end
    j = 1:N;
    plot(j,R);
    grid;
```

清音的短时自相关函数如图 9-6 所示。将 x = Y（1：300）改为 x = Y（13001：13300）运行得到浊音的短时自相关函数如图 9-7 所示。

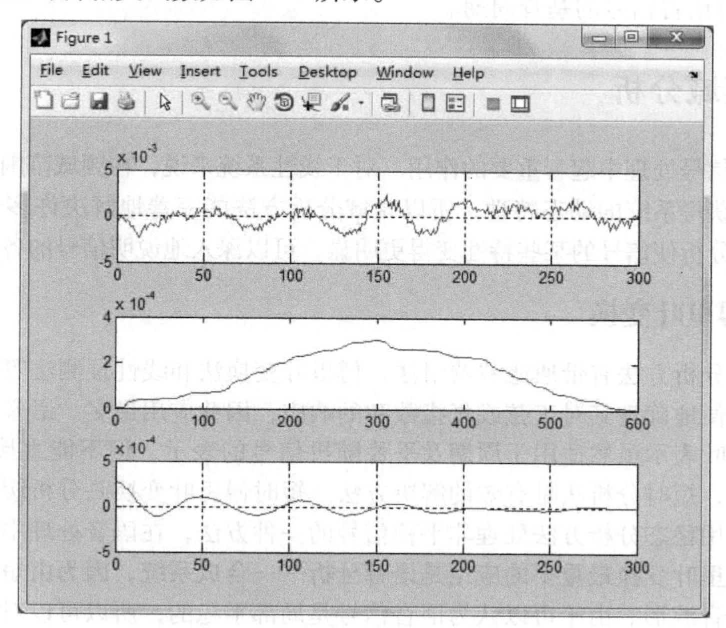

图 9-6　清音的短时自相关函数

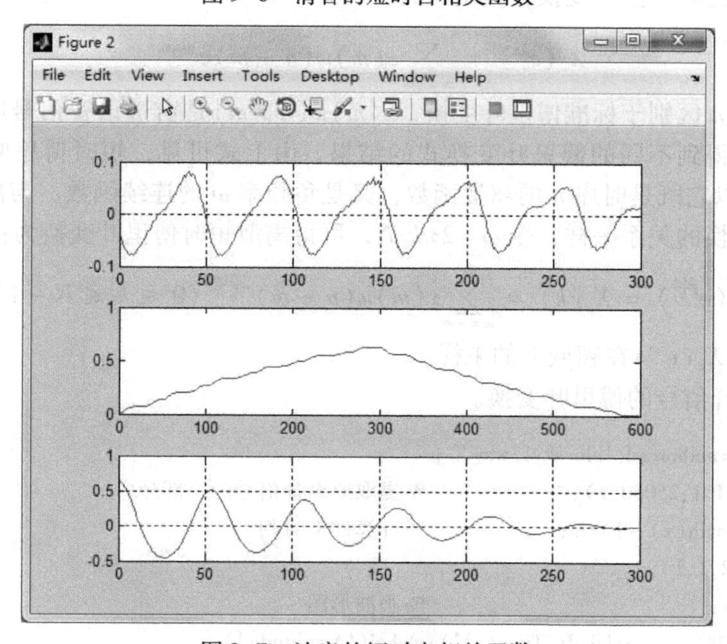

图 9-7　浊音的短时自相关函数

分析可知：清音接近于随机噪声，清音的短时自相关函数不具有周期性，也没有明显突起的峰值，且随着延时 k 的增大迅速减小；浊音是周期信号，浊音的短时自相关函数呈现明显的周期性，自相关函数的周期就是浊音信号的周期，根据这个性质可以判断一个语音信号是清音还是浊音，还可以判断浊音的基音周期。浊音的基音周期可用自相关函数中第一个峰值的位置来估算。所以在语音信号处理中，自相关函数常用来做以下两种语音信号特征的估计：

1）区分语音是清音还是浊音；

2）估计浊音语音信号的基音周期。

9.5 短时频域分析

频域分析在信号处理中起着重要的作用。对于线性系统来说，在频域范围内可以分析系统的稳态响应，以获得系统的动态特性，所以频域分析方法能完善地解决许多信号分析处理问题。另外，频域分析使信号的某些特性变得更明显，可以深入地说明信号的各项物理现象。

9.5.1 短时傅里叶变换

常用的频域分析方法有带通滤波器组法、傅里叶变换法和线性预测法等几种。其中傅里叶变换可以很方便地确定其对正弦或复指数和的响应，因此应用最多。语音是一个非平稳过程，标准的傅里叶表示虽然适用于周期及平稳随机信号的表示，但不能直接用于语音信号。对语音信号来说，短时分析法是有效的解决方法。短时傅里叶变换是分析缓慢时变频谱的一种简便方法，是用稳态分析方法处理非平稳信号的一种方法，在语音处理中是一个非常重要的工具。短时傅里叶变换最重要的应用是语音分析——合成系统，因为由短时傅里叶变换可以精确地恢复语音波形。由于可以认为语音信号是局部平稳的，所以可以对某一帧语音进行傅里叶变换，即短时傅里叶变换，其定义为：

$$X_n(e^{j\omega}) = \sum_{m=-\infty}^{\infty} x(m)w(n-m)\mathrm{e}^{-j\omega m}$$

这里用下标 n 区别于标准傅里叶变换，$x(m)w(n-m)$ 是窗选语音信号序列。同样不同的窗口函数，将得到不同的傅里叶变换式的结果。由上式可见，短时傅里叶变换有两个变量：n 和 ω，所以它既是时序 n 的离散函数，又是角频率 ω 的连续函数。与离散傅里叶变换和连续傅里叶变换的关系一样，令 $\omega = 2\pi k/N$，可得离散短时傅里叶变换为：

$$x_n(\mathrm{e}^{j\frac{2k\pi}{N}}) = X_n(k) = \sum_{m=-\infty}^{\infty} x(m)w(n-m)^{-\mathrm{j}\frac{2k\pi m}{N}}(0 \leqslant k \leqslant N-1)$$

实际上就是 $X_n(\mathrm{e}^{\mathrm{j}\omega})$ 在频域上的采样。

例 9.6 语音信号的傅里叶变换。

```
[Y,fs] = audioread('bluesky1.wav');
x = Y(14101:25050,1);                 %提取原语音信号的一部分
t = (0:length(x)-1)/fs;               %计算样本时刻
subplot(2,1,1);
plot(t,x);                            %画波形图
legend('波形图');xlabel('Time(s)');ylabel('Amplitude');
```

```
Y = fft(x);                              %傅里叶变换
fm = 5000 * length(Y)/fs;                %限定频率范围
f = (0:fm) * fs/length(Y);               %确定频率刻度
subplot(2,1,2);
plot(f,20 * log10(abs(Y(1:length(f))) + eps));
legend('频谱图');
xlabel('频率(Hz)');
ylabel('幅度(db)');
```

输出结果如图 9-8 所示。

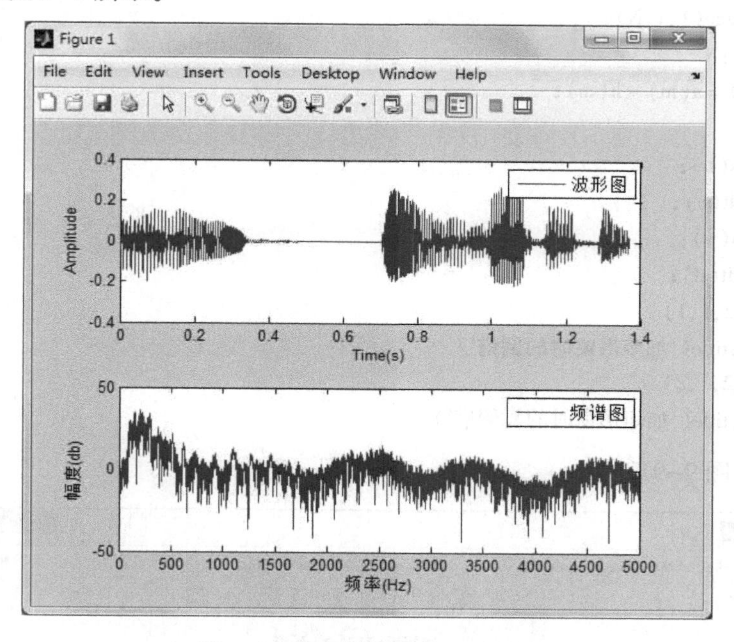

图 9-8　语音信号的傅里叶变换

9.5.2　短时频域特征

利用短时傅里叶变换可以估计系统的短时谱和倒谱，画出语谱图。下面分别介绍。

1. 复倒谱和倒谱

复倒谱是 $x(n)$ 的 Z 变换取对数后的逆 Z 变换，其表达式为：

$$\hat{x}(n) = Z^{-1}[\text{In}Z[x(n)]]$$

将倒谱 $c(n)$ 定义为 $x(n)$ 取 Z 变换后的幅度对数的逆 Z 变换，即

$$c(n) = Z^{-1}[\text{In}\,|X(z)|]$$

在时域上，语音产生模型实际上是一个激励信号与声道冲激响应的卷积。对于浊音，激励信号可以由周期脉冲序列表示；对于清音，激励信号可以由随机噪声序列表示。声道系统相当于参数缓慢变化的零极点线性滤波器。这样经过同态处理后，语音信号的复倒谱，激励信号的复倒谱，声道系统的复倒谱之间满足下面的关系：

$$\hat{s}(n) = \hat{e}(n) + \hat{v}(n)$$

由于倒谱对应于复倒谱的偶部，因此倒谱与复倒谱具有同样的特点，很容易知道语音信

号的倒谱，激励信号的倒谱以及声道系统的倒谱之间满足下面关系：

$$c_s(n)=c_e(n)=c_v(n)$$

浊音信号的倒谱中存在着峰值，它的出现位置等于该语音段的基音周期，而清音的倒谱中则不存在峰值。利用这个特点我们可以进行清浊音的判断，并且可以估计浊音的基音周期。

例 9.7 求语音信号的倒谱和复倒谱。

（1）加矩形窗时的倒谱和复倒谱

```
a = audioread('bluesky1.wav',[4000,4350]);
N = 300;
h = linspace(1,1,N);
for m = 1:N
    b(m) = a(m) * h(m);
end
c = cceps(b);
c = fftshift(c);
d = rceps(b);
d = fftshift(d);
subplot(2,1,1)
plot(d);title('加矩形窗时的倒谱')
subplot(2,1,2)
plot(c);title('加矩形窗时的复倒谱')
```

输出结果如图 9-9 所示。

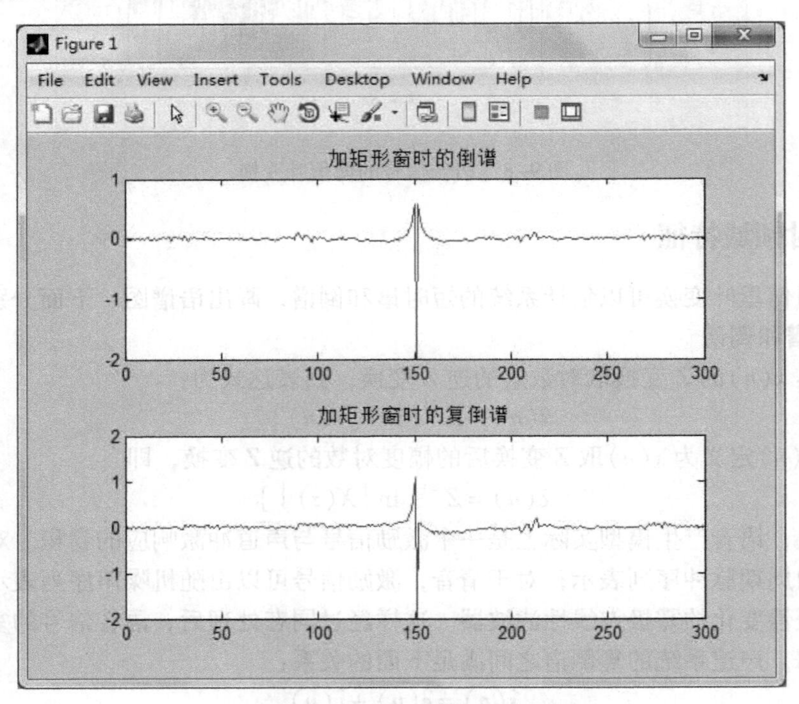

图 9-9　加矩形窗的倒谱和复倒谱

（2）加汉明窗时的倒谱和复倒谱

```
a = audioread('bluesky1.wav',[4000,4350]);
N = 300;
h = hamming(N);
for m = 1:N
    b(m) = a(m) * h(m);
end
c = cceps(b);
c = fftshift(c);
d = rceps(b);
d = fftshift(d);
subplot(2,1,1)
plot(d);title('加汉明窗时的倒谱')
subplot(2,1,2)
plot(c);title('加汉明窗时的复倒谱')
```

输出结果如图 9-10 所示。

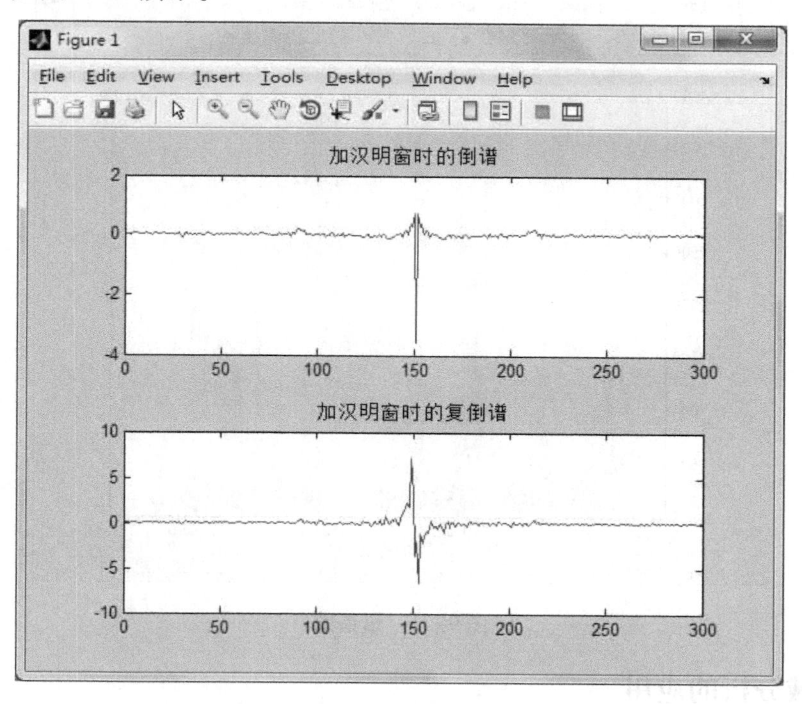

图 9-10　加汉明窗时的倒谱和复倒谱

2. 语谱图

把和时序相关的傅里叶分析的显示图形称为语谱图。语谱图是一种三维频谱，它是表示语音频谱随时间变化的图形，水平方向是时间轴，垂直方向是频率轴，图上的灰度条纹代表各个时刻的语音短时谱。语谱图反映了语音信号的动态频率特性，在语音分析中具有重要的实用价值，被称为可视语言。

语谱图的时间分辨率和频率分辨率是由窗函数的特性决定的。时间分辨率高，可以看出时间波形的每个周期及共振峰随时间的变化，但频率分辨率低，不足以分辨由于激励所形成的细微结构时，称为宽带语谱图；而窄带语谱图正好与之相反。

宽带语谱图可以获得较高的时间分辨率，反映频谱的快速时变过程；窄带语谱图可以获得较高的频率分辨率，反映频谱的精细结构。两者相结合，可以提供与语音特性相关的信息。语谱图上因其不同的灰度，形成不同的纹路，称之为“声纹”。声纹因人而异，因此可以在司法、安防等场合得到应用。

例 9.8 绘制语谱图。

```
[x,fs] = audioread('bluesky1.wav')
specgram(x,512,fs,100);
xlabel('时间(s)');
ylabel('频率(Hz)');
title('语谱图');
```

输出结果如图 9-11 所示。

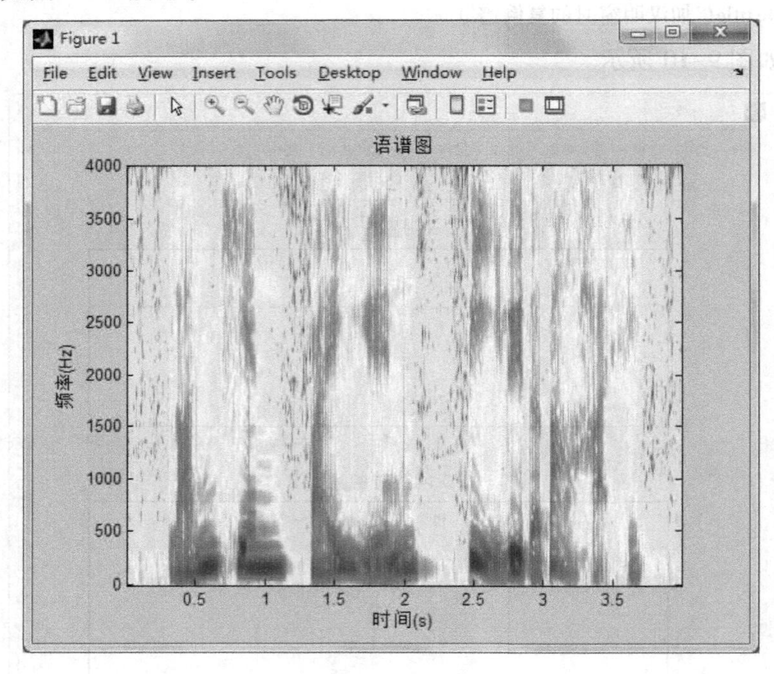

图 9-11 语谱图

9.5.3 频域分析的应用

1. 基音周期估计

浊音信号的倒谱中存在峰值，它的出现位置等于该语音段的基音周期，而清音的倒谱中则不存在峰值。利用倒谱的这个特点，我们可以进行语音的清浊音判决，并且可以估计浊音的基音周期。首先计算语音的倒谱，然后在可能出现的基音周期附近寻找峰值。如果倒谱峰值超过了预先设置的门限，则输入语音判断为浊音，其峰值位置就是基音周期的估计值；反之，如果没有超出门限的峰值的话，则输入语音为清音。

2. 共振峰估计

对倒谱进行滤波，取出低时部分进行逆特征系统处理，可以得到一个平滑的对数谱函数，这个对数谱函数显示了输入语音段的共振峰结构，同时谱的峰值对应于共振峰频率。通过此对数谱进行峰值检测，就可以估计出前几个共振峰的频率和强度。对于浊音的声道特性，可以采用前三个共振峰来描述，清音不具备共振峰特点。

9.6 语音滤波处理

语音信号在录制和传输过程中会受到随机干扰，这些干扰使得接收端收到的参数已经不是纯净原始语音参数，而是受噪声污染的参数。这里的“噪声”定义为所需语音信号以外的所有干扰信号，当噪声干扰严重时，产生的语音信号质量下降导致语音的时域和频域分析结果失真，性能急剧恶化。所以在进行语音的分析和识别等工作前，需要对语音进行滤波处理以保证分析结果的可靠性。

9.6.1 语音的加噪合成

噪声来源于实际应用环境，因而其特性变化很大。噪声可以是加性的，也可以是非加性的。对于非加性噪声，有些可以通过变换转变为加性噪声。这里以加性噪声为例，将原始语音叠加加性噪声进行滤波处理。

在 MATLAB 平台下，给原始语音信号叠加噪声，主要有两种类型：

1）单频噪声（正弦干扰）；

2）高斯随机噪声。

例 9.9 绘制添加两种噪声后的语音信号时域图和频谱图，并与原始语音进行比较，还可通过 sound 函数从听觉上进行对比。

```
clear all;
clc;
[s,fs] = audioread('bluesky31.wav');          %读入数据文件
s = s - mean(s);                              %消除直流分量
s = s/max(abs(s));                            %幅值归一化
N = length(s);                                %求出数据长度
time = (0:N-1)/fs;                            %求出时间刻度
subplot(3,1,1)
plot(time,s);                                 %画出纯语音信号的波形图
ylabel('幅值');
title('纯语音信号');
snr = 5;                                      %设定信噪比
[x,noise] = Gnoisegen(s,snr);                 %求出相应信噪比的高斯白噪声,构成带噪语音
subplot(3,1,2)
plot(time,x);                                 %绘出加噪语音
ylabel('幅值');
title('加高斯噪声的语音信号');
```

```
snr = 5;                                          % 设定信噪比
data = sin(2 * pi * 100 * time);                  % 产生一个正弦信号
[z,noise] = add_noisedata(s,data,fs,fs,snr);      % 按信噪比构成正弦信号叠加到语音上
subplot(3,1,3)
plot(time,z)
xlabel('时间/s');ylabel('幅值');
title('加正弦干扰的语音信号');
figure(2)
subplot(3,1,1)
y1 = fft(s);
plot(abs(y1))
ylabel('幅值');
title('原始语音信号 FFT 频谱');axis([0 19000 0 1000]);
subplot(3,1,2)
y2 = fft(x);
plot(abs(y2))
ylabel('幅值');
title('加高斯噪声的语音信号 FFT 频谱');axis([0 19000 0 1000]);
subplot(3,1,3)
y3 = fft(z);
plot(abs(y3))
xlabel('频率');ylabel('幅值');
title('加正弦干扰的语音信号 FFT 频谱');axis([0 19000 0 1000]);
```

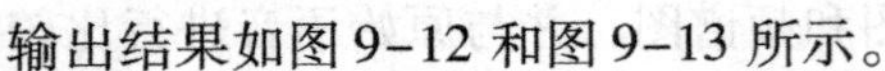

输出结果如图 9-12 和图 9-13 所示。

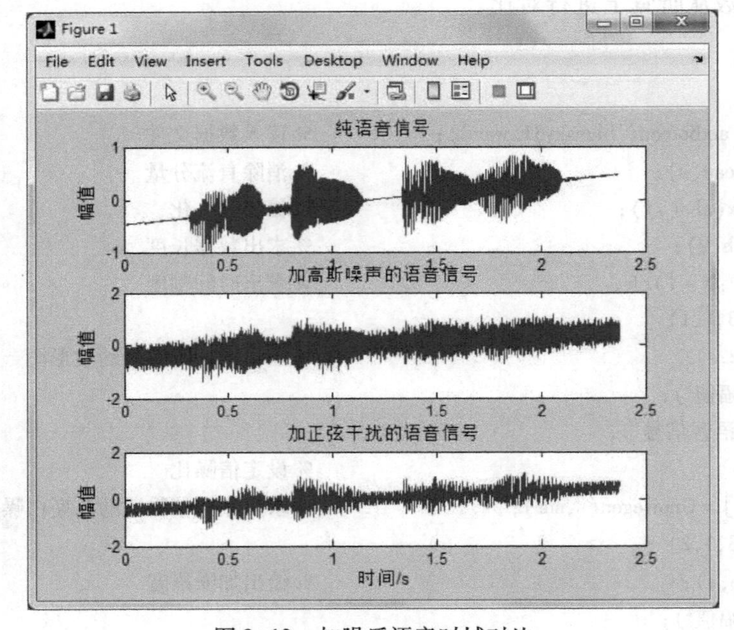

图 9-12　加噪后语音时域对比

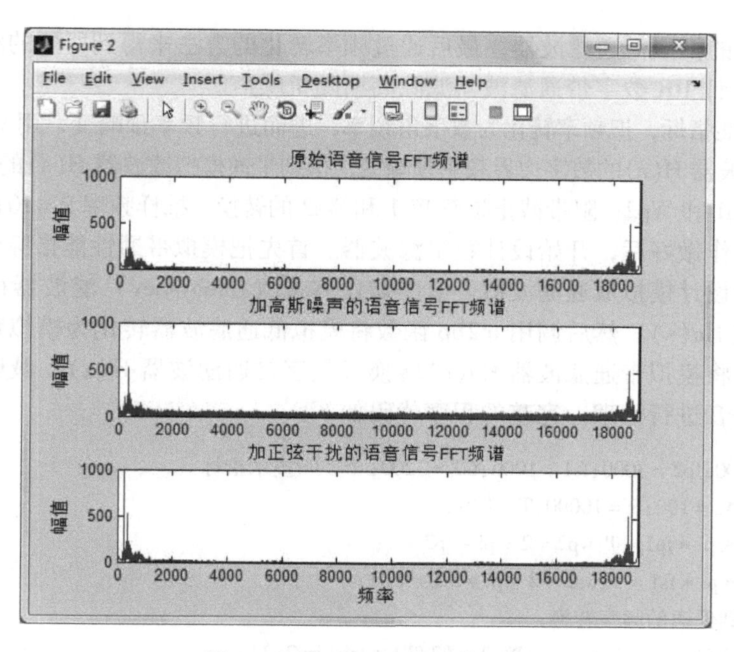

图 9-13 加噪后语音频谱对比

9.6.2 语音的滤波处理

利用数字信号处理技术对语音信号进行处理，滤除掺杂在其中的非必要噪声是语音处理的重要手段。数字滤波器种类很多，根据其实现的网络结构或者其冲激响应函数的时域特性，可分为两种，即有限冲激响应（FIR）滤波器和无限冲激响应（IIR）滤波器。IIR 和 FIR 滤波器相比，优点是在满足相同指标的情况下，IIR 滤波器的阶数明显小于 FIR，但是 FIR 滤波器在保证幅度特性满足技术要求的同时，又具有严格的线性相位特性，稳定和线性相位是其最突出的优点。下面分别介绍两种滤波器。

1. IIR 滤波器

IIR 滤波器是一种离散时间系统，通过对抽样数据进行数学处理来达到频域滤波的目的。可以设计系统的频域响应，让它满足一定的要求，从而对通过该系统的信号的某些特定的频率成分进行过滤，其系统函数为：

$$H(z) = \frac{Y(z)}{X(z)} = \sum_{n=0}^{\infty} h(n)z^{-n} = \frac{\sum_{r=0}^{M} b_r z^{-r}}{1 + \sum_{k=0}^{N} a_k z^{-k}}$$

当 $M \leqslant N$，$H(z)$表示 N 阶 IIR 系统；$M \geqslant N$，$H(z)$表示 N 阶 IIR 系统 +$(M-N)$阶 FIR 系统。IIR 数字滤波器首先设计模拟滤波器，然后采用双线性变换法或冲激响应不变法将模拟滤波器转换成数字滤波器。设计步骤如下：

1）按照一定规则把给定的滤波器技术指标转换为模拟低通滤波器的技术指标；

2）根据模拟滤波器的技术指标设计为相应的模拟低通滤波器；

3）根据双线性不变法把模拟滤波器转换为数字滤波器；

4）根据要设计的带通滤波器，首先把它们的技术指标转化为模拟低通滤波器的技术指标，设计为相应的模拟低通滤波器，最后通过频率转化的方法来得到所要的滤波器。

例 9.10 设计 IIR 数字带通滤波器滤除高斯随机噪声。

首先确定性能指标，把频率转化为数字角频率，进而进行频率预畸变，用 $\Omega = 2/T * \tan(w/2)$ 对带通数字滤波器 H(z)的数字边界频率预畸变，得到带通模拟滤波器 H(s)的边界频率主要是通带截止频率 Wp1 和 Wp2；阻带截止频率 Ws1 和 Ws2 的转换。抽样频率 fs = 10 kHz。

上述准备工作做好后，开始设计数字滤波器。首先把模拟带通性能指标转换成模拟低通性能指标，然后设计模拟低通滤波器，借助切比雪夫（Chebyshev）滤波器得到模拟低通滤波器的传输函数 Ha(s)。然后调用 lp2bp 函数将模拟低通滤波器转化为模拟带通滤波器。利用双线性变换法将模拟带通滤波器 Ha(s)转换成数字带通滤波器 H(z)。最后使用数字带通滤波器对加噪语音进行处理。完整的程序代码如下：

```
fp1 = 1200;fp2 = 3000;fs1 = 1000;fs2 = 3200;       %技术指标
Ap = 1;As = 100;fs = 10000;T = 1/fs;
wp1 = 2 * pi * fp1 * T;wp2 = 2 * pi * fp2 * T;
ws1 = 2 * pi * fs1 * T;ws2 = 2 * pi * fs2 * T;
%带通到低通的频率转换
Wp1 = (2/T) * tan(wp1/2);Wp2 = (2/T) * tan(wp2/2);
WP = [Wp1,Wp2];                                    %模拟滤波器的通带截止频率
Ws1 = (2/T) * tan(ws1/2);Ws2 = (2/T) * tan(ws2/2);
WS = [Ws1,Ws2];                                    %模拟滤波器的阻带截止频率
B = Wp2 - Wp1;                                     %带通滤波器的通带宽度
W0 = sqrt(Wp1 * Wp2);                              %带通滤波器的中心频率
%切比雪夫模拟低通原型滤波器的设计
[N,Wc] = cheb1ord(WP,WS,Ap,As,'s');                %求阶数和边缘频率
[z0,p0,k0] = cheb1ap(N,Ap);                        %求极点,零点和增益
num = k0 * real(poly(z0));                         %模拟低通滤波器系统函数的分子多项式
den = real(poly(p0));                              %模拟低通滤波器系统函数的分母多项式
%模拟低通原型滤波器转换为模拟带通滤波器
[numt,dent] = lp2bp(num,den,W0,B);                 %模拟带通滤波器系统函数的分子和分母多项式
[numd,dend] = bilinear(numt,dent,fs);              %双线性变换,由模拟滤波器转为数字滤波器
[h,w] = freqz(numd,dend);                          %数字带通滤波器的幅频特性
dbH = 20 * log10((abs(h) + eps)/max(abs(h)));
%以分贝表示带通滤波器的幅频特性
figure(1);
subplot(2,1,1);
plot(w/pi,db(h));grid on;
xlabel('w(rad)');ylabel('|H(z)|');
axis([0,1,-100,25]);title('幅频特性曲线(db)');
subplot(2,1,2);
plot(w/pi,angle(h));grid on;
xlabel('w(rad)');ylabel('H(z)');
axis([0,1,-5,5]);title('相频特性曲线');
```

```
[y,fs] = audioread('factory1.wav');
sound(y,fs);                              % 回放语音信号
N = length(y);                            % 求出语音信号长度
Y = fft(y,N);                             % 傅里叶变换
figure(2);
subplot(2,1,1);
plot(y);title('原始信号波形');
subplot(2,1,2);
plot(abs(Y));title('原始信号频谱');
t = 0:1/fs:1;
noise = 0.5 * sin(2000 * pi * t);         % 随机函数产生噪声
noise = noise(:,1);
S = y + noise;                            % 语音信号加入噪声
sound(S);
Si = fft(S);                              % 滤波前傅里叶变换
y1 = filter(numd,dend,S);
sound(y1);
y2 = fft(y1);                             % 滤波后傅里叶变换
figure(3);
subplot(2,2,1);plot(abs(Si),'g');title('滤波前信号频谱');
subplot(2,2,2);plot(abs(y2),'r');title('滤波后信号频谱');
subplot(2,2,3);plot(S);title('滤波前信号波形');
subplot(2,2,4);plot(y1);title('滤波后信号波形');
```

设计数字带通滤波器的幅频和相频特性曲线如图 9-14 所示，图 9-15 为原始语音信号的波形和频谱，图 9-16 为加上高斯随机噪声的语音信号在滤波前后的波形和频谱。

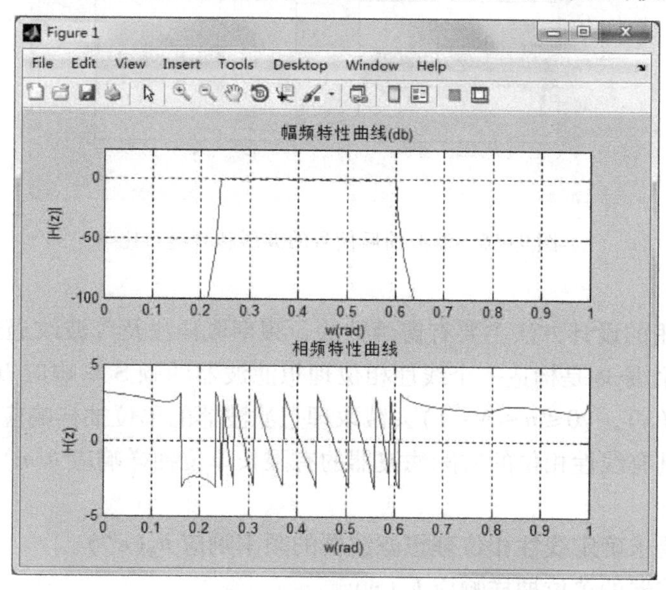

图 9-14　数字滤波器的幅频和相频特性

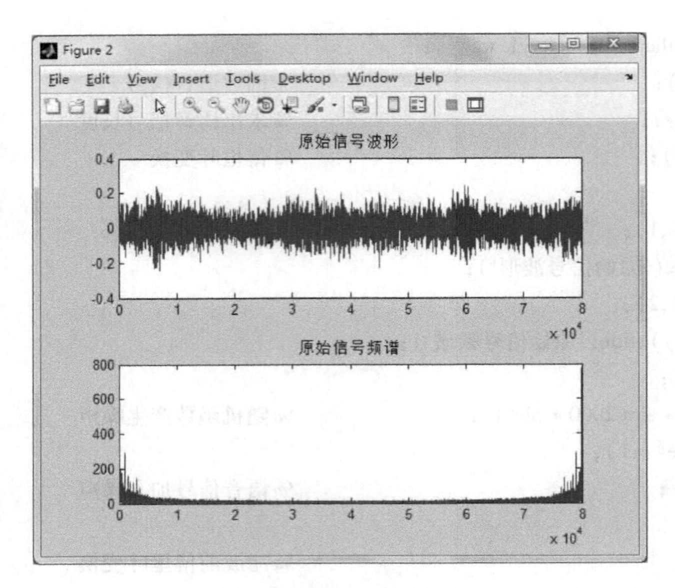

图 9-15　原始语音信号

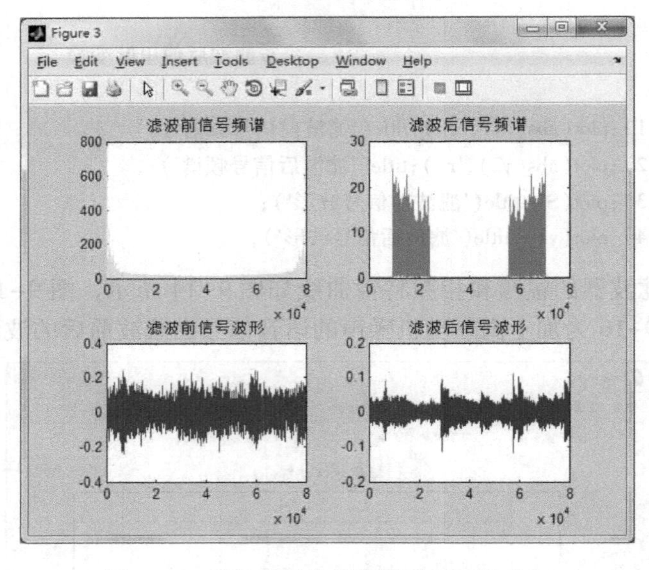

图 9-16　滤波前后信号的波形和频谱对比

2. FIR 滤波器

FIR 滤波器常用的设计方法主要有窗函数法、频率取样法及等波纹逼近法。这里主要介绍窗函数法，其工作原理是构造一个线性相位理想滤波器的频 S 率响应 $H_d(e^{jw})$，然后用一个 N 点的窗函数 $w(n)$，$(0 \leqslant n \leqslant N-1)$ 去截取理想滤波器的单位抽样响应 $h_d(n)$（通常为无限长），从而得到具有线性相位的实际滤波器的有限长单位抽样响应 $h(n)=h_d(n)w(n)$。

设计步骤如下：

1）根据技术要求确定线性相位理想滤波器的频率响应 $h_d(e^{jw})$。

2）求理想滤波器的单位抽样响应 $h_d(n)$。

3）根据对过渡带及阻带衰减的要求，选择窗函数的形式，并估计窗口长度 N，设待求滤波器的过渡带用Δw表示，它近似等于窗函数主瓣的宽度。

4）计算滤波器的单位抽样响应$h(n)=h_d(n)w(n)$。

5）验算技术指标是否满足要求，设计出的滤波器频率响应用下式计算

$$H(e^{jw}) = \sum_{n=0}^{N-1} h(n)e^{-jwn}$$

设计方法的关键在于窗函数和理想滤波器的选择。

例 9.11 使用 FIR 滤波器消除 50 Hz 工频干扰。

```
clear;clc;
%FIR 滤波器设计
As = 50;Fs = 8000;Fs2 = Fs/2;                         %最小衰减和采样频率
fs1 = 49;fs2 = 51;                                     %阻带频率
fp1 = 45;fp2 = 55;                                     %通带频率
df = min(fs1 - fp1,fp2 - fs2);                         % 过渡带宽
M0 = round((As - 7.95)/(14.36 * df/Fs)) + 2;
M = M0 + mod(M0 + 1,2);                                %选择凯塞 - 贝塞尔窗,保证窗长为奇数
wp1 = fp1/Fs2 * pi;wp2 = fp2/Fs2 * pi;                 %转换成归一化圆频率
ws1 = fs1/Fs2 * pi;ws2 = fs2/Fs2 * pi;
wc1 = (wp1 + ws1)/2;wc2 = (wp2 + ws2)/2;               % 求截止频率
beta = 0.5842 * (As - 21)^0.4 + 0.07886 * (As - 21);
M = M - 1;                                             %阶次和窗长差 1
b = fir1(M,[wc1 wc2]/pi,'stop',kaiser(M + 1,beta));    %计算 FIR 滤波器系数
[h,w] = freqz(b,1,4000);                               %求幅值的频率响应
db = 20 * log10(abs(h));
%消除工频干扰
[s,fs] = audioread('bluesky31.wav');                   %读入数据文件
s = s - mean(s);                                       %消除直流分量
s = s/max(abs(s));                                     %幅值归一化
N = length(s);                                         %求出信号长度
t = (0:N - 1)/fs;                                      %设置时间
ns = 0.5 * cos(2 * pi * 50 * t);                       % 计算出 50 Hz 工频信号
x = s + ns';                                           %语音信号和 50 Hz 工频信号叠加
snr1 = SNR_singlech(s,x);                              %计算叠加 50 Hz 工频信号后的信噪比
y = conv(b,x);                                         % FIR 带陷滤波,输出为 y
z = y(fix(M/2) + 1:end - fix(M/2));                    %消除 conv 带来的滤波器输出延迟的影响
snr2 = SNR_singlech(s,z);                              %计算滤波后语音信号的信噪比
%作图
figure(1)
plot(w/pi * Fs2,db,'k','linewidth',2);
title('FIR 滤波器幅频响应曲线');
xlabel('频率/Hz');ylabel('幅值/dB');grid on;axis([0 100 -60 5])
figure(2)
subplot(3,1,1);plot(t,s,'k');title('原始语音信号')
```

```
ylabel('幅值');grid on;axis([0 max(t) -1.2 1.2]);
subplot(3,1,2);plot(t,x,'k');title('带 50 Hz 工频信号的语音信号')
ylabel('幅值');grid on;axis([0 max(t) -1.2 1.2]);
subplot(3,1,3);plot(t,z,'k');title('消除 50 Hz 工频信号后的语音信号')
xlabel('时间/s');ylabel('幅值');grid on;axis([0 max(t) -1.2 1.2]);
```

图 9-17 为 FIR 滤波器幅频响应曲线，图 9-18 对比了滤波前后语音信号的波形图对比。

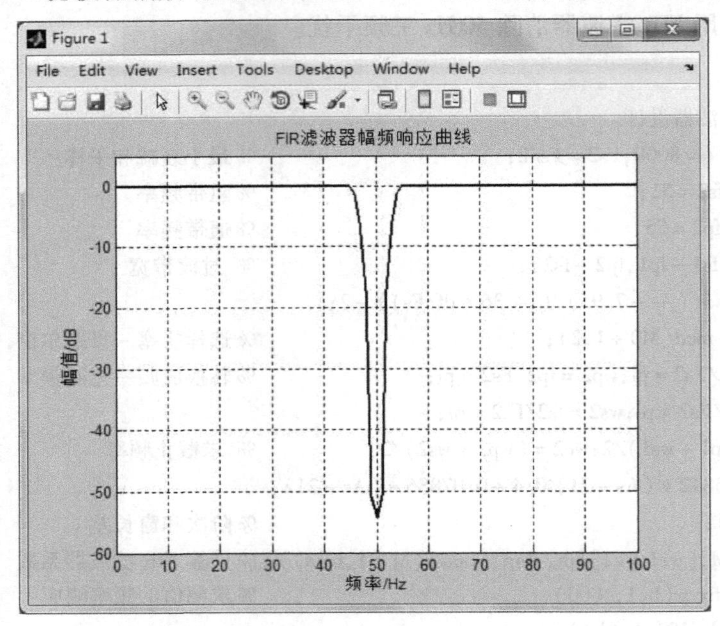

图 9-17　滤波器幅频响应

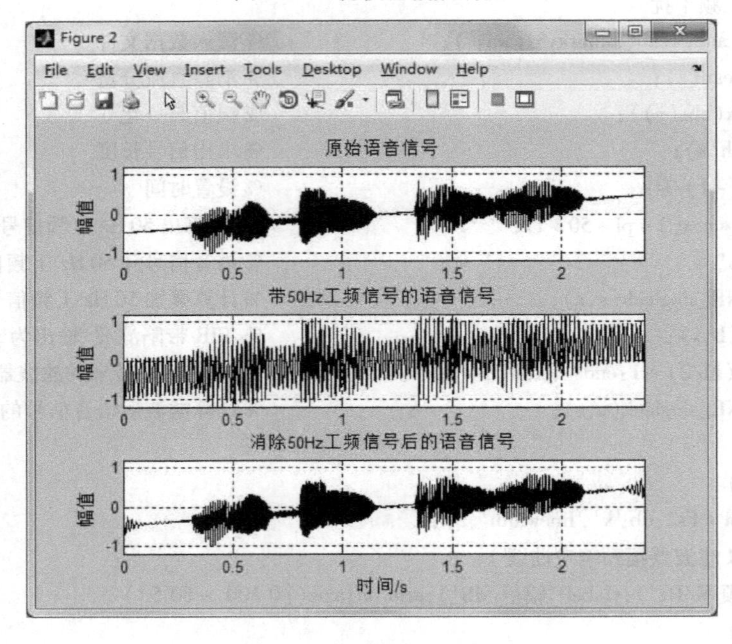

图 9-18　滤波前后信号幅值对比

9.7 MATLAB 语音处理综合实例

本案例采用 MATLAB 编程实现语音信号的分析和简单处理，软件主界面的设计架构如图 9-19所示。

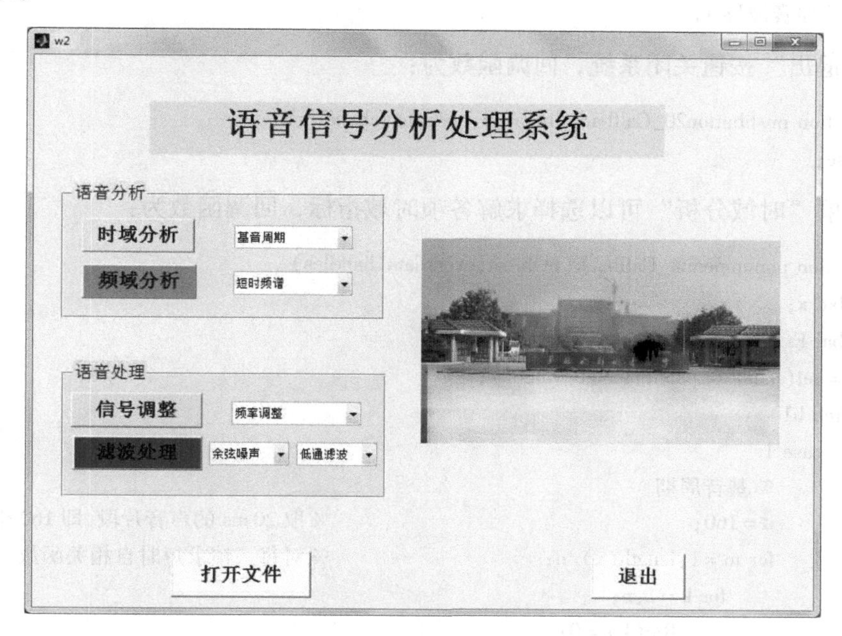

图 9-19 软件界面设计架构

软件界面包括“语音分析”和“语音处理”两个功能区，“语音分析”功能区包括“时域分析”，可以求解基音周期、短时能量、短时过零率和短时自相关函数等指标参数；“频域分析”，可以求解短时频谱、幅频特性、相频特性和倒谱等指标参数。“语音处理”功能区包括“信号调整”，对语音信号进行频率调整和幅值调整；“滤波处理”可以对语音信号添加余弦噪声或随机噪声，然后对其进行高通、低通、带通、带阻等滤波处理。具体代码如下。

按钮“打开文件”将待处理的语音信号导入到 MATLAB 软件中，回调函数为：

```
function pushbutton17_Callback(hObject,eventdata,handles)
global x;
global bits;
global Fs;
bits = 16;
[f1,p1] = uigetfile('*.wav','select a wav-file');                % 调用选择文件对话框
name = strcat(p1,f1);
[x,Fs] = audioread(name);
sound(x,Fs,bits);
n1 = length(x);
```

```
t = (0:n1 - 1)/Fs;
%绘制录音数据波形
figure(1)
plot(t,x);
ylabel('幅值');xlabel('时间(s)');
title('原音波形');
```

单击“退出”按钮关闭系统，回调函数为：

```
function pushbutton20_Callback(hObject,eventdata,handles)
close;
```

下拉菜单“时域分析”可以选择求解各项时域指标，回调函数为：

```
function popupmenu4_Callback(hObject,eventdata,handles)
global x;
global Fs;
h1 = get(handles.popupmenu4,'value');
switch h1
    case 1
        %基音周期
        n = 160;                                    %取20 ms的声音片段,即160个样点
        for m = 1:length(x)/n;                      %对每一帧求短时自相关函数
            for k = 1:n;
                Rm(k) = 0;
                for i = (k + 1):n;
                    Rm(k) = Rm(k) + x(i + (m - 1) * n) * x(i - k + (m - 1) * n);
                end
            end
            p = Rm(10:n);                           %防止误判,去掉前边10个数值较大的点
            [Rmax,N(m)] = max(p);                   %读取第一个自相关函数的最大点
        end                                         %补回前边去掉的10个点
        N = N + 10;
        T = N/8;                                    %算出对应的周期
        figure(2);stem(T,'.');axis([0 length(T) 0 10]);
        xlabel('帧数(n)');ylabel('周期(ms)');title('各帧基音周期');
    case 2
        %短时能量
        framelength = 160;%设置帧长
        framenumber = fix(length(x)/framelength);%读取语音文件对应的帧数
        for i = 1:framenumber;                      %分帧处理
            framesignal = x((i - 1) * framelength + 1:i * framelength);      %获取每帧的数据
            E(i) = 0;                               %每帧能量置零
            for j = 1:framelength;                  %计算每一帧的能量
                E(i) = E(i) + framesignal(j)^2;
```

```
        end
    end
    figure(3);plot(E);
    xlabel('帧数');ylabel('短时能量');legend('N=160')              %曲线标识
case 3
%短时平均过零率
    n=length(x);
    N=320;
    figure(4)
    t=(0:n-1)/Fs;
    subplot(3,1,1),plot(t,x);
    title('原始语音信号');
    h=linspace(1,1,N);
    En=conv2(h,x.*x);                               %求卷积得其短时能量函数En
    subplot(3,1,2),plot(t,En);
title('语音信号短时能量');
    for i=1:n-1
        if  x(i)>=0
            b(i)=1;
        else
            b(i)=-1;
        end
        if x(i+1)>=0
            b(i+1)=1;
        else
            b(i+1)=-1;
end
        w(i)=abs(b(i+1)-b(i));                     %求出每相邻两点符号的差值的绝对值
    end
    k=1;
    j=0;
    while (k+N-1)<n
        Zm(k)=0;
        for i=0:N-1;
            Zm(k)=Zm(k)+w(k+i);
        end
        j=j+1;
        k=k+N/2;%每次移动半个窗
    end
    for w=1:j
        Q(w)=Zm(160*(w-1)+1)/(2*N);               %短时平均过零率
    end
    subplot(3,1,3),plot(Q),grid;
```

```
        title('短时平均过零率');
    case 4
        %短时自相关函数
        Y = x;
        xn = enframe(Y,320);
        temp = xn(:,70);
        Rn1 = zeros(1,320);
        for nn = [1:320],
            for ii = [1:320 - nn],
                Rn1(nn) = Rn1(nn) + temp(ii) * temp(nn + ii);
            end
        end
        figure(5)
        jj = [1:320];
        plot(jj,Rn1,'b');                          %绘制浊音短时自相关函数曲线
        title('第70帧短时自相关函数');
        grid on;
end
```

下拉菜单“频域分析”可以求解各项频域指标，回调函数为：

```
function popupmenu5_Callback(hObject,eventdata,handles)
m = get(handles.popupmenu5,'value');
global x;
global Fs;
switch (m)
    case 1
        ds;
    case 2
      y = fft(x);
        magy = abs(y);
        figure(32);
        plot(magy);
        xlabel('频率(Hz)');ylabel('幅值');title('幅频特性曲线');
        grid;
    case 3
        y = fft(x);
        pha = angle(y);%求相角
        figure(33);
        plot(pha);%%FFT变换后的相频特性曲线
        grid;
      xlabel('频率/Hz');ylabel('相位');title('FFT变换后的相频特性曲线');
    case 4
        y_num = max(size(x));%求语音信号倒谱
```

```
        y_h = x. * hanning(y_num);% 对原信号加汉明窗
        % 计算倒谱
        y1 = fft(y_h);
        y_a = real(y1). * real(y1) + imag(y1). * imag(y1);
        y_b = sqrt(y_a);
        y2 = log(y_b)/log(exp(1));
        y_c = ifft(y2);
        z = 1:y_num;
        figure(6)
        plot(z,y_c);
        title('语音信号倒谱波形');
end
```

选择“case1”，跳转到如图 9-20 所示的短时频谱界面。在界面中的两个编辑框内输入起始点和终止点，单击“仿真”按钮，可以得到语音信号的短时频谱，回调函数为：

```
function pushbutton2_Callback(hObject,eventdata,handles)
global x;
global Fs;
j1 = get(handles. edit1,'string');
a = str2double(j1);
j2 = get(handles. edit2,'string');
b = str2double(j2);
xs = x(a:b);                  % 提取原语音信号的一部分
t = (0:length(xs) - 1)/Fs; % 计算样本时刻
figure(7)
subplot(2,1,1);               % 确定显示位置
plot(t,xs);                   % 画波形图
legend('波形图');
xlabel( 'Time(s)');
ylabel('Amplitude ');
n = length(xs);
Y = fft(xs);                  % 进行傅里叶变换
w = 2/n * (0:n - 1);          % 设置角频率
subplot(2,1,2);
plot(w,abs(Y));
legend('频谱图');              % 画出频谱图
ylabel('幅度(db)');
xlabel('数字角频率');
grid on;
sound(xs,Fs);
```

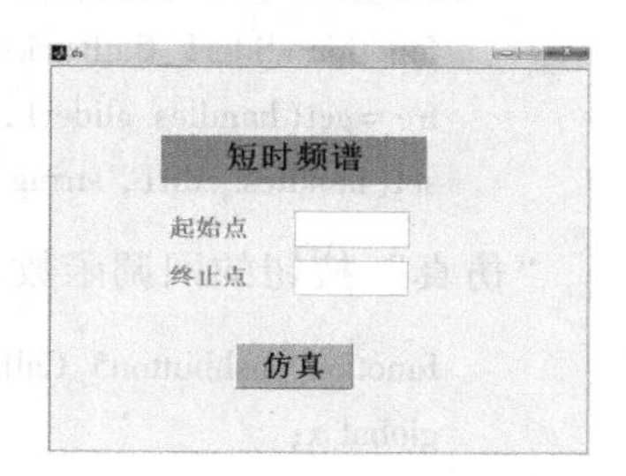

图 9-20　短时频谱分析

在“信号调整”中可以对语音信号进行振幅和频率的调整，回调函数为：

```
function popupmenu6_Callback(hObject,eventdata,handles)
freq = get(handles. popupmenu6,'value ');
switch freq
```

```
        case 1
            c1;
        case 2
            c2;
    end
```

选择“case1”，跳转到如图 9-21 所示的频率调整界面。

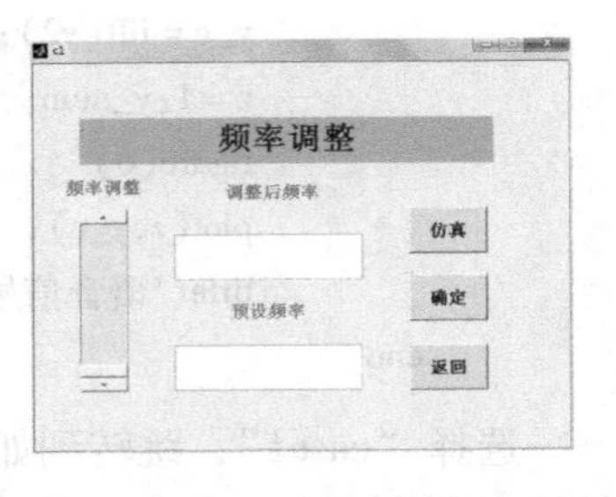

图 9-21　频率调整

界面中有两种频率调整方式，第一种是拖动滑动条“频率调整”，相应的频率值显示在“调整后频率”编辑框，单击“仿真”按钮，绘制调整后的语音曲线；第二种是在“预设频率”编辑框中输入频率，单击“确定”按钮后，频率值显示在“调整后频率”编辑框，单击“仿真”按钮，绘制调整后的语音曲线。单击“返回”按钮关闭界面，回到主界面。

其中滑动条“频率调整”的回调函数为：

```
function slider1_Callback(hObject,eventdata,handles)
fre = get(handles. slider1,'value');
set(handles. edit1,'string',num2str(fre));
```

“仿真”按钮的回调函数为

```
function pushbutton5_Callback(hObject,eventdata,handles)
global x;
w = get(handles. edit1,'string');
c = str2double(w);
t = (0:length(x) - 1)/c;% 计算样本时刻
sound(x,c,16);
audiowrite('tiaopin. wav',x,c)
figure(9)
plot(t,x);% 画出频率调整后的波形图
legend('Waveform');
xlabel('Time(s)');
ylabel('Amplitude');
```

“确定”按钮的回调函数为：

```
function pushbutton2_Callback(hObject,eventdata,handles)
fre1 = get(handles. edit3,'string');
set(handles. edit1,'string',fre1);
```

“返回”按钮的回调函数为：

```
function pushbutton6_Callback(hObject,eventdata,handles)
close;
w2;
```

选择“case2”，跳转到如图 9-22 所示的振幅调整界面。

界面中有两种幅值调整方式，第一种是拖动滑动条“幅值调整”，相应的幅值显示在“调整幅度倍数”编辑框，单击“仿真”按钮，绘制调整后的语音曲线；第二种是在“预设幅值倍数”编辑框中输入幅值，单击“确定”按钮后，幅值显示在“调整幅度倍数”编辑框，单击“仿真”按钮，绘制调整后的语音曲线。单击“返回”按钮关闭界面，回到主界面。

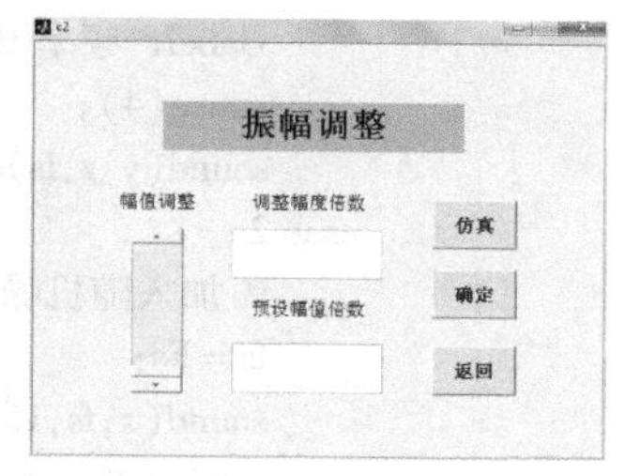

图 9-22　振幅调整

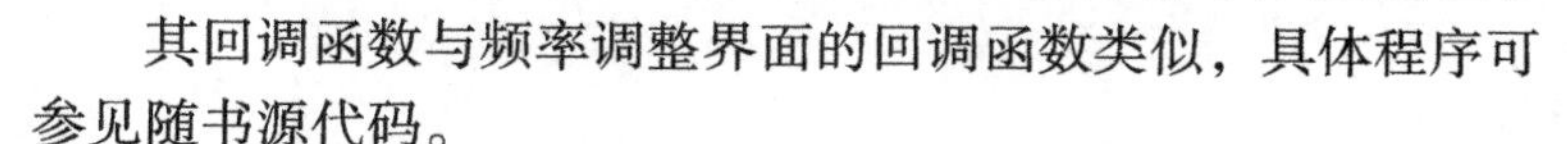
其回调函数与频率调整界面的回调函数类似，具体程序可参见随书源代码。

在“滤波处理”中给语音信号添加噪声，可选余弦噪声和随机噪声，回调函数为：

```
function jiazao_Callback(hObject,eventdata,handles)
global x;
global Fs;
global y_z;
zx = get(handles.jiazao,'value');
switch zx
    case 1
        %加入余弦噪声
        fs = Fs;
        sound(x,fs,16);
        n = length(x);
        y_p = fft(x,n);
        f = fs * (0:n/2 - 1)/n;
        figure(11)
        subplot(2,2,1);
        t = (0:n - 1)/fs;
        plot(t,x);
        title('原始语音信号采样后时域波形');
        xlabel('时间轴');ylabel('幅值 A');
        subplot(2,2,2);
        plot(f,abs(y_p(1:n/2)));
        title('原始语音信号采样后的频谱图');
        xlabel('频率 Hz');ylabel('幅值');
        noise = cos(2 * pi * 2500 * t);
        y_z = x + noise';
        L = length(y_z);
        y_zp = fft(y_z,L);
        f = fs * (0:L/2 - 1)/L;
        subplot(2,2,3);
        t1 = (0:L - 1)/fs;
        plot(t1,y_z);
        title('加噪语音信号时域波形');
        xlabel('时间轴');ylabel('幅值 A');
        subplot(2,2,4);
        plot(f,abs(y_zp(1:L/2)));
        title('加噪语音信号频谱图');
```

```
        xlabel('频率 Hz ');ylabel('频率幅值');
        pause(4);
        sound(y_z,fs)
    case 2
        %加入随机噪声
        fs = Fs;
        sound(x,fs,16);
        n = length(x);
        y_p = fft(x,n);
        f = fs * (0:n/2 - 1)/n;
        figure(12)
        subplot(2,2,1);
        t = (0:n - 1)/fs;
        plot(t,x);
        title('原始语音信号采样后时域波形');
        xlabel('时间轴');ylabel('幅值 A ');
        subplot(2,2,2);
        plot(f,abs(y_p(1:n/2)));
        title('原始语音信号采样后的频谱图');
        xlabel('频率 Hz ');ylabel('频率幅值');
        noise2 = 0.1 * randn(n,1);
        y_z = x + noise2;
        y_zp = fft(y_z,n);
        f = fs * (0:n/2 - 1)/n;
        subplot(2,2,3);
        t1 = (0:n - 1)/fs;
        plot(t1,y_z);
        title('加噪语音信号时域波形');
        xlabel('时间轴');ylabel('幅值 A ');
        subplot(2,2,4);
        plot(f,abs(y_zp(1:n/2)));
        title('加噪语音信号频谱图');
        xlabel('频率 Hz ');ylabel('频率幅值');
        pause(4);
        sound(y_z,fs);
end
```

在“滤波处理”中对加噪语音信号进行滤波处理，可选高通、低通、带通、带阻四个选项，回调函数为：

```
function popupmenu7_Callback(hObject,eventdata,handles)
global x;
f = get(handles.popupmenu7,'value');
switch f
    case 1
        g1;
    case 2
```

```
            g2;
        case 3
            g3;
        case 4
            g4;
    end
```

选择“case1”，跳转到如图9-23所示的低通滤波界面。

在“通带截止频率”、“阻带截止频率”、“通带波纹系数”和“阻带波纹系数”编辑框中输入参数值，单击“仿真”按钮，对语音信号进行低通滤波处理，回调函数为：

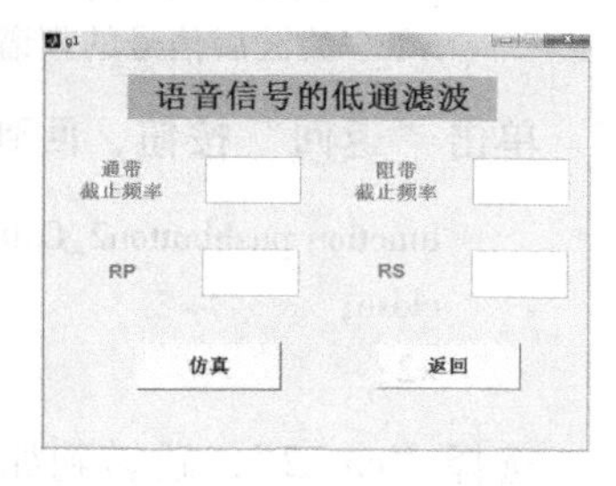

图9-23　低通滤波

```
function pushbutton1_Callback(hObject,eventdata,handles)
%切比雪夫-低通滤波器
global x;
global Fs;
global y_z;
x1 = x;
fs = Fs;
x1 = y_z;
j1 = get(handles.edit1,'string');
wp1 = str2double(j1);
j2 = get(handles.edit4,'string');
ws1 = str2double(j2);
j3 = get(handles.edit3,'string');
Rp = str2double(j3);
j4 = get(handles.edit2,'string');
Rs = str2double(j4);
wp = 2 * wp1/Fs;
ws = 2 * ws1/Fs;
[N,Wn] = cheb1ord(wp,ws,Rp,Rs);
[b,a] = cheby1(N,Rp,Wn);
X = fft(x1);
figure(13)
subplot(221);
n = length(x1);
t = (0:n-1)/Fs;
plot(t,x1);
title('滤波前信号的波形');
subplot(222);
w1 = 2/n * (0:n-1);%设置角频率
plot(w1,abs(X));
title('滤波前信号的频谱');
y2 = filter(b,a,x1);
sound(y2,Fs,16);
wavwrite(y2,Fs,16,'低通');
Y2 = fft(y2);
```

```
n1 = length(y2);
t1 = (0:n1 - 1)/Fs;
subplot(223);
plot(t1,y2);
title('滤波后信号的波形');
subplot(224);
w2 = 2/n1 * (0:n1 - 1);% 设置角频率
plot(w2,abs(Y2));
title('滤波后信号的频谱');
```

单击“返回”按钮，回到主界面，回调函数为：

```
function pushbutton2_Callback(hObject,eventdata,handles)
close;
w2;
```

选择“case2”，跳转到如图9-24所示的带通滤波界面。在“通带下限”、“通带上限”、“阻带下限”、“阻带上限”、“通带波纹系数”和“阻带波纹系数”编辑框中输入参数值，单击“仿真”按钮，对语音信号进行带通滤波处理。其回调函数与低通滤波界面的回调函数类似，具体程序可参见随书源代码。

选择“case3”，跳转到如图9-25所示的高通滤波界面。在“通带截止频率”、“阻带截止频率”、“通带波纹系数”和“阻带波纹系数”编辑框中输入参数值，单击“仿真”按钮，对语音信号进行高通滤波处理。其回调函数与低通滤波界面的回调函数类似，具体程序可参见随书源代码。选择“case4”，跳转到如图9-26所示的带阻滤波界面。在“通带下限”、“通带上限”、“阻带下限”、“阻带上限”、“通带波纹系数”和“阻带波纹系数”编辑框中输入参数值，单击“仿真”按钮，对语音信号进行带阻滤波处理。其回调函数与低通滤波界面的回调函数类似，具体程序可参见随书源代码。

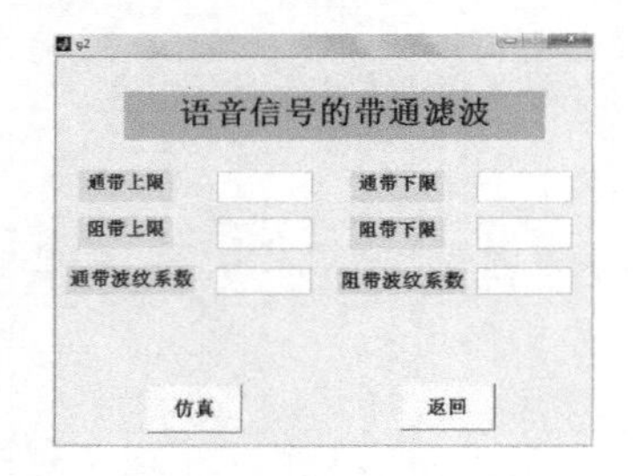

图9-24　带通滤波

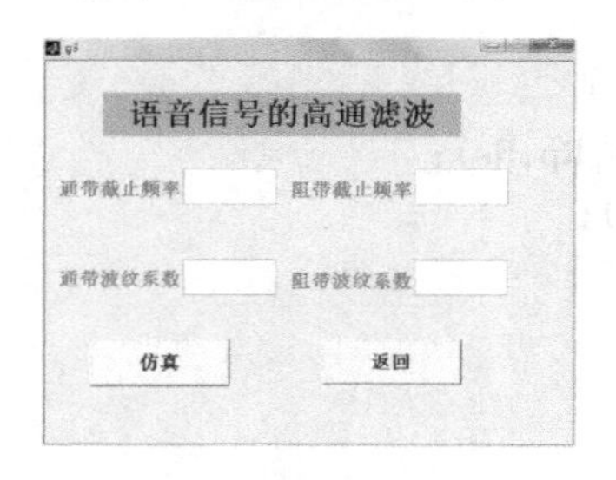

图9-25　高通滤波

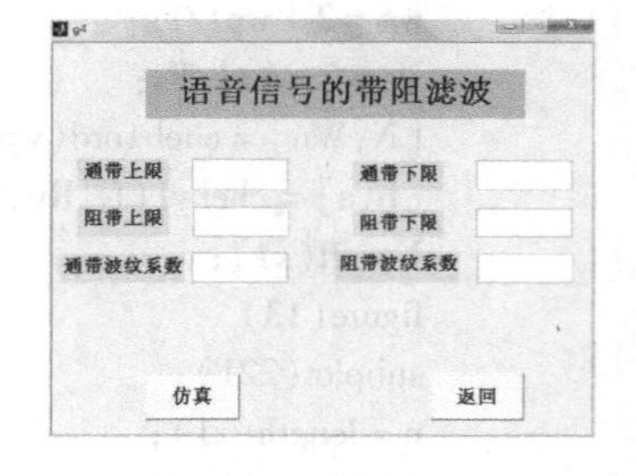

图9-26　带阻滤波

9.8　习题

1. 为什么对语音信号进行短时分析？短时分析的时域参数有哪些？
2. 编写一段程序，对任意语音信号求解复倒谱和倒谱。
3. 编写程序，通过设计FIR滤波器消除高斯随机噪声。

第10章 MATLAB在自动控制中的应用

自动控制系统作为一种技术手段已被广泛应用于人类社会的各个领域，例如数控机床按照预先编好的程序加工零件；雷达自动跟踪空中的飞行体；家用电器根据人们的要求进行服务；司机通过各种机构来确定和控制汽车的行驶。这一系列的行为都离不开控制系统，在MATLAB控制系统工具箱中提供了相关函数用于实现上述控制行为。

MATLAB控制系统工具箱，主要处理以传递函数为主要特征的经典控制理论和以状态空间为主要特征的现代控制理论中的问题。针对线性时不变系统提供了建模、分析和设计等方面的一系列函数，有以下几个方面的功能。

（1）系统建模

通过控制系统工具箱中的函数，可以建立系统的传递函数、零极点和状态空间模型，并且可以实现任意两种模型间的转换，而且将简单系统组合连接，实现一个复杂的系统模型。

（2）系统分析

MATLAB控制工具箱支持对单输入单输出系统和多输入多输出系统进行分析。

- 时域响应分析可支持对系统的单位阶跃响应、单位脉冲响应、零输入响应及更为广泛的对任意信号进行仿真。
- 频率响应分析支持Bode图、Nyquist图和Nichols图。

（3）系统设计

系统设计支持自动控制系统的设计及校正；支持系统的可观、可控标准；可进行系统的极点配置及状态观测器的设计。

10.1 控制系统数学模型

控制系统的分析是以控制系统数学模型为基础进行的。在MATLAB中常用的数学模型主要包括了传递函数模型（TF模型）、零极点模型（ZPK模型）和状态空间模型（SS模型）。这3种模型之间都有着内在联系，可以相互转换。

10.1.1 传递函数模型

线性系统的传递函数模型可以表示为复数变量s的有理函数式：

$$G(s)=\frac{Y(s)}{X(s)}=\frac{b_0s^m+b_1s^{m-1}+\cdots+b_{m-1}s+b_m}{a_0s^n+a_1s^{n-1}+\cdots+a_{n-1}s+a_n}\quad n\geqslant m$$

在MATLAB中，可以利用分别定义的传递函数分子和分母多项式系统向量方便地对其加以描述。通常使用tf函数来建立控制系统的传递函数，其分子和分母多项式系数向量为 $num=[b_0,b_1,\cdots,b_{m-1},b_m]$，$den=[a_0,a_1,\cdots,a_{n-1},a_n]$，按照s的降幂排列。常用格式为：

sys = tf(num,den)

单输入单输出情况下，num 和 den 是 s 的递减幂级数构成的实数或复数行向量。这两个向量并不要求维数相同。如 h = tf([1 0],1)就明确定义了纯导数形式 h(s) = s。

若要构建多输入多输出系统的传递函数，要分别定义每一个单输入单输出系统端口的分子与分母。num 和 den 是单元数组，其中行数等于输出数，列数等于输入数；行向量 num{i,j} 和 den{i,j} 定义了从输入 j 到输出 i 的传递函数的分子与分母。

如果多输入多输出系统传递函数中所有的单输入单输出端口有相同的分母，可以设置 den 为代表这个通用分母的行向量。

sys = tf(num,den,Ts)：创建采样时间为 Ts 的离散时间传递函数。设置 Ts = -1 or Ts = []将不指定采样时间。

sys = tf(M)：创建一个静态增益 M 传递函数（标量或矩阵）。

sys = tf(num,den,ltisys)创建一个具有 LTI 模型属性的传递函数。

如果需要修改函数属性，可以通过添加属性名和属性值来进行。常用格式为：

```
sys = tf(num,den,'Property1 ',Value1,...,'PropertyN ',ValueN)
```

其中 Property 为属性名，Value 为属性值。

例 10.1　利用 MATLAB 表示传递函数 $G(s)=\dfrac{s+2}{s^2+5s+10}$的模型。

```
num = [1 2];
den = [1 5 10];
G = tf(num,den)
```

输出结果如下：

```
G =

        s + 2
  --------------
  s^2 + 5 s + 10
Continuous - time transfer function.
```

例 10.2　已知一个输入和两个输出的传递函数为 $G(s)=\begin{bmatrix}\dfrac{s+1}{s^2+2s+2}\\[2mm]\dfrac{1}{s}\end{bmatrix}$，用 MALTAB 表示该传递函数。

```
num = {[1 1];1};
den = {[1 2 2];[1 0]};
G = tf(num,den)
```

输出结果如下：

```
G =
 From input to output...
            s + 1
  1:   -------------
```

```
      s^2 + 2 s + 2
       1
  2:  -
       s
Continuous - time transfer function.
```

10.1.2 零极点模型

连续系统传递函数表达式是用系统增益、系统零点和系统极点来表示的，称为零极点模型。可以说零极点模型是传递函数模型的一种特殊形式。即有

$$G(s)=K\frac{(s+z_1)(s+z_2)\cdots(s+z_m)}{(s+p_1)(s+p_2)\cdots(s+p_n)}$$

MATLAB 中提供了 zpk 函数实现控制系统零极点模型的建立。常用格式为：

```
SYS = zpk(z,p,k)建立连续系统的零极点模型
SYS = zpk(z,p,k,Ts)建立离散系统的零极点模型
SYS = zpk(z,p,k,'Property1 ',Value1,...,'PropertyN ',ValueN)
```

函数调用格式参数与 tf 函数调用格式参数一致。

例 10.3 某系统的零极点模型为：

$$G(s)=6\frac{(s+1.9294)(s+0.0353\pm 0.9287j)}{(s+0.9567\pm 1.2272j)(s-0.0433\pm 0.6412j)}$$

将该模型输入到 MATLAB 工作空间中。

```
k = 6;
z = [ -1.9294; -0.0353 + 0.9287j; -0.0353 - 0.9287j];
p = [ -0.9567 + 1.2272j; -0.9567 - 1.2272j;0.0433 + 0.6412j;0.0433 - 0.6412j];
G = zpk(z,p,k)
```

输出结果如下：

```
G =
      6(s + 1.929)(s^2 + 0.0706s + 0.8637)
  ------------------------------------------------
   (s^2 - 0.0866s + 0.413)(s^2 + 1.913s + 2.421)
Continuous - time zero/pole/gain model.
```

10.1.3 状态空间模型

状态空间模型主要应用于现代控制理论的多输入多输出系统，也适用于单输入单输出问题。MATLAB 中提供了 ss 函数实现控制系统状态空间模型的建立。常用格式为：

```
SYS = ss(A,B,C,D)
SYS = ss(A,B,C,D,Ts)
SYS = ss(SYS)
SYS = ss(SYS,'min ')
SYS = ss(SYS,'explicit ')
```

函数调用格式参数与 tf 及 zpk 函数调用格式参数一致。

例 10.4 已知系统为 $\dot{x}=\begin{pmatrix}1&6&9&8\\3&7&6&8\\4&9&7&10\\5&12&14&17\end{pmatrix}x+\begin{pmatrix}4&6\\2&4\\2&2\\1&3\end{pmatrix}u, y=\begin{pmatrix}0&0&2&1\\8&0&2&3\end{pmatrix}x$，求其 MATLAB 状态空间模型。

```
A=[1 6 9 8;3 7 6 8;4 9 7 10;5 12 14 17];
B=[4 6;2 4;2 2;1 3];
C=[0 0 2 1;8 0 2 2];
D=zeros(2,2);
G=ss(A,B,C,D)
```

输出结果如下：

```
G=
  a=
        x1   x2   x3   x4
   x1   1    6    9    8
   x2   3    7    6    8
   x3   4    9    7    10
   x4   5    12   14   17
  b=
        u1   u2
   x1   4    6
   x2   2    4
   x3   2    2
   x4   1    3
  c=
        x1   x2   x3   x4
   y1   0    0    2    1
   y2   8    0    2    2
  d=
        u1   u2
   y1   0    0
   y2   0    0
Continuous - time state - space model.
```

10.1.4 控制模型的转换

常用模型转换函数见表 10-1。

表 10-1 常用模型转换函数

函数名	功能	函数名	功能
ss2tf	状态空间模型转换为传递函数模型	ss2zp	状态空间模型转换为零极点模型
tf2ss	传递函数模型转换为状态空间模型	tf2zp	传递函数模型转换为零极点模型
zp2tf	零极点模型转换为传递函数模型	zp2ss	零极点模型转换为状态空间模型

传递函数模型、零极点模型和状态空间模型三种对象之间存在内在联系，虽然外在形式不同，但实质内容是等价的。在进行系统分析研究时，往往根据不同要求选择不同形式的系统数学模型，因此研究不同形式数学模型之间的转换具有重要意义。

例 10.5 已知系统传递函数为 $G=\dfrac{2s^2+3s+1}{s^4+5s^3+2s^2+7}$，利用 MATLAB 实现模型间的转换。

```
num=[2 3 1];den=[1 5 2 0 7];
disp('生成传递函数模型为:')
G=tf(num,den)
disp('传递函数模型转换为零极点模型:')
[z,p,k]=tf2zp(num,den)
G=zpk(z,p,k)
disp('传递函数模型转换为状态空间模型:')
[a,b,c,d]=tf2ss(num,den)
G=ss(a,b,c,d)
```

输出结果如下：

```
生成传递函数模型为:
G =
        2 s^2 + 3 s + 1
  -------------------------
   s^4 + 5 s^3 + 2 s^2 + 7
Continuous - time transfer function.
传递函数模型转换为零极点模型:
z =
   -1.0000
   -0.5000
p =
   -4.4750 + 0.0000i
   -1.4778 + 0.0000i
   0.4764 + 0.9119i
   0.4764 - 0.9119i
k =
     2
G =
                    2(s+1)(s+0.5)
  ------------------------------------------------
   (s+4.475)(s+1.478)(s^2 - 0.9528s + 1.058)
Continuous - time zero/pole/gain model.
传递函数模型转换为状态空间模型:
a =
     -5     -2    0     -7
     1      0     0     0
```

```
     0    1    0    0
     0    0    1    0
b =
     1
     0
     0
     0
c =
     0    2    3    1
d =
     0
G =
  a =
       x1   x2   x3   x4
   x1   -5   -2    0   -7
   x2    1    0    0    0
   x3    0    1    00
   x4    0    0    1    0
  b =
       u1
   x1   1
   x2   0
   x3   0
   x4   0
  c =
       x1   x2   x3   x4
   y1   0    2    3    1
  d =
       u1
   y1   0
Continuous - time state - space model.
```

MATLAB 还提供了在连续系统和离散系统之间变换的函数。常用格式为：

```
SYSD = c2d(SYSC,TS,METHOD)
SYSC = d2c(SYSD,METHOD)
```

其中 SYSC 为连续系统模型，SYSD 为离散系统模型，TS 为采样周期，METHOD 为离散化变换方法，可选参数为 'zoh '、'foh '、'impulse '、'tustin '和'matched '。

例 10.6 已知系统模型为 $G=\frac{s-1}{s^2+4s+5}$，采样周期为 0.1 s，求其离散模型。

```
disp('连续函数模型为:')
sysc = tf([1 -1],[1 4 5])
disp('离散函数模型为:')
```

```
ts = 0.1;
sysd = c2d(sysc, ts, 'zoh')
```

输出结果如下：

```
连续函数模型为：
sysc =
          s - 1
    -------------
    s^2 + 4 s + 5
Continuous - time transfer function.
离散函数模型为：
sysd =
    0.07736 z - 0.08557
    ---------------------
    z^2 - 1.629 z + 0.6703
Sample time: 0.1 seconds
Discrete - time transfer function.
```

10.1.5 控制系统的连接

控制系统是由多个单一的模型组合而成的。模型之间有不同的连接方式，基本的连接方式有并联、串联和反馈连接等。

（1）串联连接

串联连接就是将各环节的传递函数一个个顺序连接起来，其特点是前一环节的输出量就是后一环节的输入量，如图 10-1 所示。串联后的传递函数 $G = G_1 G_2 G_3$。

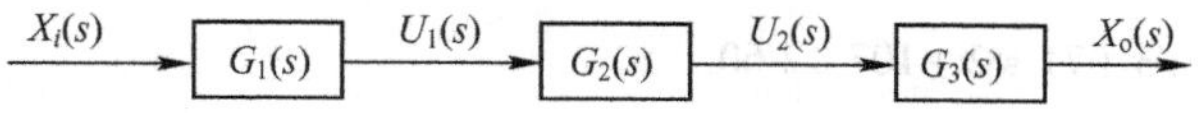

图 10-1　串联连接

MATLAB 提供了 series 函数进行模型间的串联，常用格式如下：

```
[num, den] = series(num1, den1, num2, den2, num3, den3)
```

其中 num1 和 den1 为系统 1 传递函数的分子和分母多项式，后面分别是系统 2 和系统 3 的系数多项式，num 和 den 是串联后的系统传递函数系数多项式。

（2）并联连接

并联连接的特点是几个环节具有相同的输入量，而输出量相加（或相减）。图 10-2 为三个环节的并联。并联后的传递函数为 $G = G_1 + G_2 + G_3$。

MATLAB 提供了 parallel 函数进行模型间的并联。常用格式为：

```
[num, den] = parallel(num1, den1, num2, den2, num3, den3)
```

其中 num1 和 den1 为系统 1 传递函数的分子和分母多项式，后面分别是系统 2 和系统 3 的系数多项式，num 和 den 是串联后的系统传递函数系数多项式。

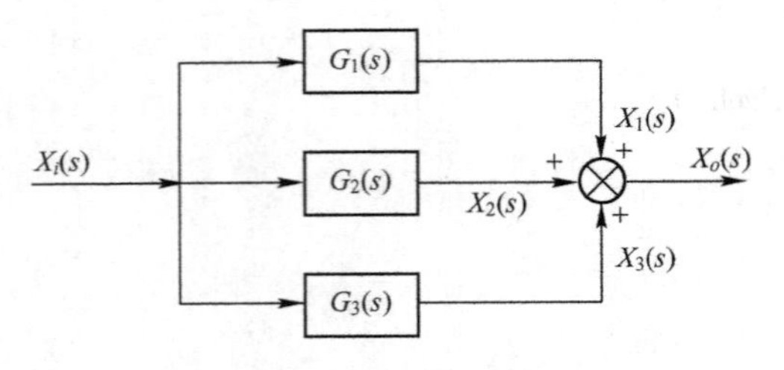

图 10-2　并联连接

例 10.7　已知两系统的传递函数为 $G1=\dfrac{2s^2+6s+5}{s^3+4s^2+5s+2}$和 $G2=\dfrac{s^2+4s+12}{s^2+3s+2}$，实现系统的串联和并联连接。

```
G1 = tf(num1,den1);
num2 = [1 7 12];
den2 = [1 3 2];
G2 = tf(num2,den2);
S = series(G1,G2) % 串联连接
```

输出结果如下：

```
S =
   2 s^4 + 20 s^3 + 71 s^2 + 107 s + 60
   ----------------------------------------
  s^5 + 7 s^4 + 19 s^3 + 25 s^2 + 16 s + 4
Continuous - time transfer function.
 >> S1 = G1 * G2 % 串联相当于两系统相乘
S1 =
   2 s^4 + 20 s^3 + 71 s^2 + 107 s + 60
   ----------------------------------------
  s^5 + 7 s^4 + 19 s^3 + 25 s^2 + 16 s + 4
Continuous - time transfer function.
 >> P = parallel(G1,G2) % 并联连接
P =
  s^5 + 13 s^4 + 57 s^3 + 112 s^2 + 101 s + 34
  ----------------------------------------------
     s^5 + 7 s^4 + 19 s^3 + 25 s^2 + 16 s + 4
Continuous - time transfer function.
>> P1 = G1 + G2   % 并联相当于两系统相加
P1 =
  s^5 + 13 s^4 + 57 s^3 + 112 s^2 + 101 s + 34
  ----------------------------------------------
     s^5 + 7 s^4 + 19 s^3 + 25 s^2 + 16 s + 4
Continuous - time transfer function.
```

（3）反馈连接

反馈连接就是将系统或环节的输出量反馈到输入端，并与输入量比较后重新输入到系统中去。反馈连接结构如图 10-3 所示。

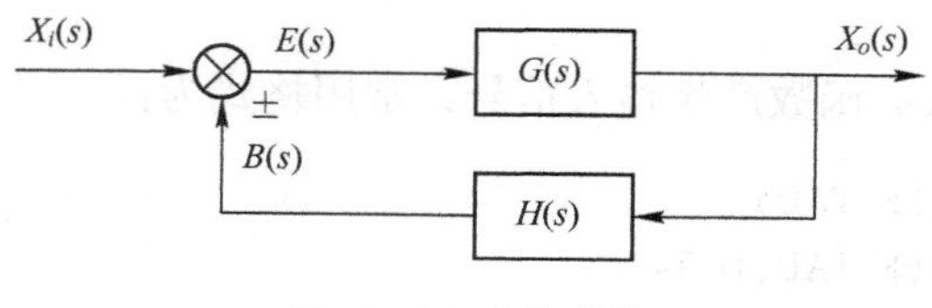

图 10-3　反馈连接

控制系统工具箱中提供了 feedback( ) 函数，用来求取反馈连接下的系统模型。常用格式为：

```
SYS = feedback(G,H,sign)
```

其中变量 sign 用来表示正反馈或负反馈结构，若 sign = -1 表示负反馈结构，若 sign = 1 表示正反馈结构，默认为负反馈。G 和 H 分别表示前向通道传递函数和反馈通道传递函数。

例 10.8　若反馈系统的前向和反馈传递函数分别为 $G_1(s)=\frac{1}{(s+1)^2}$和 $G_2(s)=\frac{1}{s+1}$，求系统传递函数。

```
G1 = tf(1,[1,2,1]);
G2 = tf(1,[1,1]);
G = feedback(G1,G2)
```

输出结果如下：

```
G =
            s + 1
   ----------------------
   s^3 + 3 s^2 + 3 s + 2
Continuous - time transfer function.
```

若采用正反馈连接结构，输入命令：

```
G = feedback(G1,G2,1)
```

输出结果如下：

```
G =
          s + 1
   ------------------
   s^3 + 3 s^2 + 3 s
Continuous - time transfer function.
```

10.2　控制系统时域分析

时域分析是控制理论中一种重要的分析和设计方法，包括稳定性分析、动态性能和稳态性能指标的计算等内容。

10.2.1 时域信号产生

MATLAB 中使用 Gensig 函数产生输入信号，常用格式为：

```
[U,T] = gensig(TYPE,TAU)
[U,T] = gensig(TYPE,TAU,Tf,Ts)
```

其中信号周期为 TAU，Tf 为持续时间，Ts 为采样时间，信号序列类型为 TYPE，可选参数为：

```
TYPE = 'sin ' --- 正弦波
TYPE = 'square ' --- 方波
TYPE = 'pulse ' --- 脉冲序列
```

例 10.9 产生一个周期为 5 s，持续时间为 30 s，采样时间为 0.01 s 的方波信号。

```
clear all;
[u,t] = gensig('square ',5,30,0.1);
plot(t,u);
axis([0 30 -1 2]);
```

运行效果如图 10-4 所示。

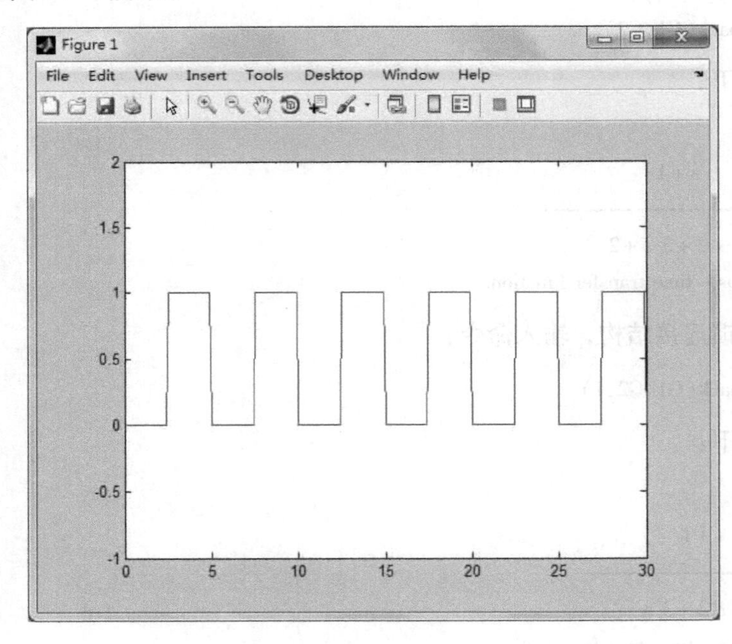

图 10-4 方波

10.2.2 控制系统的单位阶跃响应

当系统输入信号为单位阶跃信号 $1(t)$ 时，系统的输出称为系统的单位阶跃响应。函数 step 用于求系统的单位阶跃响应，常用格式为：

step(SYS)：计算并在当前窗口绘制线性对象 SYS 的阶跃响应

step(SYS,T)，step(SYS,TFINAL)：定义计算时的时间矢量 T，TFINAL 设置响应终止时间。

[Y,t] = step(SYS)：计算但不在窗口显示，Y 为输出响应矢量，t 为时间矢量。

例 10.10 已知系统的闭环传递函数为 $G(s)=\frac{1}{s^2+0.4s+1}$，试求其单位阶跃响应。

```
num=[1];den=[1 0.4 1];
t=[0:0.1:10];
y=step(num,den,t);
plot(t,y)
grid on
xlabel('时间');ylabel('输出')
title('单位阶跃输入响应曲线')
```

运行效果如图 10-5 所示。

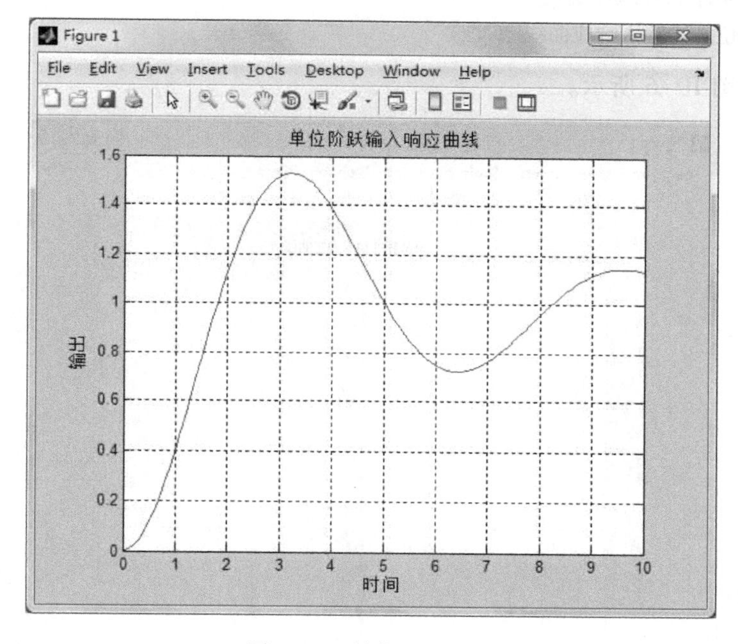

图 10-5 单位阶跃响应

10.2.3 控制系统的单位脉冲响应

系统在单位脉冲信号 $\delta(t)$ 作用下，系统所对应的输出称为系统的单位脉冲响应。函数 impulse 用于求系统的单位脉冲响应，常用格式为：

```
impulse(SYS)
impulse(SYS,T),
impulse(SYS,TFINAL)
[y,x,t]=impulse(SYS)
```

参数设置和含义与 step 函数类似。

例 10.11 已知控制系统的状态空间方程为

$$\begin{pmatrix}\dot{x}_1\\ \dot{x}_2\end{pmatrix}=\begin{pmatrix}-0.6812 & -0.5542\\ 0.7521 & 1\end{pmatrix}\begin{pmatrix}x_1\\ x_2\end{pmatrix}+\begin{pmatrix}1 & 0\\ -1 & 1\end{pmatrix}\begin{pmatrix}u_1\\ u_2\end{pmatrix}$$

$$y=\begin{bmatrix}2.0891 & 5.8922\end{bmatrix}\begin{pmatrix}x_1\\ x_2\end{pmatrix}$$

绘制系统的脉冲响应。

```
A = [ -0.6812 -0.5542;0.7521 1];
B = [1 0; -1 1];
C = [2.0891 5.8922];
D = 0;
sys = ss(A,B,C,D);
impulse(sys)
xlabel('时间');ylabel('输出')
title('单位脉冲输入响应曲线')
```

运行效果如图 10-6 所示。

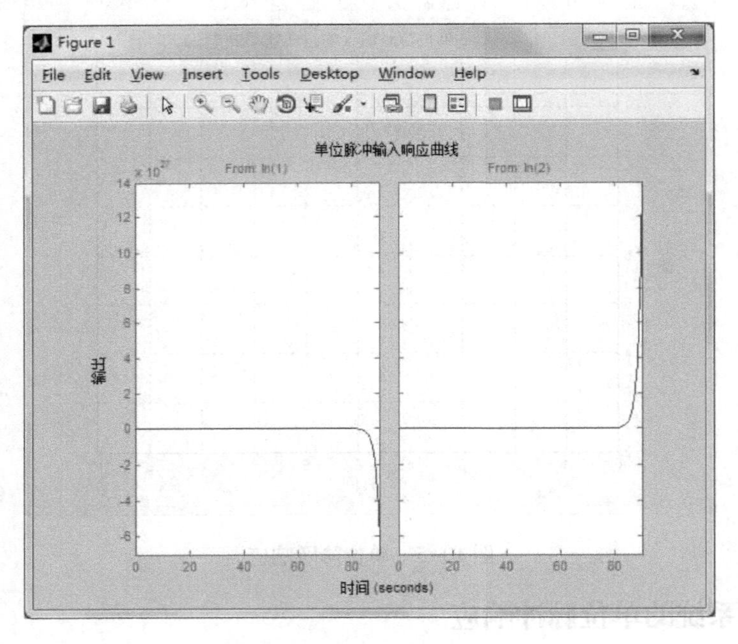

图 10-6 单位脉冲响应

10.2.4 控制系统的零输入响应

零输入响应是指输入信号为零的情况下，由系统的初始条件所引起的输出响应。函数 initial 用于求系统的零输入响应，常用格式为：

```
initial(SYS,X0)
initial(SYS,X0,TFINAL)
```

```
initial(SYS,X0,T)
initial(SYS1,SYS2,...,X0,T)
[Y,T,X] = initial(SYS,X0)
```

其中 X0 是初始条件矢量，其他参数设置与 step 函数类似。

例 10.12 已知控制系统的状态空间表达式为

$$\begin{pmatrix}\dot{x}_1\\ \dot{x}_2\end{pmatrix}=\begin{pmatrix}-0.5572 & -0.7814\\ 0.7814 & 0\end{pmatrix}\begin{pmatrix}x_1\\ x_2\end{pmatrix}$$

$$y=[1.9691\quad 6.4493]\begin{pmatrix}x_1\\ x_2\end{pmatrix}$$

当初始状态为 $x_0=\begin{pmatrix}1\\0\end{pmatrix}$，求系统的零输入响应。

```
A = [ -0.5572 -0.7814;0.7814 0];
B = [];
C = [1.9691 6.4493];
D = [];
x0 = [1;0];
sys = ss(A,B,C,D);
initial(sys,x0)
xlabel('时间');ylabel('输出')
title('零输入响应曲线')
```

运行效果如图 10-7 所示。

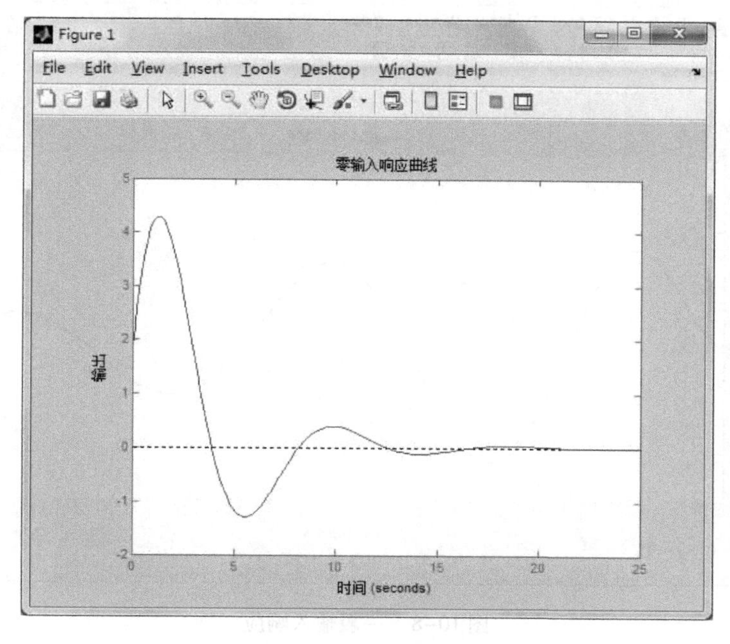

图 10-7 零输入响应

10.2.5 控制系统的一般输入响应

函数 lsim 用于求系统的一般输入响应，常用格式为：

```
lsim(SYS,U,T)
lsim(SYS,U,T,X0)
lsim(SYS,U,T,X0,'zoh')
lsim(SYS,U,T,X0,'foh')
```

其中 U 是输入信号，T 为时间向量，X0 为初始条件，'zoh'和'foh'定义输入值采用的插值方法。

例 10.13 已知系统传递函数 $G(s)=\dfrac{10}{s^2+3s+10}$，求系统在输入 $r(t)=e^{-0.5t}\cos(3t)$ 下的响应曲线。

```
t=0:0.01:5;
u=exp(-0.5*t).*cos(3*t);
num=[10];
den=[1 3 10];
sys=tf(num,den);
lsim(sys,u,t);
title('一般输入响应曲线')
```

运行效果如图 10-8 所示。其中点画线为输入信号，粗实线为响应曲线。

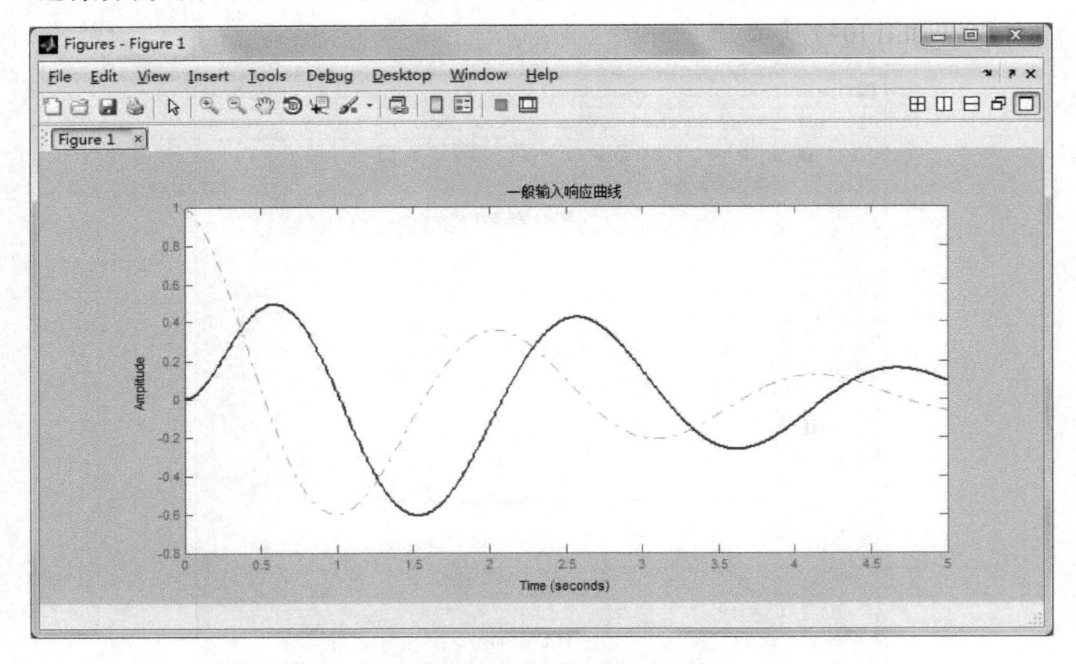

图 10-8 一般输入响应

例 10.14 已知系统的传递函数如例 10.10 中的传递函数，求其单位斜坡响应曲线。

```
num=[1];den=[1 0.4 1];
t=[0:0.1:10];
u=t;
y=step(num,den,t);
y1=lsim(num,den,u,t);
plot(t,y,'b-.',t,y1,'r')
xlabel('时间');ylabel('输出')
title('单位阶跃和单位斜坡输入响应曲线')
legend('单位阶跃响应','单位斜坡响应')
```

运行效果如图 10-9 所示。

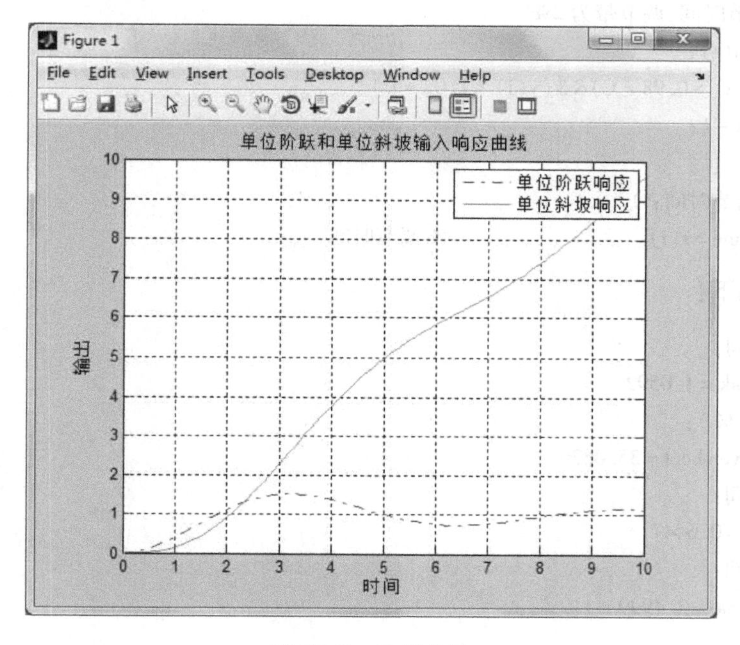

图 10-9　响应曲线

10.2.6　控制系统的时域指标

时域响应分析的是系统对输入和扰动在时域内的瞬态行为。系统特征参数，如上升时间、调节时间、峰值时间和超调量，均能从时域响应上反映出来。

例 10.15　已知系统传递函数为 $G(s)=\dfrac{3}{s^2+2s+10}$，求系统的动态性能指标。

```
num=[3];den=[1 2 10];
G=tf(num,den);
%求峰值时间和超调量
C=dcgain(G);                    %求系统终值
[y,t]=step(G);
[Y,k]=max(y);
disp('峰值时间:')
```

```
timetopeak = t(k)                        %峰值时间
disp('超调量(%):')
percentovershoot = 100 * (Y - C)/C      %超调量
%求上升时间
n = 1;
while y(n) < C
    n = n + 1;
end
disp('上升时间:')
risetime = t(n)                          %上升时间
%求调节时间,调节带为2%
i = length(t);
while(y(i) > 0.98 * C)&&(y(i) < 1.02 * C)
    i = i - 1;
end
disp('调节时间:')
setllingtime = t(i)                      %调节时间
```

输出结果如下:

```
峰值时间:
timetopeak = 1.0592
超调量(%):
percentovershoot = 35.0670
上升时间:
risetime = 0.6447
调节时间:
setllingtime = 3.4999
```

10.2.7 控制系统稳定性的时域分析

MATLAB 提供了求取系统所有零极点的函数，可以直接根据零极点分布情况判断系统稳定性。roots 函数直接根据系统特征多项式求取特征根，判断特征根的分布来确定系统稳定性。

例 10.16 已知系统传递函数为 $G(s) = \dfrac{20}{s^2 + 4s + 20}$，判断系统稳定性。

```
num = [20];den = [1 4 20];
roots(den)
```

输出结果如下:

```
ans =
   -2.0000 + 4.0000i
   -2.0000 - 4.0000i
```

系统只有负实部的特征根，因此闭环系统是稳定的。

10.3 控制系统频域分析

频域分析是应用频率特性研究控制系统的一种典型方法。采用这种方法不必直接求解系统的微分方程，而是间接运用系统的开环频率特性曲线，分析闭环系统的响应。频率分析法物理概念比较明确，分析过程简单，对于防止结构谐振、抑制噪声、改善系统稳定性和暂态性能等问题，都可从频率特性上明确看出物理实质和找到解决途径。

10.3.1 频率特性表示方法

频域法作为一种图解分析法，采用图形化的工具对系统进行分析。频率特性曲线包括三种常用形式：极坐标图（Nyquist 图）、对数坐标图（Bode 图）和对数幅相图（Nichols 图）。

1. 极坐标图

极坐标图是在极坐标系上，以横向正半轴的射线为极轴，以角频率 ω 为参变量；对于任意点，与原点的矢量长度表示幅频特性 $A(\omega)$，矢量与极轴的夹角表示相频特性 $\varphi(\omega)$；其横坐标代表 $A(\omega)$ 在横轴上的投影，即实频特性 $u(\omega)$；纵坐标代表 $A(\omega)$ 在纵轴上的投影，即虚频特性 $v(\omega)$。

MATLAB 提供了绘制系统极坐标图的函数 nyquist，常用格式为：

nyquist(SYS)：绘制系统 SYS 的 Nyquist 图。

nyquist(SYS,W) 或 nyquist(SYS,{WMIN,WMAX})：绘制频率为 W 时系统 SYS 的 Nyquist 图，{WMIN,WMAX}为频率范围。

[RE,IM] = nyquist(SYS,W) 或 [RE,IM,W] = nyquist(SYS)：返回系统的频率响应，RE 为频率响应的实部，IM 为频率响应的虚部，W 为频率点。

例 10.17 已知系统传递函数为 $G(s)=\dfrac{5}{s^2+2s+3}$，绘制系统 Nyquist 图。

```
num = 5;den = [1 2 3];
G = tf(num,den);
figure
subplot(1,2,1)
nyquist(G)
subplot(1,2,2)
nyquist(G,{0.1,1})
[RE,IM] = nyquist(G,0.2)
```

运行程序，绘制 Nyquist 图如图 10-10 所示。左图是全频率段的 Nyquist 图，右图表示频率为 0.1~1 Hz 的图，同时输出频率等于 0.2 Hz 时的实部和虚部。

```
RE =
    1.6589
IM =
  -0.2242
```

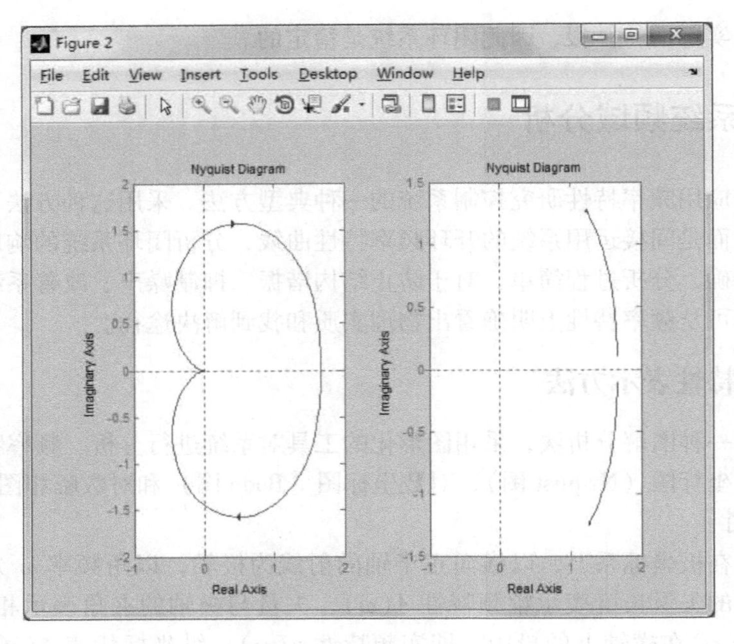

图 10-10 Nyquist 图

2. 对数坐标图

对数坐标图是由对数幅频特性图和对数相频特性图组成，对数幅频特性图是频率特性对数值 $20\lg A(\omega)$ 与频率 ω 的关系曲线，对数相频特性是频率特性相角 $\varphi(\omega)$ 与频率 ω 的关系曲线。MATLAB 提供了绘制系统对数坐标图的函数 bode，常用格式为：

bode(SYS)：绘制系统 SYS 的 Bode 图。

bode(SYS,W) 或 bode(SYS,{WMIN,WMAX})：绘制频率为 W 时系统 SYS 的 Bode 图，{WMIN,WMAX} 为频率范围。

[MAG,PHASE] = bode(SYS,W) 或 [MAG,PHASE,W] = bode(SYS)：返回系统的频率响应，MAG 为幅频，PHASE 为相频，W 为频率点。

例 10.18 用例 10.17 中的传递函数绘制系统 Bode 图。

```
num = 5;den = [1 2 3];
G = tf(num,den);
figure
subplot(1,2,1)
bode(G)
subplot(1,2,2)
bode(G,{0.1,1})
[MAG,PHASE] = bode(G,0.2)
```

运行程序，Bode 图如图 10-11 所示。右图表示频率为 0.1～1 Hz 的 Bode 图，同时输出频率等于 0.2 Hz 时的幅频和相频。

```
MAG =
```

```
    1.6740
PHASE =
   -7.6961
```

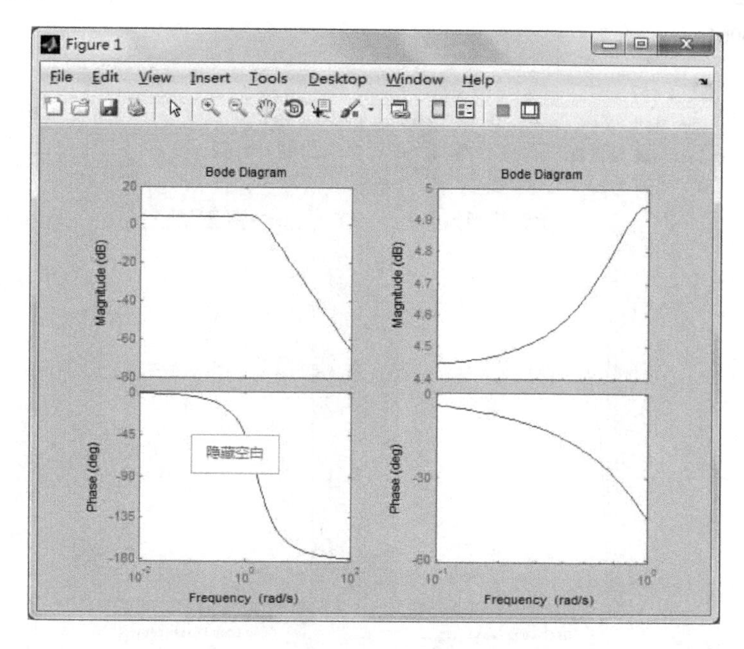

图 10-11　Bode 图

3. 对数幅相图（Nichols 图）

MATLAB 提供了绘制系统对数幅相图的函数 nichols，常用格式为：

nichols(SYS)：绘制系统 SYS 的 Nichols 图。

nichols(SYS,W) 或 nichols(SYS,{WMIN,WMAX})：绘制频率为 W 时系统 SYS 的 Nichols 图，{WMIN,WMAX} 为频率范围。

[MAG,PHASE] = nichols(SYS,W) 或 [MAG,PHASE,W] = nichols(SYS)：返回系统的频率响应，MAG 为幅频，PHASE 为相频，W 为频率点。

例 10.19　用例 10.17 中的传递函数绘制系统 Nichols 图。

```
num = 5;den = [1 2 3];
G = tf(num,den);
figure
subplot(1,2,1)
nichols(G)
subplot(1,2,2)
nichols(G,{0.1,1})
[MAG,PHASE] = nichols(G,0.2)
```

运行程序，Nichols 图如图 10-12 所示。右图表示频率为 0.1 ~ 1 Hz 的 Nichols 图，同时输出频率等于 0.2 Hz 时的幅频和相频。

```
MAG =
      1.6740
PHASE =
    -7.6961
```

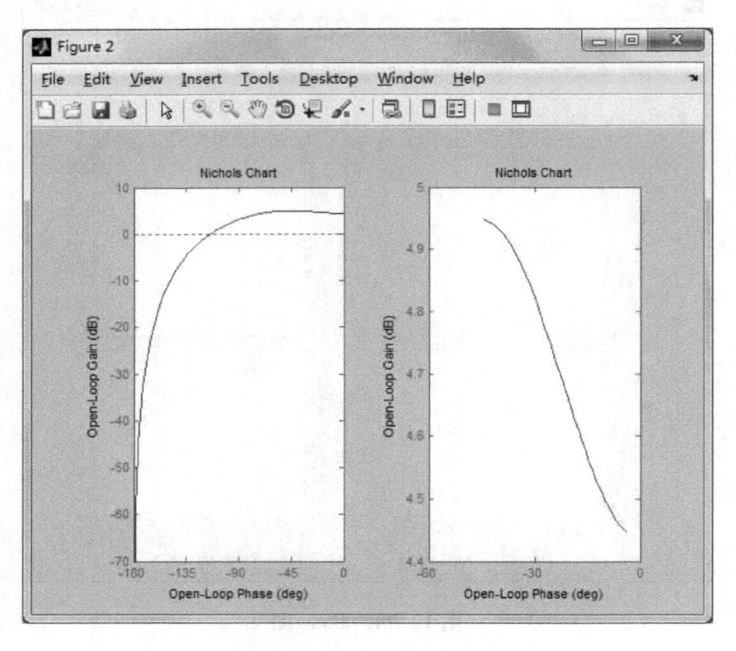

图 10-12　Nichols 图

10.3.2　频域稳定性分析

频率稳定性可以使用系统开环传递函数的 Nyquist 图和 Bode 图来进行分析。

1. 用 Nyquist 图判断系统稳定性

例 10.20　已知系统开环传递函数为 $GH(s)=\dfrac{100k}{s(s+5)(s+10)}$，分别绘制 $k=1,7,20$ 时系统的 Nyquist 图，利用 Nyquist 稳定判据判断系统稳定性。

```
z = [ ];p = [0, -5, -10];k = 100. * [1,7,20];
G = zpk(z,p,k(1));[re1,im1] = nyquist(G);
G = zpk(z,p,k(2));[re2,im2] = nyquist(G);
G = zpk(z,p,k(3));[re3,im3] = nyquist(G);
plot(re1(:),im1(:),re2(:),im2(:),re3(:),im3(:))
axis([-5,1,-5,1])
grid on
xlabel('real axis');ylabel('imaginary axis')
text(-0.4,-3.6,'k=1');text(-2.7,-2.7,'k=7');text(-4.4,-1.6,'k=20');
```

运行程序结果如图 10-13 所示。

从传递函数可以看出，系统开环右极点数 $p=0$，当 $k=1$ 时开环 Nyquist 图不包围（-1,

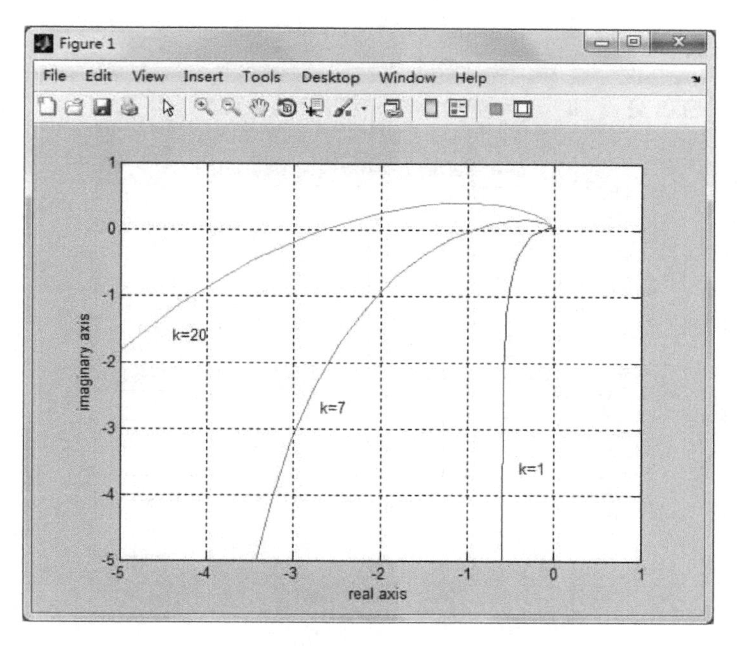

图 10-13 Nyquist 图

j0）点，系统是稳定的；当 $k=7$ 时，开环 Nyquist 图通过（-1，j0）点，系统是临界稳定；当 $k=20$ 时，开环 Nyquist 图包围（-1，j0）点，系统是不稳定的。

2. 用 margin 函数计算系统稳定裕量

稳定裕量是衡量系统开环 Nyquist 曲线距离实轴上（-1，j0）点的远近程度。距离越远，稳定裕量越大，意味着系统的稳定程度越高。稳定裕量的指标主要有相位裕量和幅值裕量。MATLAB 提供了 margin 函数，用于计算系统稳定裕量和绘制 Bode 图，常用格式为：

margin(SYS)：计算稳定裕量，绘制 Bode 图。

margin(MAG,PHASE,W)：由幅值 MAG、相角 PHASE 和角频率 W 计算稳定裕量，绘制 Bode 图。

[Gm,Pm,Wcg,Wcp] = margin(SYS)：计算幅值裕量 Gm 和相位裕量 Pm 及相应的相位穿越频率 Wcg 和截止频率 Wcp，不绘制 Bode 图。

[Gm,Pm,Wcg,Wcp] = margin(MAG,PHASE,W)：由幅值 MAG、相角 PHASE 和角频率 W 计算幅值裕量 Gm 和相位裕量 Pm 及相应的相位穿越频率 Wcg 和截止频率 Wcp，不绘制 Bode 图。

例 10.21 已知系统开环传递函数 $GH(s)=\dfrac{2}{s(0.2s+1)(0.1s+1)}$，绘制 Bode 图，并在图中显示幅值裕量和相位裕量。

```
n=2;d=conv([0.2 1 0],[0.1 1]);
sys=tf(n,d);
margin(sys)
```

输出结果如图 10-14 所示。

从图中可以看出幅值裕量 Gm = 17.5 dB（at 7.07 rad/s），相位裕量 Pm = 59.3 deg（at 1.85 rad/s），系统是稳定的。

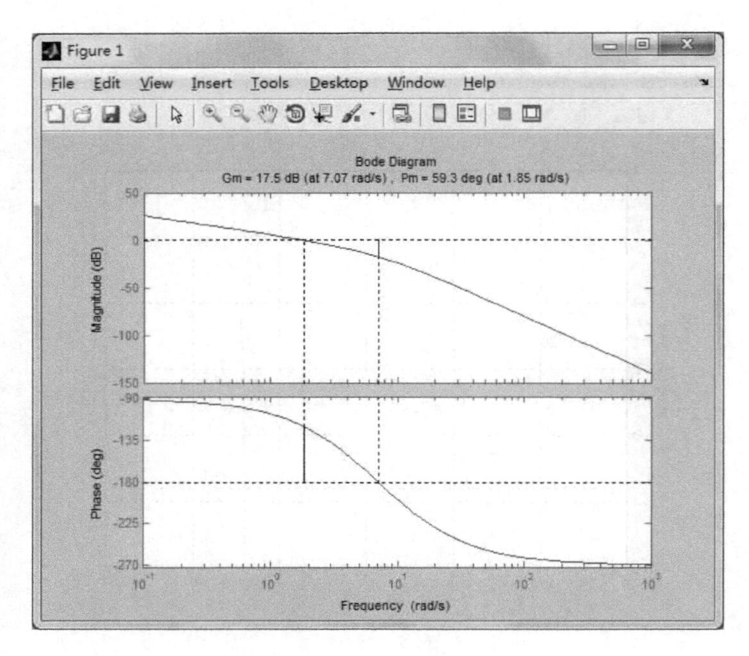

图 10-14　Bode 图

10.4　控制系统根轨迹分析

根轨迹是分析和设计线性系统的一种图解方法，是系统开环传递函数某一参数由 0 变化到 +∞ 时，系统闭环特征方程式的根在 s 平面上变换的轨迹。

MATLAB 提供了一系列关于绘制根轨迹的函数。

1. pzmap 函数

函数 pzmap 用来绘制系统零极点图，常用格式为：

```
pzmap(SYS)
[P,Z] = pzmap(SYS)
```

其中 P 和 Z 分别是系统的极点列向量和零点列向量。

例 10.22　绘制系统传递函数 $G(s)=\dfrac{2s^2+5s+1}{s^2+2s+3}$ 的零极点图。

```
num = [2 5 1];den = [1 2 3];
G = tf(num,den);
pzmap(G)
grid on
```

运行程序，显示结果如图 10-15 所示。

2. rlocus 函数

rlocus 函数计算并绘制根轨迹，常用格式为：

```
rlocus(SYS)
```

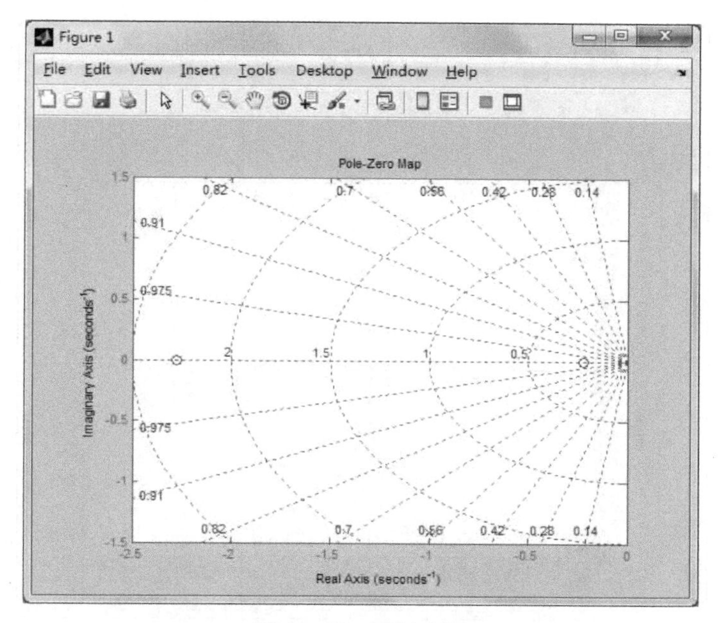

图 10-15　零极点图

rlocus(SYS,K):绘制增益为 K 时的闭环极点

[R,K] = rlocus(SYS)

R = rlocus(SYS,K):返回增益为 K 时复根位置的矩阵 R

例 10.23　绘制例 10.22 中系统的根轨迹图。

```
num = [2 5 1];den = [1 2 3];
G = tf(num,den);
rlocus(G)
grid on
```

运行程序，显示结果如图 10-16 所示。

3. rlocfind 函数

rlocfind 函数计算与根轨迹上极点相对应的根轨迹增益，常用格式为:

```
[K,POLES] = rlocfind(SYS)
[K,POLES] = rlocfind(SYS,P)
```

当用户在根轨迹上选择一点时，相应的增益由 K 记录，与增益相关的所有极点记录于 POLES 中，P 是对指定根计算的根矢量。

例 10.24　已知开环传递函数为 $GH(s)=\dfrac{k(s-5)}{s(s+1)(s+3)}$，绘制闭环系统根轨迹，确定交点处的增益和极点。

```
num = [1 -5];
den = conv([1 0],conv([1 1],[1 3]));
G = tf(num,den);
rlocus(G)
[k,p] = rlocfind(G)
```

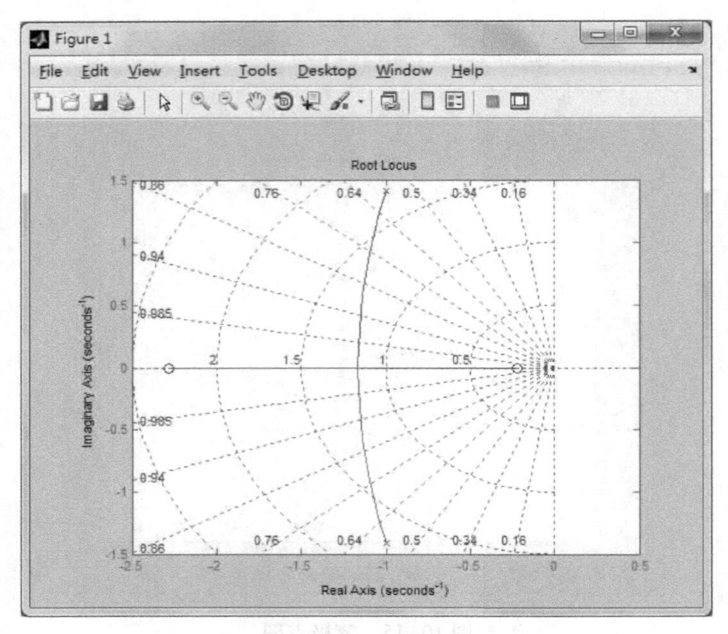

图 10-16　根轨迹图

```
gtext('k =0.6');
```

运行程序，显示系统的根轨迹如图 10-17 所示，并有十字光标提示用户在图形窗口上选择根轨迹上的一点，计算出增益 k 及对应的极点 p，将光标放在根轨迹的交点上，可得如下数据。

```
Select a point in the graphics window
selected_point =
   -1.5498 -0.1242i
k =
     0.1947
p =
   -2.6631
   -1.5697
     0.2329
```

4. sgrid 函数和 zgrid 函数

函数 sgrid 用于绘制连续时间系统根轨迹和零极点图的阻尼系数和自然频率，函数 zgrid 用于绘制离散时间系统根轨迹和零极点图的阻尼系数和自然频率，常用格式为：

sgrid( )

sgrid(Z,Wn)：可以指定阻尼系数 Z 和自然振荡角频率 Wn。

zgrid( )

zgrid(Z,Wn)：可以指定阻尼系数 Z 和自然振荡角频率 Wn。

例 10.25　绘制例 10.22 中系统带栅格的根轨迹图。

```
num =[2 5 1];den =[1 2 3];
G = tf(num,den);
```

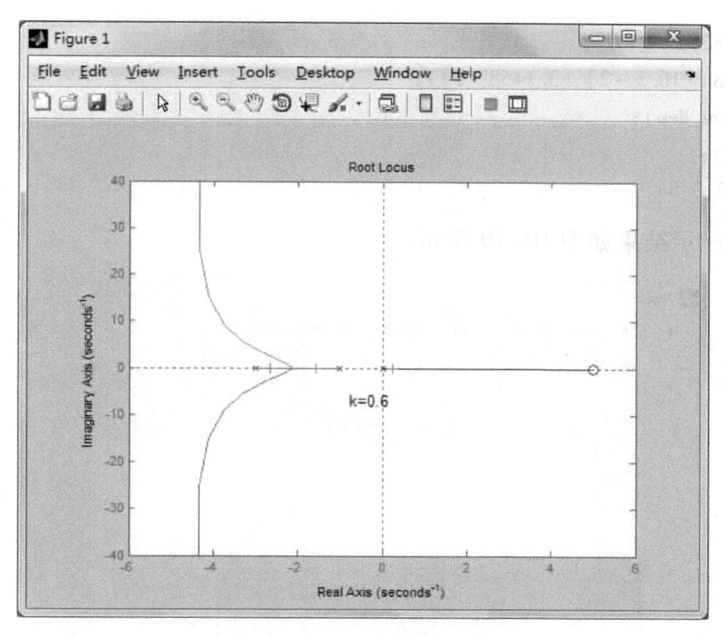

图 10-17　根轨迹图

```
rlocus(G)
sgrid(0.2,1)
```

运行程序，显示结果如图 10-18 所示。

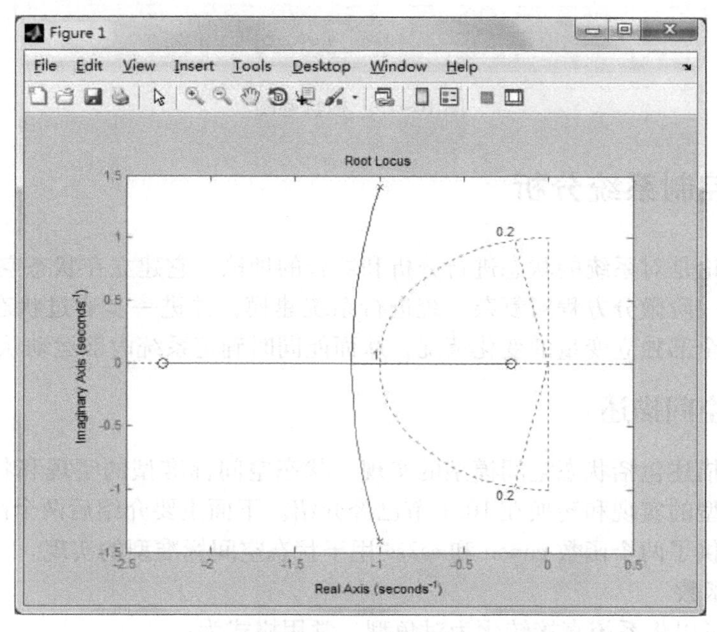

图 10-18　根轨迹图

例 10.26　已知某离散系统的开环传递函数为 $G(z)=\dfrac{1.8254z}{(0.5z-2)(3.1458z-1)}$，绘制系统带栅格的根轨迹图。

```
num = 1.8254 * [1 0];
den = conv([10.5 -2],[3.1458 -1]);
G = tf(num,den);
rlocus(G);
sgrid(0.2,0.5)
```

运行程序，显示结果如图 10-19 所示。

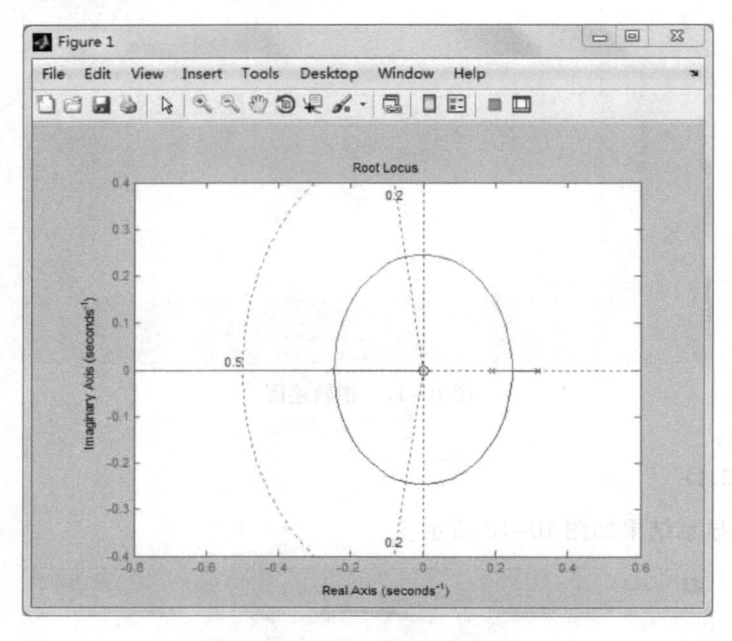

图 10-19　根轨迹图

10.5　现代控制系统分析

现代控制理论是对系统的状态进行分析和综合的理论。它建立在状态空间的基础上，用一组状态变量的一阶微分方程对复杂系统进行系统建模，并进一步通过状态方程求解分析。它可以反映系统全部独立变量的变化情况，从而能同时确定系统内部运动状态。

10.5.1　状态空间描述

状态空间的描述包括状态空间模型的实现、状态空间标准型的实现和状态方程的求解。其中状态空间模型的实现和转换在 10.1 节已经介绍。下面主要介绍后两个函数。

MATLAB 提供了两个函数 canon 和 ss2ss 用于状态空间标准型的实现。

(1) canon 函数

函数 canon 可以将系统直接转化为对角型，常用格式为：

```
[As,Bs,Cs,Ds,Ts] = canon(A,B,C,D,TYPE)
```

其中 A，B，C，D 是变换前状态空间实现，As，Bs，Cs，Ds 是变换后状态空间实现，当 TYPE 分别为 'companion '、'modal '和'jordan '时表示将状态空间模型转化成伴随矩阵标准型、对角标准型和约旦标准型，Ts 表示所做的线性变换。

（2）ss2ss 函数

函数 ss2ss 进行状态空间表达式的线性变换，常用格式为：

```
[A1,B1,C1,D1] = ss2ss(A,B,C,D,T)
```

其中 T 为变换矩阵。

例 10.27 已知系统的状态空间表达式为$\dot{x}=\begin{pmatrix}0 & 1 & 0\\ 0 & -2 & 1\\ 0 & 0 & -1\end{pmatrix}x+\begin{pmatrix}0\\ 0\\ 1\end{pmatrix}u$，$y=[1\quad 0\quad 0]x$，求系统对角标准型。

```
A = [0 1 0;0 -2 1;0 0 -1];B = [0;0;1];C = [1 0 0];D = 0;
[As,Bs,Cs,Ds,Ts] = canon(A,B,C,D,'modal')
```

输出结果如下：

```
As =
     0     0     0
     0    -2     0
     0     0    -1
Bs =
    0.5000
   -0.7071
    1.2247
Cs =
    1.0000   -0.7071   -0.8165
Ds =
     0
Ts =
    1.0000    0.5000    0.5000
         0    0.7071   -0.7071
         0         0    1.2247
```

MATLAB 中提供了函数 expm 计算给定时刻的状态转移矩阵，即矩阵指数。常用格式为：

```
expm(A)
```

求解 A 矩阵的指数。

例 10.28 系统的状态空间表达式为

$$\dot{x}=\begin{pmatrix}0 & 1\\ -2 & -3\end{pmatrix}x+\begin{pmatrix}3\\ 0\end{pmatrix}u$$
$$y=[1\quad 1]x$$

已知 $u=0$，$x(0)=\begin{pmatrix}1\\-1\end{pmatrix}$，求当 $t=0.5$ 时系统的状态转移矩阵及状态响应。

```
A=[0,1;-2,-3];   %系统状态参数
B=[3;0];
C=[1,1];
D=[0];
SG=ss(A,B,C,D);
t=0.5;
X0=[1;-1];
EA=expm(A*t)        %t=0.5 时的状态转移矩阵 e^At | t=0.5
Response1=EA*X0     %u=0,t=0.5 时的状态响应
```

输出结果如下：

```
EA =
    0.8452     0.2387
   -0.4773     0.1292
Response1 =
    0.6065
   -0.6065
```

10.5.2 系统能控性分析

能控性是系统控制输入对系统内部状态的控制能力。MATLAB 提供了 ctrb 函数和 ctrbf 函数用于对系统进行能控性分析。

函数 ctrb 用于计算系统能控性矩阵 $M=[B,AB,A^2B,\cdots]$，常用格式为：

```
M=ctrb(A,B)
```

结合求 M 矩阵秩的函数 rank（M），判断系统能控性。

当系统能控性矩阵小于系统维数 n 时，使用 ctrbf 函数对系统进行能控性分解，常用格式为：

```
[ABAR,BBAR,CBAR,T,K]=ctrbf(A,B,C)
[ABAR,BBAR,CBAR,T,K]=ctrbf(A,B,C,TOL)
```

其中 A，B，C 是分解前系统矩阵，ABAR，BBAR，CBAR 是分解后系统矩阵，T 是变换矩阵，K 表示一个向量，sum（K）表示能控状态数目，TOL 为计算容许误差。

例 10.29 已知系统状态空间表达式为

$$\dot{x}=\begin{pmatrix}6.666 & -10.6667 & -0.3333\\ 1 & 0 & 1\\ 0 & 1 & 2\end{pmatrix}x+\begin{pmatrix}0\\1\\1\end{pmatrix}u,y=[1\quad 0\quad 2]x$$

判断系统能控性。

```
A=[6.666,-10.6667,-0.3333;1,0,1;0,1,2];B=[0;1;1];
```

```
C = [1,0,2];
n = length(A);
Uc = [B,A * B,A^2 * B]
n = length(A);
flag = rank(Uc)
disp('系统状态:');
if flag = = n
    disp('系统能控');
else
    disp('系统不能控');
end
```

输出结果如下：

```
Uc =
            0   -11.0000   -84.9926
       1.0000    1.0000    -8.0000
       1.0000    3.0000     7.0000
flag =
     3
系统状态:
系统能控
```

例 10.30 已知系统 $\dot{x}=\begin{pmatrix}1 & 1\\ 4 & -2\end{pmatrix}x+\begin{pmatrix}1 & -1\\ 1 & -1\end{pmatrix}u, y=\begin{pmatrix}1 & 0\\ 0 & 1\end{pmatrix}x$，判断系统能控性，如不能控，进行能控性分解。

```
A = [1 1;4 -2];B = [1 -1;1 -1];
C = [1 0;0 1];
n = length(A);
Uc = [B,A * B,A^2 * B];
n = length(A);
flag = rank(Uc);
disp('系统状态:');
if flag = = n
    disp('系统能控');
else
    disp('系统不能控');
end
[ABAR,BBAR,CBAR,T,K] = ctrbf(A,B,C)
```

输出结果如下：

```
系统状态:
系统不能控
ABAR =
```

```
    -3.0000     0.0000
     3.0000     2.0000
BBAR =
          0          0
    -1.4142     1.4142
CBAR =
    -0.7071    -0.7071
     0.7071    -0.7071
T =
    -0.7071     0.7071
    -0.7071    -0.7071
K =
     1     0
```

10.5.3 系统能观性分析

能观性分析是系统内部状态可由系统输出量反映的能力。MATLAB 提供了 obsv 函数和 obsvf 函数用于对系统进行能观性分析。

函数 obsv 用于计算系统能观性矩阵 $N=[C,CA,CA^2,\cdots]$，常用格式为：

```
N = obsv(A,C)
```

结合求 N 矩阵秩的函数 rank（N），判断系统能观性。

当系统能观性矩阵小于系统维数 n 时，使用 obsvf 函数对系统进行能观性分解，常用格式为：

```
[ABAR,BBAR,CBAR,T,K] = obsvf(A,B,C)
[ABAR,BBAR,CBAR,T,K] = obsvf(A,B,C,TOL)
```

其中参数与 ctrbf 函数一致。

例 10.31 已知系统 $\dot{x}=\begin{pmatrix}2 & 1 & 0\\ 0 & 2 & 0\\ 0 & 0 & -3\end{pmatrix}x+\begin{pmatrix}1\\ 1\\ 0\end{pmatrix}u \quad y=\begin{bmatrix}0 & 1 & 1\end{bmatrix}x$，判定系统能观性，如不能观，进行能观性分解。

```
A = [2 1 0;0 2 0;0 0 -3];B = [1;1;0];
C = [0 1 1];
n = length(A);
Uo = [C;C * A;C * A^2];
flag = rank(Uo);
disp('系统状态:');
if flag == n
    disp('系统能观');
else
    disp('系统不能观');
```

```
end
[ABAR,BBAR,CBAR,T,K] = obsvf(A,B,C)
```

输出结果如下：

```
系统状态:
系统不能观
ABAR =
     2.0000   -0.7071   -0.7071
     0.0000   -0.5000    2.5000
     0.0000    2.5000   -0.5000
BBAR =
    -1.0000
     0.7071
     0.7071
CBAR =
     0.0000         0    1.4142
T =
    -1.0000    0.0000   -0.0000
     0.0000    0.7071   -0.7071
          0    0.7071    0.7071
K =
     1     1     0
```

10.5.4 状态反馈和极点配置

现代控制系统通过将系统状态变量乘以一定的反馈系数，反馈到输入端与参考输入进行综合，使闭环系统的极点正好处于所希望的极点位置，从而达到更好的性能指标。利用 place 或 acker 函数，可以求解状态反馈矩阵。

函数 place 用于单输入多输出系统极点配置，使得多输入系统具有期望的闭环极点 P。常用格式为：

```
K = place(A,B,P)
[K,PREC] = place(A,B,P)
```

其中 A 和 B 为系统状态方程系数，P 为期望闭环极点位置列向量，K 为状态反馈行向量，PREC 为闭环系统实际极点与 P 的接近程度，其值为匹配的位数。

函数 acker 根据 Ackerman 公式编写，常用格式为：

```
K = acker(A,B,P)
```

其中输入输出参数与 place 函数一致。

需要注意：place 函数不适用于含有多重期望极点的配置，acker 函数可以适用。

例 10.32 已知某系统状态方程如下

$$\dot{x} = \begin{pmatrix} 0 & 1 & 0 \\ 0 & 0 & 1 \\ -4 & -3 & -2 \end{pmatrix} x + \begin{pmatrix} 1 \\ 3 \\ -6 \end{pmatrix} u$$

理想闭环系统的极点为[-1　-2　-3]

1）采用 acker 函数进行闭环系统极点配置;

2）采用 place 函数进行闭环系统极点配置。

```
A = [0,1,0;0,0,1; -4, -3, -2];% 使用 acker 函数计算
B = [1;3; -6];
C = [1,0,0];
P = [ -1, -2, -3];
K = acker(A,B,P)
A1 = A - B * K
```

输出结果如下:

```
K =
    1.4809    0.7481    -0.0458
A1 =
   -1.4809    0.2519    0.0458
   -4.4427    -2.2443    1.1374
    4.8855    1.4885    -2.2748
```

其中 A1 为配置后的系统 A 阵

```
>> A = [0,1,0;0,0,1; -4, -3, -2];% 使用 place 函数计算
B = [1;3; -6];
C = [1,0,0];
P = [ -1, -2, -3];
K = place(A,B,P)
```

输出结果如下:

```
K =
    1.4809    0.7481    -0.0458
```

10.6　习题

1. 已知控制系统的状态方程和输出方程如下:

$$\begin{cases} \dot{x} = \begin{pmatrix} 0 & 0 & 0 & -1 \\ 1 & 0 & 0 & -2 \\ 0 & 1 & 0 & -3 \\ 0 & 0 & 1 & -4 \end{pmatrix} x + \begin{pmatrix} 0 \\ 0 \\ 0 \\ 1 \end{pmatrix} u \\ y = [1 \quad 0 \quad 0 \quad 0] x \end{cases}$$

1）利用 MATLAB 建立状态空间模型;

2）将其转换为传递函数模型和零极点模型。

2. 已知两系统的传递函数为 $G_1(s)=\dfrac{12s+4}{s^2+5s+2}$，$G_2(s)=\dfrac{s+6}{s^2+7s+1}$，使用 MATLAB 求两系统串联和并联时的传递函数，以及将 G1 作为前向通道传递函数和 G2 作为反馈通道传递函数时的负反馈系统传递函数。

3. 设单位负反馈系统的开环传递函数为 $G(s)=\dfrac{K}{s(s^2+7s+17)}$。

1）绘制 K = 10 和 K = 100 时闭环系统的阶跃响应曲线，并计算上升时间、调节时间、峰值时间、超调量和稳态误差；

2）绘制 K = 1000 时的闭环系统阶跃响应曲线，与 K = 10 和 K = 100 的结果进行比较，分析开环增益与系统稳定性的关系；

3）利用 roots 命令确定使系统稳定时 K 的取值范围。

4. 设单位负反馈系统的开环传递函数为 $G(s)=\dfrac{300}{s^2(0.2s+1)(0.02s+1)}$。

1）利用 MATLAB 建立系统数学模型；

2）绘制系统 Bode 图和 Nyquist 图，分析系统稳定性，读出截止频率、相位裕量和幅值裕量；

3）绘制系统阶跃响应曲线。

5. 已知单位负反馈系统的开环传递函数为 $G(s)=\dfrac{K(s^2+6s+10)}{s^2+2s+10}$，绘制系统根轨迹曲线，确定使闭环系统稳定的 K 取值范围。

6. 给定系统的状态空间表达式为

$$\begin{cases}\dot{x}=\begin{pmatrix}-2 & -2 & -1\\ 0 & -2 & 0\\ 1 & -4 & 0\end{pmatrix}x+\begin{pmatrix}0\\0\\1\end{pmatrix}u\\ y=[1\quad 0\quad 0]x\end{cases}$$

1）利用 MATLAB 建立系统数学模型；

2）分析系统可控性和可观性；

3）绘制系统的阶跃响应曲线。

7. 已知系统开环传递函数为 $G(s)=\dfrac{20}{s^3+4s^2+3s}$，利用 MATLAB 建立系统状态空间模型，计算状态反馈矩阵，使闭环系统的极点位于 −5、−2 + 2j 和 −2 − 2j。

参考文献

[1] 陈刚，于丹，吴迪．MATLAB 基础与实例进阶［M］. 北京：清华大学出版社，2012.
[2] 张磊，郭莲英，丛滨．MATLAB 实用教程［M］. 2 版．北京：人民邮电出版社，2014.
[3] 张德丰，杨文茵．MATLAB 仿真技术与应用［M］. 北京：清华大学出版社，2012.
[4] 于群，曹娜．MATLAB/Simulink 电力系统建模与仿真［M］. 北京：机械工业出版社，2012.
[5] 栾颖．MATLAB R2013a 工程分析与仿真［M］. 北京：清华大学出版社，2014.
[6] 王正林．精通 MATLAB 科学计算［M］. 北京：电子工业出版社，2009.
[7] 张德丰．MATLAB/Simulink 建模与仿真实例精讲［M］. 北京：机械工业出版社，2010.
[8] 温正．MATLAB 8.0 从入门到精通［M］. 北京：清华大学出版社，2013.
[9] 吴进．语音信号处理实用教程［M］. 北京：人民邮电出版社，2015.
[10] 沈再阳．精通 MATLAB 信号处理［M］. 北京：清华大学出版社，2015.
[11] 施晓红，周佳．精通 GUI 图形界面编程［M］. 北京：北京大学出版社，2003.
[12] 陈垚光，毛涛涛，王正林，王玲．精通 MATLAB GUI 设计［M］. 2 版．北京：电子工业出版社，2011.
[13] 宋知用．MATLAB 在语音信号分析与合成中的应用［M］. 北京：北京航空航天大学出版社，2013.
[14] 张德丰．MATLAB 通信工程仿真［M］. 北京：机械工业出版社，2010.
[15] 张明照，刘政波，刘斌．应用 MATLAB 实现信号分析和处理［M］. 北京：科学出版社，2006.
[16] 黄小平，王岩．卡尔曼滤波原理及应用：MATLAB 仿真［M］. 北京：电子工业出版社，2015.
[17] 赵小川，梁冠豪，王建洲，王彦君．MATLAB 8. X 实战指南［M］. 北京：清华大学出版社，2015.
[18] 王正林，王胜开，陈国顺，王琪．MATLAB/Simulink 与控制系统仿真［M］. 2 版．北京：电子工业出版社，2009.
[19] 丁伟．精通 MATLAB R2014a［M］. 北京：清华大学出版社，2015.
[20] 韩致信．现代控制理论及其 MATLAB 实现［M］. 北京：电子工业出版社，2014.
[21] 栾颖．MATLAB R2013a 基础与可视化编程［M］. 北京：清华大学出版社，2014.
[22] 杨振中，张和平．控制工程基础［M］. 北京：北京大学出版社，2007.
[23] 赵小川，等．传感器信息融合 MATLAB 程序实现［M］. 北京：机械工业出版社，2014.
[24] 田敏，等．案例解说 MATLAB 典型控制应用［M］. 北京：电子工业出版社，2010.
[25] 李献，骆志伟．精通 MATLAB/Simulink 系统仿真［M］. 北京：清华大学出版社，2015.
[26] 周博，薛世峰．MATLAB 工程与科学绘图［M］. 北京：清华大学出版社，2015.
[27] 许丽佳，穆炯．MATLAB 程序设计及应用［M］. 北京：清华大学出版社，2011.
[28] 阮秋琦．数字图像处理学［M］. 3 版．北京：电子工业出版社，2013.
[29] 李颖．Simulink 动态系统建模与仿真［M］. 2 版．西安：西安电子科技大学出版社，2009.
[30] 杨丹，赵海滨，龙哲．MATLAB 图像处理实例详解［M］. 北京：清华大学出版社，2013.